基礎物理定数の値

物理量	記号	数 値[†2]	単位
真空中の光速度[†1]	c	299 792 458	m s^{-1}
真空の誘電率	ε_0	$8.854\ 187\ 8128\,(13) \times 10^{-12}$	F m^{-1}
電気素量[†1]	e	$1.602\ 176\ 634 \times 10^{-19}$	C
プランク定数[†1]	h	$6.626\ 070\ 15 \times 10^{-34}$	J s
アボガドロ定数[†1]	N_A	$6.022\ 140\ 76 \times 10^{23}$	mol^{-1}
電子の質量	m_e	$9.109\ 383\ 7105\,(28) \times 10^{-31}$	kg
陽子の質量	m_p	$1.672\ 621\ 923\ 69\,(51) \times 10^{-27}$	kg
中性子の質量	m_n	$1.674\ 927\ 498\ 04\,(95) \times 10^{-27}$	kg
原子質量定数 (統一原子質量単位)	$m_u = 1\ u$	$1.660\ 539\ 066\ 60\,(50) \times 10^{-27}$	kg
ファラデー定数	$F = N_A e$	96 485.332 12...	C mol^{-1}
ボーア半径	a_0	$5.291\ 772\ 109\ 03\,(80) \times 10^{-11}$	m
リュードベリ定数	R_∞	10 973 731.568 160 (21)	m^{-1}
気体定数	$R = N_A k_B$	8.314 462 618...	J K^{-1} mol^{-1}
ボルツマン定数[†1]	k_B	$1.380\ 649 \times 10^{-23}$	J K^{-1}

†1 定義された量である.
†2 （ ）内の数値は最後の桁につく標準不確かさを示す.

SI 基本単位, SI 組立単位, 非 SI 単位

物理量	単位の名称	記号[†2]	SI 単位による表現
長 さ	メートル	m	——
質 量	キログラム	kg	——
時 間	秒	s	——
電 流	アンペア	A	——
熱力学温度	ケルビン	K	——
物質量	モル	mol	——
光 度	カンデラ	cd	——
長 さ	オングストローム	Å	10^{-10} m
周波数・振動数	ヘルツ	Hz	s^{-1}
力	ニュートン	N	m kg s^{-2}
圧力, 応力	パスカル	P	g s^{-2} ($=$ N m^{-2})
圧 力	バ		
圧 力	標		5 Pa
圧 力	ト		322 Pa
エネルギー, 仕事, 熱量	ジ		s^{-2} ($=$ N m $=$ Pa m^3)
エネルギー	電		76 634 $\times 10^{-19}$ J
電荷・電気量	クーロン	C	s A
電位差(電圧)・起電力	ボルト	V	m^2 kg s^{-3} A^{-1} ($=$ J C^{-1})
電気抵抗	オーム	Ω	m^2 kg s^{-3} A^{-2} ($=$ V A^{-1})
コンダクタンス	ジーメンス	S	m^{-2} kg^{-1} s^3 A^2 ($=$ Ω^{-1})
電気双極子モーメント	デバイ	D	$\approx 3.335\ 641 \times 10^{-30}$ C m
セルシウス温度[†3]	セルシウス度	°C	K

†1 定義された値である.
†2 人名に由来する単位の記号は大文字ではじめ, その他の単位記号はすべて小文字とする.
†3 セルシウス温度 θ は $\theta/$°C $= T/K - 273.15$ と定義される.

理工系のための

一般化学

柴田高範 編著

石原浩二・井村考平・鹿又宣弘
寺田泰比古・中井浩巳・中尾洋一 著
中田雅久・古川行夫・山口 正

東京化学同人

まえがき

　素粒子から銀河系まで，そして生命体を含めて自然の摂理を解き明かそうとするのが自然科学（natural science）という学問である．中学校までは自然科学が理科とよばれているが，高校から物理，化学，生物などに分類され，大学の入試科目としてそれらが区別されているので，全く別の学問として認識されている場合がある．しかし，実際の研究において，それらの境界線はなく，互いが関連し合っており，すべてに共通する対象が物質（material）といえる（生命体も物質の集合体である）．重要なのは“何を目的に物質をみるか”であり，それにより物質へアプローチする手段として化学的手法，物理的手法，生物学的手法を選択することになる．

　経済産業省の“工業統計調査 産業別統計表（2019）”によると，日本の製造業における出荷額割合のトップは輸送用機械器具（自動車関連）であり約21％を占め，第二位が，広義の化学工業（化学工業，プラスチック，ゴム）で約14％である．一方，それを付加価値額でみると，前者が18％に対し，後者が17％とその差は一気に縮まる．つまり，化学工業は，日本の産業のメインプレイヤーであり，安い原料から付加価値の高い製品を供給しているといえる．そして，産業としての化学を根幹で支えているのが，化学とその周辺領域の基礎研究と基盤技術である．

　以上のような背景から，将来日本の産業を支える理工系学生が，“化学的手法”を学び，“化学的視野”を修得することは重要である．実際に早稲田大学理工学術院では，大学初年次向けに，非化学系学生のための講義が開講されている．そして本書は，この講義を担当している化学・生命化学科の教員により，広く日本の将来を担う理工系学生のための教科書として企画された．本書の特徴として，1) 各章をその分野を専門とする研究者が執筆していること，2) 例題や章末問題を載せ，問題を解くことで内容の理解が深まるように設計したこと（章末問題の解答は東京化学同人のウェブサイトよりダウンロードできる）．3) “有機化学”を，3章（13〜15章）にわたって扱っている点である．現代社会において，生命現象を理解することはきわめて重要であり，そのためには“有機化合物”の知識は不可欠であると考えたからである．

　本書は，半期15回の講義を想定し，15章から構成される．1章は序章であり，2章以降が本文である．大学1年生を対象とする教科書として，なるべく平易な言葉で丁寧に説明した．一方で，各執筆者が，やや難解であるが是非知って欲しいと考える知識に関しては，“コラム”として取上げた．

　本書の出版にあたり，校正段階で丁寧に査読してくださった早稲田大学理工学術院の小出隆規教授に御礼申し上げる．また，本書の企画段階から，原稿査読，そして仕上げまで，担当していただいた東京化学同人の篠田薫さんに深謝する．複数の執筆者による本書が，統一感のある教科書に仕上がったのは，彼の大所高所からの的確なコメントと忍耐強さのお陰である．

　本書により化学を学んだ学生が，将来自分の専門分野のなかで“化学的視点”を活かして，学界，産業界で活躍してくれることが，本書の編者としてのささやかな願いである．

　2020年11月

柴　田　高　範

目　　　次

章末問題の解答は東京化学同人のウェブサイトに掲載

1 化学を学ぶ基礎知識

化学は，"セントラルサイエンス"とよばれることがある．物理，生物，地学などすべての**自然科学**の分野において，**物質**がかかわっており，その物質を理解するためには，それらを構成する**分子・原子**を理解するための化学が不可欠である，という意味である．したがって化学とは，物質の合成，反応，機能などを分子レベルで追求する学問である．周期表上の原子の組合わせにより，これまでにない物質を創造・創製することは，他の分野にはない化学の最大の魅力である．

自然科学 natural science

物質 matter

分子 molecule

原子 atom

1・1　物　　質

すべての物質には背番号が付けられている．化学者が論文を発表すると，米国化学会の1部門が発行しているケミカルアブストラクツ（化学分野専門の文献抄録誌）に記載され，その論文中の過去に報告例のない新規物質には，Cas Registry番号が付与される．1957年に登録が開始され，33年後の1990年によ うやく1000万件に達した．その後，登録数は加速度的に増加し，それから25年後の2015年にはその10倍である1億件を突破した．この世界最大の物質情報データベース中に，将来われわれの病気を治してくれる有望な薬剤，生活を豊かにしてくれる機能性物質が含まれていることを考えると，夢が大きく膨らむ．

物質は，まず**混合物**と**純物質**に分類される（図1・1）．前者の代表が混合気体である空気であり，一方，純物質に上記のCas Registry番号が付与される．そして純物質は，1種類の元素から構成される**単体**と，2種類以上の元素から構成される**化合物**に分類される．水素 H_2 やヘリウム He などが前者の代表であるが，酸素 O_2 とオゾン O_3，あるいは赤リンと黄リンなどのように，同じ元素からなる単体でも構造が異なる**同素体**もある．

米国化学会 American Chemical Society，略称 ACS

ケミカルアブストラクツ Chemical Abstracts，略称 Cas

混合物 mixture

純物質 pure substance

単体 simple substance

化合物 compound

同素体 allotrope

図 1・1　物質の分類

有機化合物 organic compound
無機化合物 inorganic compound

化合物に関しては，さらに**有機化合物**と**無機化合物**に分類されるが，これらの分類は，歴史的にはやや複雑である．19世紀中ごろまでは，"生命活動により生じたもので，実験室では合成できないもの"が有機化合物であり，一方，"地球上（鉱物中）に存在するもので，実験室で合成できるもの"が無機化合物とされていた．そして，"無機化合物から有機化合物は決して合成できない"という生気説が信じられていた（生物の"器官 organ"でつくられるので"有機化合物 organic compound"）．ところが，1828年に**ウェーラー**によって，無機化合物と分類されていたシアン酸アンモニウム NH_4OCN から有機化合物である尿素 $H_2N(C{=}O)NH_2$ が合成されたことにより"生気説"は崩れ，現在では，"炭素原子を構造の基本骨格にもつもの"が有機化合物，それ以外を無機化合物として定義されている．しかし，慣例上，炭素のみからなるグラファイト，その同素体のダイヤモンド，一酸化炭素 CO，二酸化炭素 CO_2，あるいは炭酸カルシウム $CaCO_3$ などの金属炭酸塩，シアン化水素（青酸ガス）HCN あるいは金属シアン化物などは，無機化合物に分類される．

ウェーラー Friedrich Wöhler

1・2 元　素

元素 element
原子番号 atomic number
質量数 mass number
陽子 proton
中性子 neutron

元素は，元素記号 X によって表され，左下に**原子番号** Z，左上に**質量数** A を記載する．原子番号は元素の原子核中の**陽子**の数に対応し，したがって，$A-Z$ は，その元素のもつ**中性子**の数を示す（2章参照）．

$$\ce{^{A}_{Z}X} \qquad \ce{^{12}_{6}C} \qquad \ce{^{238}_{92}U}$$

原子番号が増えるとともに，原子核に存在する陽子，中性子の数が増えることになり，不安定になる．実際に，安定に存在する元素は原子番号 82 の ^{207}Pb までである．その次の原子番号 83 のビスマス ^{209}Bi は，α 壊変することが 2003 年に報告されたが，その半減期は 1700〜2100 京（京 $= 10^{16}$）年であり，ビッグバンが起こったとされる 138 億年前と比べ，9 桁以上大きい時間であり，地球時間で考えると安定同位体といえる．一方，天然に存在する最も原子番号が大きい元素はウランである．なお，最も多く存在しているのは ^{238}U（99.27%）であり，原子力発電に利用される ^{235}U の存在比はわずか 0.72% である．

したがって，周期表（前見返し参照）に記載されているウランより原子番号の大きい元素（超ウラン元素）は，ウランの核分裂や原子核の人工変換によりつくられた元素である．新元素の創製の研究は，各国の科学の威信をかけた，いわば"超重元素合成競争"である．新元素は，それが誕生した場所由来の命名をされることが多いことから，元素名により，歴史的な勢力図を垣間見ることができる．たとえば，原子番号 93〜103 の元素は，すべて米国の研究グループにより報告され，国名由来のアメリシウム（$_{95}Am$），研究所がある都市名バークレー由来のバークリウム（$_{97}Bk$）などと命名された．ロシアも新元素の創製研究が盛んであり，ロシアの研究所のある都市ドゥブナ由来のドブニウム（$_{105}Db$）が命名された．一方，原子番号 107〜112 番の元素はドイツから発表され，重イオン研究所 GSI のある州名ヘッセンに由来したハッシウム（$_{108}Hs$），都市名ダルムシュタットに由来したダルムスタチウム（$_{110}Ds$）などと命名された．

最近の話題としては，2017 年に $_{113}$Nh，$_{115}$Mc，$_{117}$Tc，$_{118}$Og の四つの元素名が正式に認められた．なかでも $_{113}$Nh は，はじめての日本由来の元素名ニホニウムと名づけられた．この新元素の創製研究は埼玉県和光市にある理化学研究所で行われ，加速器により原子番号 30 の亜鉛（$_{30}^{70}$Zn）を加速させビームとし，それを標的である原子番号 83 のビスマス（$_{83}^{209}$Bi）に衝突させた（30＋83 ＝ 113）．1 秒間に 2.5 兆個の亜鉛ビームを 80 日間照射し続けた結果，原子番号 113 の元素を 1 原子合成し，確認することができた．その寿命はわずか 344 マイクロ秒（マイクロ秒は 100 万分の 1 秒）である．

1・3　単　　位

度量衡の国際的な統一を目的として，1875 年にメートル条約が成立して以降，世界的にメートルが長さの単位の中心であるが，国や地域，あるいは対象物により慣習的に使用する単位が違うことがある．たとえば，英国，米国ではマイル系（マイル，ヤード，フィート，インチ）が使用されており，その影響によりスポーツ関連でマイル系単位を現在も使用している場合がある．たとえば，大リーグの球速（マイル/時），ゴルフの飛距離（ヤード），競技用ヨットの大きさ（フィート）などがある．

このような単位の混在使用は科学において非常に不便であり，単位の認識違いにより，実験において重大な誤りを犯す可能性もある．そこで **IUPAC**（国際純正・応用化学連合）は 1969 年 **SI 単位**を全面的に採用した．SI 単位はすでに世界の多くの国で採用され，科学と工学のすべての分野での使用が勧告されている．

SI 単位は互いに独立な七つの**基本単位**からなる．次にそれらの定義を含めて紹介する（表 1・1）．

SI 基本単位の定義は，科学技術の発展により普遍的な定義に置き換わってきた歴史がある．たとえば，長さの単位である "メートル" のもともとの定義は，"地球の赤道と北極点の間の海抜ゼロにおける子午線弧長を 1/10000000 倍した長さ" であったが，計量技術の発展により，何度も更新された．そこで 1799 年パリの科学アカデミーは，パリを通る子午線の 1 象限の 1000 万分の 1 の長さを 1 m と定め，"メートル原器" をつくった．しかし "人工物" である以上，経年変化があるため，1960 年に現在使用されている光速に基づく定義に変更された．このような流れのなかで，質量は "国際キログラム原器" という人工物で定義されていたが，その質量変動の影響が懸念されていた．そこで，2018 年の国際度量衡総会において "新しい SI 単位の定義" が採択された．すなわち，SI 基本単位のうちキログラムに加え，アンペア，ケルビン，モルが，確定値であるプランク定数 h，電荷素量 e，ボルツマン定数 k_B，アボガドロ定数 N_A により再定義された．この結果，七つの SI 単位すべてが，物理定数の式で表現されたことになった．

一つの物理量は原則としてただ一つの SI 単位をもち，SI 基本単位の積または商の組合わせで SI 組立単位はつくられる．なお，SI 単位ではないが，10^{-10} m を表す Å（オングストロームと読む）は，結合距離を表す適当な単位である．

表 1・1　基本単位の定義（2018 年）

量	基本単位			
	名称	記号	改定後の定義	改定前の定義
長 さ	メートル	m	光が真空中で 1/(299 792 458) s の間に進む距離	—
質 量	キログラム	kg	プランク定数により規定され，周波数が $c^2/6.62607015\times10^{-34}$ Hz の光子のエネルギーと等価な質量	国際キログラム原器(白金 90%，イリジウム 10%の合金)の質量
時 間	秒	s	^{133}Cs 原子の基底状態の二つの超微細単位の間の遷移に対応する放射の周期の継続時間の 9 192 631 770 倍	—
電 流	アンペア	A	電気素量により規定され，1 秒間に $1/1.602176634\times10^{-19}$ 倍の電荷が流れることに相当する電流	真空中に 1 m の間隔で平行に置かれ，無限に長く，かつ無限に小さい円形断面積を有する 2 本の直線状導体において，その長さ 1 m ごとに 2$\times10^{-7}$ N の力を及ぼす電流
熱力学温度	ケルビン	K	ボルツマン定数により規定され，1.380649×10^{-23} J の熱エネルギーの変化に等しい	水の三重点(固相，液相，気相の三相が共存する状態)の熱力学温度の 1/273.16
物質量	モル	mol	アボガドロ定数により規定され，6.02214076×10^{23} 個の要素粒子を含む系の物質量	0.012 kg の ^{12}C の中に存在する原子の数と等しい数の要素粒子または要素粒子の集合体(組成が明確にされたものに限る)で構成された系の物質量とし，要素粒子または要素粒子の集合体を特定して使用
光 度	カンデラ	cd	周波数 540×10^{12} Hz の単色放射を放出し，所定の方向の放射強度が 1/683 W sr^{-1} である光源の，その方向における光度[†]	—

†　sr(ステラジアンと読む)は立体角の定義．球の半径の平方に等しい面積の球面上の部分の中心に対する立体角を表す．

　　数値が大きい場合や小さい場合は，SI 単位に SI 接頭辞を付けて表す．表 1・2 に，10^{18}〜10^{-18} までの接頭辞とそれらを表す記号，および参考までに漢数字による表記を記載する．なお，SI 接頭辞は 3 桁ごとだが，漢数字は，途中の桁にも名前がある（たとえば，糸 10^{-4}，忽 10^{-5}，繊 10^{-7}，沙 10^{-8}）．

　　実際，実験によって得られたデータは，数値，接頭辞，単位を伴っている．以下にそれらを組合わせる際のルールを示す．

1. 単位の記号は立体（イタリック体と対比して傾かずに垂直に立った書体）で表記し，複数形を表す s や略号を表すピリオドはつけない．
2. 接頭辞も立体で表記し，単位記号との間にスペースをおかない．接頭辞は重ねて用いない．
   正しい例：mg, ns, 正しくない例：mμs, μkg
3. 接頭辞のついた単位記号は，まとめて一つの記号とみなす．
   正しい例：cm^2, 正しくない例：(cm)^2

表 1・2　化学で利用する接頭辞

10^{18}	10^{15}	10^{12}	10^{9}	10^{6}	10^{3}	10^{2}	10^{1}	10^{0}	10^{-1}	10^{-2}	10^{-3}	10^{-6}	10^{-9}	10^{-12}	10^{-15}	10^{-18}
エクサ	ペタ	テラ	ギガ	メガ	キロ	ヘクト	デカ		デシ	センチ	ミリ	マイクロ	ナノ	ピコ	フェムト	アト
exa	peta	tera	giga	mega	kilo	hecto	deca		deci	centi	milli	micro	nano	pico	femto	atto
E	P	T	G	M	k	h	da		d	c	m	μ	n	p	f	a
百京	千兆	一兆	十億	百万	千	百	十	一	一分	一厘	一毛	一微	一塵	一漠	一須臾	一刹那

4. 二つ以上の単位の積は N m, N・m, N.m, N×m などの記号で表す. 単位の商は m s⁻¹, m/s の記号で表す. 商を表す/(スラッシュ) は二つ以上重ねて用いてはならない.

   正しい例: $J K^{-1} mol^{-1}$, $J/(K mol)$, 正しくない例: $J/K/mol$

　人名由来の単位は, 大文字で表す〔例, J (ジュール), K (ケルビン)〕のに対し, それ以外は小文字で表す. リットルのみは, 小文字の l だと数字の 1 と区別がつかないので, 大文字の L の使用が認められている.

1・4　測定と有効数字

1・4・1　精密さと正確さ

　有効数字について学ぶ前に, 機器によりデータを測定するうえで, **精密さと正確さ**の違いを理解する必要がある. 精密さとは, 一つの対象に対する複数回の測定値の近さ (データのバラつき) を意味し, 正確さとは真値と測定値の近さを意味する. たとえば, 5.00 g 分銅 (つまり真値が 5.00 g) の重さを測定者 A, B, C が天秤により 3 回測定した結果を次に示す.

精密さ precision

正確さ accuracy

	測定者 A	測定者 B	測定者 C
1 回目	5.03 g	4.97 g	5.13 g
2 回目	4.97 g	4.96 g	4.96 g
3 回目	5.02 g	4.95 g	4.91 g
平均値	5.01 g	4.96 g	5.00 g

　測定者 A の結果は, 精密かつ正確な測定であり, 測定者 B の結果は, 精密であるが, 正確ではない測定であり, 測定者 C の結果は, 精密ではないが, (偶然に) 正確な測定といえる. この結果から, データを判断する場合, 平均値のみではなく, データの質 (精密さ) を考慮する必要があることがわかる.

　一方, 上記の例では, 真値が既知という前提であったが, 実際の測定では, 真値を決めるために測定を行うのであり, 真値は未知であり, 精密な測定が重要であることがわかる.

1・4・2　有効数字の桁数

　機器による測定や秤量などにおいて, 意味のある数字, **有効数字**を理解する必要がある. たとえば, あるメーカーの 100 mL メスフラスコには "体積許容誤差 ±0.05 mL" と記載されており, これはこのメスフラスコで秤量した溶液の体積が 99.95〜100.05 mL の間にあることを意味する. したがって, このメスフラスコにより秤量した溶液の体積は 100.0 mL と表記すべきであり, 100.00 mL と記載できない. 以下に有効数字の桁数を示すうえでの規則を示す.

有効数字 significant figure

1. ゼロ以外の数字はすべて有効数字である.
   例: 1234 m の有効数字は 4 桁, 9.87 kg の有効数字は 3 桁である.
2. ゼロ以外の数字に挟まれたゼロは有効数字である.
   例: 2004 cm の有効数字は 4 桁, 800604 秒の有効数字は 6 桁である.

3. 最初のゼロ以外の数字の左側にあるゼロは有効数字ではない.

   例: 0.00054 mg の有効数字は 2 桁, 0.01504 L の有効数字は 4 桁である.

4. 1 よりも大きな数値で, 小数点の右側のゼロは有効数字である.

   例: 1.000 分の有効数字は 4 桁, 25.0000 mL の有効数字は 6 桁である.

5. 1 よりも小さい数値で, ゼロ以外の数字の右側にあるゼロは有効数字である.

   例: 0.00530 t (トン) の有効数字は 3 桁, 0.0010500 mL の有効数字は 5 桁である.

上記のような規則で考えると, 400 kg という表記は曖昧で, 有効数字は 1 桁, 2 桁あるいは 3 桁の可能性があり, 一意的に決めることはできない. したがって, 数値を記載する場合, 指数表記をすることにより, 有効数字を一意的に表すことがのぞましい. たとえば, 有効数字が 2 桁なら 4.0×10^2 kg であり, 3 桁なら 4.00×10^2 kg と書く.

1・4・3 有効数字の計算

加法と減法　　有効数字の加法と減法では, 扱う数字のなかで, 最も小数点以下の桁数が少ない数字が有効数字の桁数を規定する. 次の加法の例では, 105.55 が小数点以下の有効数字を規定し, 計算の結果, 有効数字は 5 桁である. すなわち, 計算前の最大有効数字が 3 桁なので, 加法により有効数字が増える場合がある.

$$
\begin{array}{rl}
5.003 & \text{小数点以下 3 桁} \\
105.55 & \text{小数点以下 2 桁} \\
+ \quad 0.0456 & \text{小数点以下 4 桁} \\
\hline
110.5986 & \\
110.60 & \text{小数点第 3 位を四捨五入して}
\end{array}
$$

一方, 減法では, 値が近い場合に有効数字が減る場合があり, これを桁落ちという. 三つ以上の値の減法をする際には, 値が近い数字どうしの計算をしないように順番を変えると, 桁落ちを避けられる場合もある.

$$
\begin{array}{rl}
30.27 & \text{小数点以下 2 桁} \\
- \quad 27.1 & \text{小数点以下 1 桁} \\
\hline
3.17 & \\
3.2 & \text{小数点第 2 位を四捨五入して}
\end{array}
$$

🎓 コラム 1・1　四捨五入と連続計算 🎓

有効数字の計算において, 四捨五入する場合, すぐ右側の数字のみに注目すればよい. たとえば, 5.845 を有効数字 2 桁にする場合, 小数点第 2 位の 4 に注目し, 切り捨てて 5.8 が正解である. 小数点第 3 位の 5 に注目し, 切り上げて 5.85 とし, さらに小数点第 2 位 5 を切り上げて 5.9 とするのは誤りである.

また, 複数の計算が必要な場合, 計算の途中で四捨五入をせず, 最後の値を四捨五入する. つまり, 計算機を使用する場合は, 桁数が多いまま計算を進めて, 最後に表示される数字を上記の規則に従って四捨五入する.

べき指数が異なる場合は，数値のべき指数を統一してから計算し，それから有効数字を考慮して四捨五入を行う．次の例では小数点以下 2 桁が最も少ない．

$$2.35 \times 10^2 + 9.764 \times 10^4 + 2.757 \times 10^3$$
$$= (0.235 + 97.64 + 2.757) \times 10^3$$
$$= 100.632 \times 10^3$$
$$= 1.00632 \times 10^5$$
$$1.01 \quad \times 10^5 \qquad 小数点第 3 位を四捨五入して$$

乗法と除法　有効数字の乗法と除法では，計算に用いる数字のなかで，最も有効数字の少ない桁数が，計算結果の数字の有効数字の桁数である．次の例では，有効数字が 2 桁なので 3 桁目を四捨五入し，指数表示する必要ある．

$$例 \quad 5.67 \times 3.6 \times 7.8579 = 160.3954548$$
$$3 桁 \quad 2 桁 \quad 5 桁 \qquad 1.6 \times 10^2$$

次の例では，有効数字は 3 桁が最大なので，4 桁目を四捨五入する．

$$\frac{3.476 \times 10^5}{5.68 \times 10^8} = 0.61197\cdots \times 10^{(5-8)} = 6.1197\cdots \times 10^{-4}$$
$$6.12 \times 10^{-4}$$

章 末 問 題

問題 1・1　有効数字を考慮しながら，次の計算をせよ．

(a) $4.08 + 2.8 + 0.753$

(b) $117.8 - 0.48 - 0.0158$

(c) $(2.67 \times 10^{-5}) \times (4.578 \times 10^3) \div 3.7$

(d) $(1.26 \times 10^4 - 7.897 \times 10^3) \div (5.817 \times 10^4)$

問題 1・2　次の値を有効数字を考慮しながら，単位を含めて答えよ．

(a) 体積が 2.557×10^{-2} L の液体の重さが，3.27×10^4 mg であった．この液体の密度を mL g^{-1} で求めよ．

(b) 新幹線は 2.4 秒間に 1.85×10^2 m 進んだ．新幹線の速さを km h^{-1} で求めよ．

2 原子の構造と性質

原子 atom

　水，空気，食物など，われわれの生活になじみのある物質は，単体もしくは複数の分子からできている．そしてこれらの分子は，酸素，水素など，さまざまな**原子**から構成されている．"atom" という言葉は，元来 "分割できないもの" を意味しているが，20 世紀以降の科学の発達により，原子はさらに細かい粒子から構成されることがわかっている．物質には，このようにいくつもの階層構造があり，一見複雑であるが，原子を出発点とすることでその本質に迫ることができる．本章では，原子の構造とその性質について解説し，物質を理解するための基礎を修得することにする．

2・1 原子の一般的特徴

原子核 atomic nucleus

電子 electron

陽子 proton

中性子 neutron

　原子は，"物質を構成している基本粒子" で，**原子核**とそれを取巻く**電子**から構成されている．原子核は，正の電荷をもつ**陽子**と電荷をもたない**中性子**からなる（図 2・1）．原子中の陽子数と電子数は，同数であり，原子は電気的に中性である．

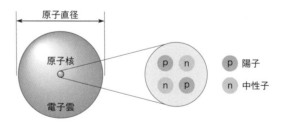

図 2・1　ヘリウム原子の模式図

質量数 mass number

　中性子と陽子の質量は，同程度であり，原子は，陽子数と中性子数の和からなる**質量数**をもつ．電子の質量は，陽子や中性子の質量に比べて非常に小さく（1/1840 程度），原子の質量はほぼ原子核に集中している（表 2・1）．

$$原子番号(Z)：陽子の数(＝電子の数)$$
$$質量数(A)：\quad 陽子の数＋中性子の数$$

表 2・1　原子を構成する粒子の質量と電荷

	記号	質量/kg	原子質量単位/u	電荷[†]
電子	e^-	$9.109\,3837\times10^{-31}$	0.0005486	$-e$
陽子	p	$1.672\,6219\times10^{-27}$	1.0072765	e
中性子	n	$1.674\,9275\times10^{-27}$	1.0086649	0

出典: 日本化学会単位・記号専門委員会，化学と工業，**73**，別冊(2020)．
[†]　電気素量 $e = 1.602\,176\,634\times10^{-19}$ C

原子の質量を，質量数 12 の炭素原子 ^{12}C に対する相対質量で表すことになっている．たとえば，水素原子 ^{1}H の質量は，$m(^1\mathrm{H}) = 1.0078$ u と表される．ここで記号 u は統一原子質量単位を表し，^{12}C 原子 1 個の質量の 1/12（1 u = 1.66054 ×10^{-27} kg）である．原子の大きさ（直径）は，原子核を取巻いている電子の広がり（**電子雲**）の大きさによって決まり，おおむね 10^{-10} m（= 1 Å）程度である．原子核の直径は，約 10^{-14} m である．

　原子の種類は，原子核中の陽子数により分類され，これを**元素**とよぶ．原子には，原子核中の中性子数が違うために，同一元素であっても質量が異なる場合がある．これを**同位体**（isotope）とよぶ．多くの原子には，何種類かの同位体が存在する（表 2・2）．天然に存在する各元素の同位体の存在比はほぼ一定である．同位体の存在比とその相対質量から求めた質量を**原子量**とよぶ．たとえば，水素原子には，天然に二つの同位体 ^{1}H と ^{2}H が存在する．これらの同位体の存在比は，それぞれ，およそ 99.98％と 0.02％である．したがって，水素の原子量は，$1.00783\times0.9998+2.01410\times0.0002 = 1.008$ となる．

電子雲 electron cloud

元素 element

同位体 isotope

原子量 atomic weight

◆IUPAC から，各元素の同位体存在比が公表されている．その存在比は，ほぼ一定である．しかし注意深く比較するとわずかに変化している．そのため，2 年に一度，最新の原子量が発表されている．参考：https://iupac.org/standard-atomic-weights-of-14-chemical-elements-revised/

表 2・2　元素の同位体の存在比

元素	記号	陽子数	中性子数	同位体の質量	存在比(%)
水素	^{1}H	1	0	1.00783	99.972〜99.999
	^{2}H	1	1	2.01410	0.001〜0.028
炭素	^{12}C	6	6	12	98.84〜99.04
	^{13}C	6	7	13.00335	0.96〜1.16
酸素	^{16}O	8	8	15.99491	99.738〜99.776
	^{17}O	8	9	16.99913	0.0367〜0.0400
	^{18}O	8	10	17.99916	0.187〜0.222
塩素	^{35}Cl	17	18	34.96885	75.5〜76.1
	^{37}Cl	17	20	36.96590	23.9〜24.5

出典（同位体の質量）: http://www.ciaaw.org/atomicmasses.htm.
出典（存在比）: J. Meija, et al., *Pure Appl. Chem.* **88**, 293 (2016).

　通常元素の化学的特性は，陽子および電子間のクーロン相互作用や電子の運動に依存し，中性子の数には依存しない．このため，同位体によって元素としての化学的特性の違いはない．元素の化学的特性を決定づけるのは，原子核を取巻く電子の特性であり量子力学の誕生によって，これをはじめて解き明かすことができる．次節では，量子力学の誕生とこれにより明らかとなる原子の特性，特に原子核を取巻く電子の構造について学ぶ．

◆同位体により化学反応速度が異なることがある．これを同位体効果とよぶ．

例題 2・1　水素原子 1 個の質量を求めよ.

解答　水素原子の原子量は 1.008 であり, これが 1 mol, つまりアボガドロ数 (6.02 ×10²³) 個と同数の原子の質量に等しい. すなわち, 1.008 g mol⁻¹ であることを表す. したがって, 水素原子 1 個の質量は, 水素原子の原子量をアボガドロ定数で割ると得られ, $1.008/(6.022 \times 10^{23}) = 1.674 \times 10^{-24}$ g $= 1.674 \times 10^{-27}$ kg となる.

2・2　原子の構造

トムソン Joseph John Thomson

長岡半太郎

ラザフォード Ernest Rutherford

　19 世紀末までに, **トムソン**による陰極線の実験から原子の構成要素として電子が存在することが明らかとなり, 1904 年には, **長岡半太郎**が, 正電荷の集中した核のまわりを電子が取巻いて運動しているとする原子モデルを提案している. また, 1911 年にラザフォードは, 金属箔による α 粒子の散乱実験から, 原子の中心に電荷をもった核があることを明らかにし, 長岡と類似した原子モデルを提唱している. これらのモデルは古典力学を基礎とし, 原子のいくつかの特徴を説明することができる. しかし, 電子の運動やそのエネルギー準位など, 原子の特性の重要な部分を説明することができない. 原子の特性を正しく理解

量子 quantum

量子力学 quantum mechanics

するためには, 古典的モデルから脱却し, **量子**という新しい概念を受け入れる必要がある. ここでは, 19 世紀後半から 20 世紀初頭にかけて発展してきた**量子力学**とその背景について概観し, 量子力学を用いて原子の構造とその化学特性がどのように理解できるかを学ぶことにする.

2・2・1　量子力学の誕生

黒体放射 black body radiation

　プランクの量子仮説　高温物体からの放射は, しばしば**黒体放射**とよばれ, 紫外可視域から赤外線の領域まで非常に幅広いスペクトルを示す (図 2・2). 黒体とは, 厳密にはすべての振動数 ν の電磁波を吸収・放射する理想的な物体で, 黒体からの放射スペクトルは, 材質や形状に依存せず, 温度のみに依存して変化する. 赤色に発光する物体が, 温度の上昇とともに白色に観測されるのは, 黒体放射スペクトルのピークが短波長にシフトするためである.

プランク Max Planck

　プランクは, 空洞からの放射は理想的な黒体からの放射に近いと考え, 実測のスペクトルを非常によく再現する次の関係式を導出している.

$$\rho(\nu)\,\mathrm{d}\nu = \frac{8\pi h\nu^3/c^3}{\exp(h\nu/k_\mathrm{B}T)-1}\,\mathrm{d}\nu$$

この式は, プランクの式として広く知られている. また, この時に導入されたパラメーター h をプランク定数 ($= 6.626\,070\,15 \times 10^{-34}$ J s) とよぶ. 式中の ν は光の振動数 (単位は s⁻¹), c ($= 2.99\,792\,458 \times 10^8$ m s⁻¹) は光速, k_B ($= 1.380\,649 \times 10^{-23}$ J K⁻¹) はボルツマン定数, T は絶対温度 (単位は K) を表す.

　プランクは, この式の物理的解釈にも時間を費やし, 放射される電磁波のエネルギーがとびとびの (離散的な) 値を示すという, 古典物理学の概念とは全く相容れない, 大胆な仮説を提案するに至っている (1900 年). これが, 放射される電磁波 (光) のエネルギーが離散化している, つまり量子化していることを提唱した最初の例である.

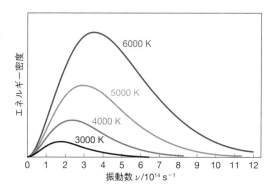

図 2・2　黒体放射のスペクトル（図中の数字は放射温度）

　固体の熱容量を扱っても，上述同様，結晶の振動エネルギーが量子化されて
いることが**アインシュタイン**や**デバイ**によって確認されている．プランクの仮
説の提唱後，量子力学の必要性と妥当性を支持する事実が相次いで確認されて
いる．これらを契機として量子力学が発展していくことになる．

アインシュタイン Albert Einstein

デバイ Peter Debye

　アインシュタインの光量子仮説とコンプトン効果　　プランクの仮説などか
ら，黒体から放射される光のエネルギーが量子化していることが提唱されたが，
このことは，光が通常の波としての性質とともに粒子としての性質をもつこと
を示唆している．光電効果の実験的証拠から，光が粒子としての性質を示すこ
とが確認される．

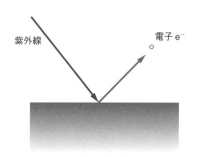

図 2・3　金属表面からの光電子放出の様子（光電効果）

　物質に振動数の高い光を照射した時に，物質表面から荷電粒子（電子）が飛
び出してくる現象を**光電効果**とよぶ（図 2・3）．光電効果に関する詳しい研究
から，電子を放出させるためには，特定の波長以下の光を照射する必要がある
こと，放出される電子の運動エネルギーは，照射光強度に依存しないことなど
が明らかとなっている．これらの実験事実は，光を波として考えるとうまく説
明することができない．

　そしてアインシュタインは，1905 年に，光を粒子（**光子**）の集まりと考える
仮説を発表し（光量子仮説），光を粒子として扱うことで，観測される電子のふ
るまいをうまく説明できることを示した．また，プランクの考えに従って 1 個

光電効果 photoelectric effect

光子 photon

の光子のエネルギーを $h\nu$ と仮定すると，放出される 1 個の電子の運動エネルギー E_{kin} が，次式で求められることを予測している．

$$E_{\text{kin}} = h\nu - W$$

ここで W は，仕事関数とよばれる物質固有の値である．この式から，光電効果を起こすためには，光子のエネルギーが W よりも大きい必要があることがわかる．また，電子の放出量が照射光強度に比例する一方，電子の運動エネルギーが照射光強度に依存しないことも理解できる．このように光電効果は，光の粒子性を考慮することで合理的に説明することができる．そしてこのアインシュタインの予測は，その後 1916 年，**ミリカン**によって実験的にも証明されている．

ミリカン Robert Andrews Millikan

もう一つ光の粒子性を示す実験事実として**コンプトン効果**が知られている．コンプトン効果は，X 線が電子に当たり散乱される際に，X 線の振動数が入射 X 線の振動数よりも小さくなる現象である．古典的なモデルでは，散乱による振動数の変化を説明することができないが，X 線を光子の集まりとしてとらえ，光子と電子の衝突問題をエネルギーと運動量の保存則を考慮して解くことで X 線の振動数変化を説明することができる．

コンプトン効果 Compton effect

例題 2・2 Al に紫外線(波長 $\lambda = 254\,\text{nm}$)を照射すると Al 表面から電子が放出される．この時，放出される電子の運動エネルギー E_{kin} は，0.62 eV である．Al の仕事関数 W を eV 単位で求めよ．
解答 波長 254 nm の光子のエネルギー $h\nu\,(= hc/\lambda)$ は，$7.819\times10^{-19}\,\text{J}$ である．1 eV は $1.602\times10^{-19}\,\text{J}$ に等しいので，光子エネルギーは，4.88 eV となる．$E_{\text{kin}} = h\nu - W$ であるので，$W = h\nu - E_{\text{kin}} = 4.26\,\text{eV}$ となる．

物 質 波　これまでに光が波動性と粒子性の**二重性**を示すことを述べてきた．**ド・ブロイ**は，光と同様，物質も波動性を示すと考え，1924 年に，質量 m，速度 v で運動する物質の運動量 p と波長 λ が次式で関係づけられることを提唱している．

二重性 duality
ド・ブロイ Louis de Broglie

$$\lambda = \frac{h}{p} = \frac{h}{mv}$$

この式は，物質が粒子としてだけでなく，波としての性質をもつことを示している．つまり，光子，電子，原子などすべての粒子が，物質波としての性質をもつことを意味する．

物質が波動性を示すことは，1925 年の**デーヴィソン**，**ガーマー**によるニッケル結晶からの電子線の回折観測や，1927 年の**トムソン**(前述した陰極線を用いた電子の発見で知られる J. J. Thomson の息子)による金箔を透過した電子回折により確認されている．また，日本でも 1928 年に**菊池正士**により雲母薄膜による電子線の回折が確認されている．これらの実験事実は，電子が波としての性質を示すために電子線が回折，干渉した結果として説明することができる．粒子の物質波としての性質は，その後，中性子についても確認され，最近では，原子においても確認されるに至っている．

デーヴィソン Clinton Davisson
ガーマー Lester Halbert Germer
トムソン George Paget Thomson
菊池正士

2・2・2 原子スペクトル

気体分子を含む放電管からの発光を分光分析すると，いくつかの**線スペクト
ル**が観測される（図2・4）．発光の波長特性を**発光スペクトル**とよび，その詳
しい解析から，たとえば，水素原子の発光にはいくつかのスペクトル系列があ
ることがわかっている（表2・3）.

線スペクトル line spectrum
発光スペクトル emission spectrum

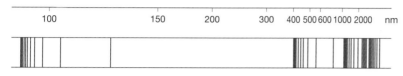

図 2・4 水素原子の発光スペクトル

バルマーは，可視域で観察される水素原子に由来する線スペクトルの系列が
経験式により説明できることを示している．リュードベリは，バルマーの経験
的な取扱いをさらに拡張し，観測されるすべてのスペクトル系列が次式により
関係づけられることを明らかにしている.

バルマー Johann Balmer
リュードベリ Johannes Rydberg

$$\frac{1}{\lambda} = R_\infty \left(\frac{1}{n_1^2} - \frac{1}{n_2^2} \right) \qquad (n_1 = 1, 2, 3\cdots, \ n_2 = 2, 3, 4\cdots, \ n_1 < n_2)$$

R_∞ は**リュードベリ定数**とよばれる．観測されるスペクトル系列は表2・3に示
すように，n_1 の値により，ライマン系列（$n_1 = 1$），バルマー系列（$n_1 = 2$），
パッシェン系列（$n_1 = 3$），ブラケット系列（$n_1 = 4$）に分類される.

リュードベリ定数 Rydberg constant

表 2・3　水素原子のスペクトル系列				
系列	n_1	n_2	$n_2 = n_1 + 1$ の波長/nm	スペクトル領域
ライマン	1	2, 3, 4, ⋯	121.6	紫外部
バルマー	2	3, 4, 5, ⋯	656.5	可視部
パッシェン	3	4, 5, 6, ⋯	1876	赤外部
ブラケット	4	5, 6, 7, ⋯	4052	赤外部

発光がこのように線スペクトルとして観察されることから，水素原子のエネ
ルギー準位が量子化されていることが明らかになる．プランクの仮説に従って
光子のエネルギーを $h\nu$ とすると，**リュードベリの式**から次式が得られる.

リュードベリの式 Rydberg equation

$$h\nu = R_\infty hc \left(\frac{1}{n_1^2} - \frac{1}{n_2^2} \right)$$

ここで c は光速である．上式は，放出される光子のエネルギーが二つの状態間
のエネルギー差（$E_{n_2} - E_{n_1} = h\nu$）に等しいことを示している．つまり水素原子
の固有エネルギーは，次式のように表せる.

$$E_n = -R_\infty hc \frac{1}{n^2} \qquad (n = 1, 2, 3, \cdots) \qquad (2 \cdot 1)$$

この式から，水素原子の固有状態のエネルギーが離散的，つまり飛び飛びの値
であることがわかる．このように，分光学的な観測結果は，原子のエネルギー

が量子化されていることを裏付ける重要な証拠となっている.

2・2・3 ボーアの原子モデル

水素原子のエネルギーが量子化されていることから,原子モデルもその古典的な取扱いを修正し量子性を考慮する必要があった.そこで**ボーア**は,観測されるスペクトルの規則性を説明するために,"電子の軌道は量子条件を満たす時のみに安定な定常状態の軌道として存在する"と仮定した.

ボーアの原子モデル(1913年)では,長岡半太郎が提案した原子モデル同様に原子核のまわりを電子が円運動していると仮定し,電子は原子核と電子間に働くクーロン引力により核に束縛されていると考えている.電子の質量 m_e は,核に比べて非常に小さいので,核は電子に対し固定されていると考えると,電子は,陽子を中心とする半径 r,速度 v の等速円運動をすることになる.この時,円運動により生じる遠心力はクーロン引力と釣合うため,次の関係式が成り立つ.

$$\frac{m_e v^2}{r} = \frac{e^2}{4\pi\varepsilon_0 r^2} \qquad (2\cdot2)$$

ここで e は電気素量,ε_0 は真空の誘電率である.

ボーアの量子条件では,電子の角運動量に次の要件を満たすことが求められる(図2・5).

$$m_e r v = n\hbar \qquad (n = 1, 2, 3, \cdots) \qquad (2\cdot3)$$

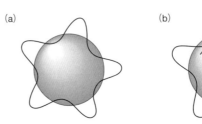

図 2・5 **ボーアの量子条件**.(a) 成立:電子のド・ブロイ波が定在波(定常波)となる,(b) 不成立:ド・ブロイ波が打消し合う.

上の二つの関係式から,許される軌道の半径が次式を満たすことになる.

$$r = \frac{4\pi\varepsilon_0 \hbar^2 n^2}{m_e e^2} \qquad (2\cdot4)$$

この式から,許される軌道が量子化されていること,また軌道ごとに半径が異なることがわかる.$n = 1$ の場合に軌道半径は最小となり,これを**ボーア半径** a_0 とよぶ.

$$a_0 = \frac{4\pi\varepsilon_0 \hbar^2}{m_e e^2}$$

円運動を行う電子のエネルギーは,**運動エネルギー**と**ポテンシャルエネルギー**の和であるので,(2・2)式と(2・3)式を用いて電子のエネルギーを求めると,

$$E_n = \frac{1}{2} m_e v^2 - \frac{e^2}{4\pi\varepsilon_0 r} = -\frac{e^2}{8\pi\varepsilon_0 r} = -\frac{m_e e^4}{8\varepsilon_0^2 h^2 n^2} \qquad (2\cdot5)$$

となる.（2・5）式から明らかなように,求められた水素原子のエネルギーも量子化されていることがわかる.

　ここで $n=1$ の場合,電子のエネルギーは最も低くなる.この状態を**基底状態**とよぶ.一方,それよりエネルギーの高い状態（$n=2,3,\cdots$）を**励起状態**とよぶ.図2・6に計算される水素原子の**エネルギー準位図**を示す.水素原子において計算されるエネルギー準位は,リュードベリの式から求めた準位と一致する.つまり,ボーアの原子モデルは,リュードベリの式を完全に再現することができる.（2・1）式と（2・5）式の比較からリュードベリ定数 R_∞ が次式で与えられることがわかる.

基底状態 ground state

励起状態 excited state

エネルギー準位図 energy diagram

$$R_\infty = \frac{m_e e^4}{8\varepsilon_0^2 h^3 c} \qquad (2\cdot6)$$

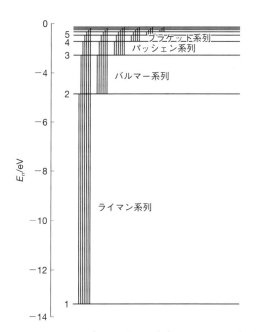

図 2・6　ボーアの原子モデルより求まる水素原子のエネルギー準位と観測される発光スペクトル系列

　水素原子は通常基底状態にあるが,放電管中では電子的に励起された状態にあると考えられる.励起状態は,不安定であるために,緩和して安定な基底状態へ戻ろうとする.気体試料では,試料が希薄であるために,衝突などによる緩和過程と比べて,励起状態から基底状態への電磁波放出過程が相対的に重要となる.励起状態から基底状態への光子放出過程を**発光**,その逆過程（光子の消滅過程）を**吸収**とよぶ.また,これらの光学過程を合わせて**遷移**とよぶ.異なる準位間での遷移（発光）を考えると,観測されるスペクトル系列を説明することができる.図2・6に示すとおり,一連のスペクトル系列を水素原子のエ

発光 emission

吸収 absorption

遷移 transition

📖 コラム 2・1　シュレーディンガー方程式を使い波動関数を求める 📖

シュレーディンガー方程式（Schrödinger equation）とは，粒子の時間的空間的な特性を粒子の波の性質から解き明かす方法である．その一般形は，粒子の全エネルギーを座標と運動量 p で表したハミルトニアン H と波動関数 ψ，固有値 E を用いて次式で表される．

$$H\psi = E\psi$$

原子について考えると，原子核の運動は電子と比べて相対的に遅いため，核を静止しているとみなすと，電子のハミルトニアンは，

$$H = \frac{p^2}{2m_e} + U(r)$$

で与えられる．ここで右辺第一項は，運動エネルギー，第二項は，ポテンシャルエネルギーである．これを最初の式に代入して，シュレーディンガー方程式を解くと，電子の波動関数が求まる．

📖 コラム 2・2　ハイゼンベルクの不確定性原理 📖

量子力学的取扱いから原子の中の電子の位置は存在確率として与えられる．この事実は古典モデルとの大きな相違であるが，同様の議論は電子だけでなく，すべての粒子に適用される．つまり，粒子であれば種類に関係なく，粒子の位置は存在確率として与えられることになる．ハイゼンベルクは，粒子の運動量 p の不確かさ Δp と位置 x の不確かさ Δx について検討し，これら二つの量には不確定性関係が成り立つことを明らかにしている．

$$\Delta p \times \Delta x \geqq h$$

これを**ハイゼンベルクの不確定性原理**（Heisenberg's uncertainty principle）とよぶ．この式から，原子中の電子の位置は，正確に定まらないことがわかる．

ネルギー準位に対応づけることができる．このように，ボーアの原子モデルは，実験で観測されるスペクトルの規則性を正確に再現することができる．

例題 2・3　ボーア半径を pm 単位で求めよ．
解答　ボーアモデルを用いると水素原子の軌道半径と量子数 n の関係を示す（2・4）式が求められる．この式に $n = 1$ を代入するとボーア半径 a_0 が求められる．この式に物理定数を代入すると，

$$a_0 = \frac{4 \times 3.1415 \times 8.8541 \times 10^{-12}\,\mathrm{C^2\,J^{-1}\,m^{-1}} \times (1.0545 \times 10^{-34}\,\mathrm{J\,s})^2}{9.1093 \times 10^{-31}\,\mathrm{kg} \times (1.6021 \times 10^{-19}\,\mathrm{C})^2} = 5.291 \times 10^{-11}\,\mathrm{m}$$

となる．$1\,\mathrm{pm} = 10^{-12}\,\mathrm{m}$ であるので，$a_0 = 52.91\,\mathrm{pm}$ となる．

　一方で，ボーアの原子モデルは，多電子系，分子系への拡張が試みられたが，いずれも実測結果をうまく説明することができなかった．また，角運動量にボーアの量子条件〔(2・3) 式〕を導入する根拠が明瞭ではないなどの問題が生じた．これらの理由から，ボーアの原子モデルは，その後，**シュレーディンガー**や**ハイゼンベルク**らによって導入された量子力学を基礎とする考え方にとって代わられることになる．

シュレーディンガー Erwin
Schrödinger

ハイゼンベルク Werner Karl
Heisenberg

2・2・4　原子の電子構造

　シュレーディンガーやハイゼンベルクにより発展した量子力学を用いれば，古典力学やボーアモデルでは説明が困難な原子，分子の諸特性をよく説明する

ことができる．ここでは，電子のエネルギー準位や電子分布の空間特性について学ぶ．ここで得られる知見は，分子，物質の理解につながる本質的なものである．

　　軌　道　　電子線が回折現象を示すことから，電子が粒子としてだけでなく，波としての性質も示すことがわかっている．したがって，原子内での電子の軌道を明らかにするためには，電子の波の性質から解き明かす必要がある．電子の運動を，運動エネルギー，ポテンシャルエネルギーと関係づけて表したものを**波動方程式**という．波動方程式を解くことで，電子の運動を明らかにすることができる．詳しい解法については省略するが，波動方程式から，電子雲の空間的な形（**波動関数**）とその固有エネルギー（状態）が求まる．波動関数は，原子内の電子の定常状態を示し，三つの**量子数** n（主量子数），l（方位量子数），m（磁気量子数）に応じて変化することがわかっている．これらの量子数の特徴を次にまとめる．

> 波動方程式 wave equation
>
> 波動関数 wave function
>
> 量子数 quantum number

　　主量子数は，波動関数の空間的な広がりと関係する．ボーアの量子数 n に対応し，整数の値 $1, 2, 3, \cdots$ をとる．n の値とともにエネルギーが大きく変化する．

> 主量子数 principal quantum number

　　方位量子数は，波動関数の空間的な形状と関係する．主量子数 n の値に対して，0 から $n-1$ までの n 個の整数の値をとる．方位量子数は，しばしば l の代わりに次の記号で表される．

> 方位量子数 azimuthal quantum number

l	0	1	2	3
記号	s	p	d	f

　　磁気量子数は，波動関数の形状（方向）と関係する．方位量子数 l に対して $-l$ から $+l$ までの $2l+1$ 個の整数の値をとる．磁気量子数は，電子の磁気的性質と関係する．磁場がない時は，すべての状態のエネルギーは等しい（"縮退している"という）が，磁場によりエネルギーの異なる状態に分裂する．

> 磁気量子数 magnetic quantum number

　　それぞれの量子数の組合わせで求まる波動関数は，**軌道**とよばれる．量子力学では，電子の位置を一意的に決めることはできず，確率としてのみ求めることができる．つまり，軌道は，電子の**存在確率分布**を表す．この点が，ボーアモデルとの大きな違いである．

> 軌道 orbital
>
> 存在確率分布 existence probability distribution

　　軌道は s, p, d, f の記号と n の値を添えて 1s, 2s, 2p と表す習慣となっている．たとえば，$(n,l,m) = (1,0,0)$ 状態にある電子は，1s 軌道を占有しているという．1s, 2s, 3s 軌道などの s 軌道は，球対称であり，$n-1$ 個の節面をもっている．$2p_x$, $2p_y$, $2p_z$ 軌道は，それぞれ x, y, z 軸に対して軸対称であり，節に対して位相は反転する．$3p_x$, $3p_y$, $3p_z$ 軌道についても同様である．d 軌道は，五つの軌道（d_{xy}, d_{yz}, d_{zx}, $d_{x^2-y^2}$, d_{z^2}）からなり，軸または特定の平面に対して対称である（図 2・7）．

　　原子には s, p, d 軌道などが存在し，これらを総称して**原子軌道**とよぶ．軌道概念を使うことで，原子の化学的性質を統一的に議論することが可能となる．電子の存在確率分布は，おおむね主量子数 n とともに変化し，**殻**を形成する．

> 原子軌道 atomic orbital，略称 AO
>
> 殻 shell

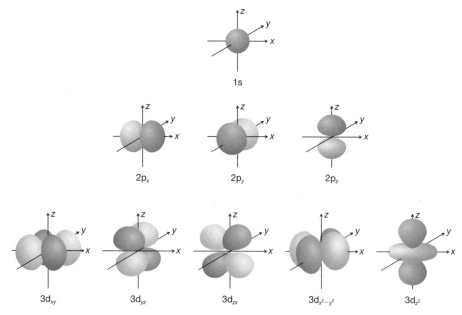

図 2・7　原子の 1s 軌道，2p 軌道，3d 軌道

殻構造 shell structure

1s 軌道を K 殻，2s, 2p 軌道を L 殻，3s, 3p, 3d 軌道を M 殻とよぶ．これらを総称して**殻構造**とよぶ．

n	1	2	3	4	5
電子殻の記号	K	L	M	N	O

電子スピン　　原子の化学的特性を調べるためには，電子が軌道を占有する規則を理解しておく必要がある．そのために，まず電子のもつスピン（角運動量）について考える必要がある．

電子スピン electron spin

ウーレンベック George Uhlenbeck

ハウトスミット Samuel Goudsmit

電子スピンの存在は，Na 原子からの発光（D 線）の観測から明らかとなっている．Na の D 線を詳しく分光分析すると，D 線は二重に分裂して観察される．**ウーレンベック**と**ハウトスミット**は，電子が自転運動により角運動量と磁気モーメントを生じると考え，これらの相互作用により，D 線の分裂を説明することに成功している．つまり，電子には，電子スピンが存在する．電子スピンは，量子化されており，**スピン磁気量子数** m_s（$= \pm 1/2$）を用いて表される．$m_s = +1/2$ の状態を α（上向き）スピン，$m_s = -1/2$ の状態を β（下向き）スピン状態という．また，α, β をスピン固有関数とよぶ．これらのスピン状態は，右回り，左回りのスピンとみなすこともできる．

スピン磁気量子数 spin magnetic quantum number

電子配置の構成原理　　原子において電子の波動関数を取扱うには，n, l, m の量子数に加えてスピン量子数 m_s も考慮する必要がある．波動関数のスピン部分を取扱うことで，電子の配置方法に関する重要な規則，**パウリの排他原理**が導かれる．この規則は "2 個の電子の四つのすべての量子数（n, l, m, m_s）が同

パウリの排他原理 Pauli exclusion principle

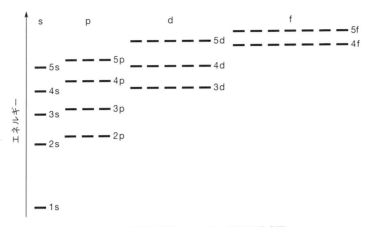

図 2・8　原子の軌道エネルギー準位の模式図

じになることはない" というものである．言い換えると，"一つの軌道には，最大で 2 個の電子が入ることができるが，この場合，2 個の電子のスピンは互いに逆向き（反平行）である（対をつくる）必要がある" ということである．このように一つの軌道において対となっている電子を電子対とよぶ．

　図 2・8 の軌道のエネルギー準位図から，軌道のエネルギーは，n とともに大きく変化することがわかる．基底状態の原子を考えると，電子は使える軌道のうち，なるべく軌道エネルギーの低い状態を占めようとする．つまり，電子が軌道を占有する順序は，おおむね 1s, 2s, 2p, 3s, 3p, 4s, 3d, 4p, 5s, 4d…となる．

　以上の規則から，電子が占有する軌道を求めることができる．たとえば，N 原子の場合，7 個の電子が存在するので，電子は，1s 軌道に 2 個，2s 軌道に 2 個，2p 軌道に 3 個，入ることになる．ただし，p 軌道のように同じエネルギーをもつ軌道が複数ある場合は，$2p_x$ 軌道に 1 個，$2p_y$ 軌道に 1 個，$2p_z$ 軌道に 1 個，というようにすべての電子スピンが同じ向き（平行）となるように，電子は異なる軌道を占有することになる（表 2・4）．これをフントの規則という．また，一つの軌道において対とならずに単独で存在する電子を不対電子とよぶ．N 原子の 7 個の電子の配置は，$1s^2 2s^2 2p^3$ のように表され，これを電子配置とよぶ．

◆3d と 4s, 4d と 5s の軌道エネルギー準位の順番は，原子によって変化する．しばしば 4s<3d，5s<4d と説明されるが，多くの原子では，3d<4s，4d<5s となっている．

フントの規則 Hund's rule

不対電子 unpaired electron

電子配置 electron configuration

表 2・4　原子の電子配置とスピン状態						
元素	電子配置	1s	2s	$2p_x$	$2p_y$	$2p_z$
B	$1s^2 2s^2 2p$	↑↓	↑↓	↑		
C	$1s^2 2s^2 2p^2$	↑↓	↑↓	↑	↑	
N	$1s^2 2s^2 2p^3$	↑↓	↑↓	↑	↑	↑
O	$1s^2 2s^2 2p^4$	↑↓	↑↓	↑↓	↑	↑
F	$1s^2 2s^2 2p^5$	↑↓	↑↓	↑↓	↑↓	↑
Ne	$1s^2 2s^2 2p^6$	↑↓	↑↓	↑↓	↑↓	↑↓

　N 原子の次の原子番号の O 原子の電子配置は，N 原子の電子配置にもう 1 個電子を追加したものと等しく $1s^2 2s^2 2p^4$ となる．同様の原理によって，すべての原子の電子配置を決定することができる．このようにして，電子配置を決定することを構成原理に従うという．以下に，電子配置を構成するうえでの重要

構成原理 Aufbau principle

なルールをまとめる.

- 電子は,利用可能な軌道のうち,エネルギーの低い軌道から占有していく.
- 電子は,パウリの排他原理に従って軌道を占有する.
- p軌道やd軌道などの縮退した軌道では,電子は,可能な限り電子スピンが平行となるように,一つずつ別べつの軌道を占有していく.

表2・5に各軌道に収容可能な電子数をまとめる.

表 2・5　原子軌道と収容電子数

電子殻(主量子数)	軌道名	方位量子数	磁気量子数	収容電子数
K($n=1$)	1s	0	0	2
L($n=2$)	2s	0	0	2
	2p	1	$\pm1, 0$	6
M($n=3$)	3s	0	0	2
	3p	1	$\pm1, 0$	6
	3d	2	$\pm2, \pm1, 0$	10
N($n=4$)	4s	0	0	2
	4p	1	$\pm1, 0$	6
	4d	2	$\pm2, \pm1, 0$	10
	4f	3	$\pm3, \pm2, \pm1, 0$	14

2・2・5　周　期　表

　原子の化学的性質は,電子配置,特に原子内で最も外側にある電子のふるまいと密接に関係している.したがって,原子を原子量の小さいものから順に並べていくと一定の規則性があることに気づく.これを周期ごとにまとめて表にしたものを**周期表**とよぶ.**メンデレーエフ**は,19世紀後半に,おもに原子量をもとに周期表を作成し,周期表をもとにいくつかの未知元素の予言をしている.Sc, Ga, Geなどは,メンデレーエフの予言どおりに発見された元素であり,それ以降,周期表の有用性が広く認められるようになる.

　表2・5にまとめた原子の電子配置から,8番目ごとの短周期と,18番目ごとの長周期が存在することが認められる.現在の周期表は,この周期構造をもとにまとめられ,1〜18族に分類されている.同じ族に属する原子は,最外殻の電子構造が類似しており共通する化学的特徴をもつ.たとえば,水素を除く1族の元素は,**アルカリ金属**とよばれ,最外殻に1個の電子をもち,この電子を放出して1価のカチオン(陽イオン)になる傾向がある.また,2族の元素は,**アルカリ土類金属**とよばれ,最外殻に2個の電子をもち,2価のカチオンになる傾向がある.17族の元素は,**ハロゲン**とよばれ,最外殻に7個の電子をもち,1個の電子を受入れて,1価のアニオン(陰イオン)になる傾向がある.18族の元素は,**貴ガス**原子とよばれ,最外殻の電子がすべての軌道を占有し安定化しているため化学的に不活性である.このように同族の元素は,最外殻の電子配置が類似しているために,よく似た化学的特徴を示す.最外殻の電子は,化学的性質を決定する重要な役割を果たすことから,電子配置において貴ガスの

周期表 periodic table

メンデレーエフ Dmitrii Mendeleev

アルカリ金属 alkali metal

アルカリ土類金属 alkaline earth metal, BeとMgを含めない場合もある.

ハロゲン halogen

貴ガス noble gas

電子配置を除いた軌道を，特に**原子価軌道**，それを占有する電子を**価電子**と区別してよんでいる.

同周期の元素を比べると，周期表の左から右に行くに従って電子が1個ずつ増えていく. 第3周期までにs軌道p軌道は，すべて充塡され閉殻となる. 第4周期以降は，原子番号の増加とともにd軌道，f軌道が占有される. 1, 2, 13〜18族の元素を**典型元素**，3〜12族を**遷移元素**とよぶ. 多くの遷移元素では，原子価軌道が $n\mathrm{d}^x(n+1)\mathrm{s}^2$ であり $(x = 1, 2\cdots10)$，s軌道の2個の電子を失って，2価のカチオンとして存在することが可能である. また，d軌道にも電子があるため，2価以外のカチオンとして存在することもできる. このように周期表は，元素の化学的特徴を的確にとらえることを可能としている.

2・3 元 素 の 性 質

前節で元素の性質を電子配置と関係づけて理解できること，またアルカリ金属やアルカリ土類金属元素がカチオンになりやすいことを学んだ. 本節では，原子がカチオンやアニオンになる時のエネルギー要件と電子配置との相関を学ぶ. これらは，元素の化学的性質を理解するうえでの基礎となる.

2・3・1 イオン化エネルギー

イオン化エネルギーとは，(基底状態にある気体状の)原子または分子から，1個の電子を引離してイオン化するのに必要なエネルギーのことで，中性の原子が1価のカチオンになるために必要なエネルギーを**第一イオン化エネルギー**，また2価のカチオンになるために必要なエネルギーを**第二イオン化エネルギー**とよぶ. イオン化エネルギーの決定には，光イオン化法，電子衝撃イオン化法などが用いられる. 図2・9に，元素の種類と第一イオン化エネルギーの関係をプロットしたものを示す.

図2・9から，イオン化エネルギーが原子番号とともに周期的に変化する様子がわかる. 特徴的なのは，貴ガス原子でイオン化エネルギーが上昇した後に，アルカリ金属でイオン化エネルギーが急激に低下する点である. アルカリ金属

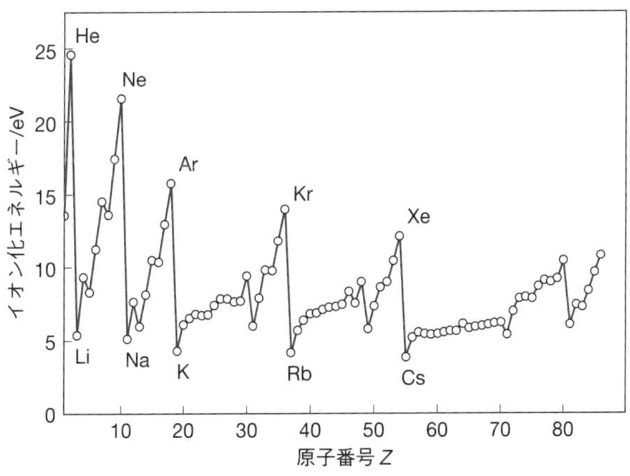

原子価軌道 valence orbital

価電子 valence electron, 原子価電子ともいう.

典型元素 typical element

遷移元素 transition element, 12族を含めない場合もある. 本書では，日本化学会化学用語検討小委員会の提案(2018年1月25日)に準拠した.

イオン化エネルギー ionization energy

図 2・9　原子の第一イオン化エネルギー

有効核電荷 effective nuclear charge

では，最外殻の価電子は1個であり，この電子を放出することで閉殻構造となる（当然のことであるが，最外殻の電子が最初に放出される）．価電子に対する**有効核電荷**（電子が実際に感じる核の正電荷）は，内殻の電子が核電荷を遮蔽するため，電子を取去るのに必要なエネルギーは2族以降の元素と比べると小さい．したがって，イオン化エネルギーは最小となる．一方，2族以降の元素は，原子番号の増加とともに，最外殻の電子による核電荷の遮蔽が不十分となり有効核電荷が増加する．その結果，原子番号の増加とともに，核電荷と放出される電子との間に働くクーロン引力が強くなり，イオン化エネルギーが大きくなる．同族の原子では，最外殻の電子数は等しく，原子番号が大きいほど，原子核と価電子との距離が大きくなる．このため，周期とともにイオン化エネルギーが低下する．イオン化エネルギーに影響する重要な要因は，有効核電荷，引抜かれる電子の軌道と核との距離，軌道の種類などがあげられる．これらを考慮すれば，図2・9で観測される原子のイオン化エネルギーの傾向をおおむね説明することができる．

2・3・2 電子親和力

電子親和力 electron affinity

イオン化エネルギーとともに原子の化学的性質を示す指標として**電子親和力**があげられる．電子親和力は，（基底状態にある気体状の）原子が電子と結合する際に放出するエネルギーであり，電子の結合により生成するアニオンが中性の原子よりも安定な場合に正の値をとる．イオン化エネルギーは，原子がカチオンとなるために必要なエネルギーを示すのに対し，電子親和力は，逆にアニオンとなる時の安定化エネルギーを示している．

電子親和力は，イオン化エネルギーと比べて実験的に決定することが一般にむずかしく，たとえば，アニオンから電子を脱離させるために要するエネルギーを測定することで決定される．これまでに報告されている電子親和力を図2・10に示す．イオン化エネルギーほど明瞭ではないが，最外核の電子配置に従って，規則的な傾向を認めることができる．たとえば同一周期では，ハロゲン原子の電子親和力が，同周期の他の元素に比べて一般に大きいことがわかる．これは，ハロゲン原子では，内核の電子による核電荷の遮蔽が最も小さくなるた

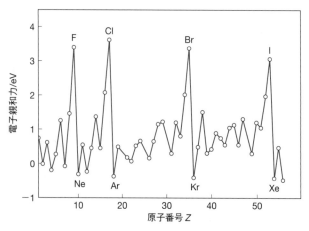

図 2・10　原子の電子親和力

めに，結合する電子と核との間に大きなクーロン引力が働くためである．一方，中性状態で閉殻構造を完成させている貴ガス原子では，核電荷が遮蔽されるため，電子の結合に対して反発力が働き電子の結合は起りにくい．その結果，電子親和力は負となる．電子親和力が負の値を示すことは，生成するアニオンが不安定であることを示している．

　原子のイオン化エネルギー，電子親和力は，分子の結合や性質と深いかかわりがある．たとえば，原子が結合し分子となる時，原子は，分子中で部分的に正に帯電したり負に帯電したりする．このような分子中での原子の電荷の偏りは，イオン化エネルギー，電子親和力と関係している．このように，原子の特性を理解することは，分子の性質を理解するうえでの基礎となる．3章では，本章で得た知見をもとに，分子の特性がどのように理解できるかについて学ぶことにする．

章 末 問 題

問題 2・1　塩素には天然に2種類の同位体が存在する．表2・2を用いて塩素の原子量を求めよ．

問題 2・2　波長 532 nm の光子のエネルギーを eV 単位で求めよ．

問題 2・3　次のド・ブロイ波長を求めよ．

(a) 光速の1%の速度で運動している電子．

(b) 時速 4 km で歩いている体重 60 kg の人．

問題 2・4　次の問に答えよ．

(a) (2・6) 式を用いてリュードベリ定数を計算せよ．

(b) 水素原子のライマン系列の極限(収束する)波長を求めよ．

問題 2・5　N, Al, Cl⁻ の電子配置を s, p, d の記号を用いて表せ．

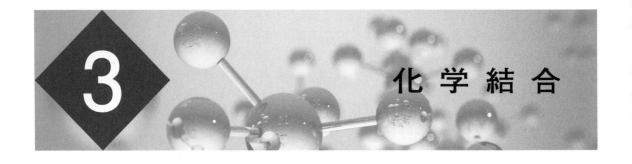

化 学 結 合

3

化学結合 chemical bond

共有結合 covalent bond

共有電子対 covalent electron pair,
shared electron pair

ルイス Gilbert Newton Lewis

オクテット則 octet rule, **八隅則**ともいう.

ルイス構造 Lewis structure, **電子式**ともいう.

　"Molecule(＝分子)" の語源はラテン語の "集まり・かたまり" を意味する mol であり，それゆえ molecule は "原子の集まり" という意味である. 原子を結びつけて分子や結晶を構成するために働く力が**化学結合**である. その化学結合の強さにより，固体の融点や液体の沸点が決まる. そして化学反応は，化学結合の組換えを伴うので，その起こりやすさにも影響する. また，分子の形も結合様式と密接に関係する. このように化学結合について学ぶことは物質を理解するための基本である. 本章では共有結合，イオン結合，金属結合，配位結合，水素結合など，理想型としての結合様式の分類を述べるとともに，量子力学に基づく統一的な解釈を説明する.

3・1 　共 有 結 合

　原子が互いに価電子を 1 個ずつ提供し，原子間に電子対を共有することで形成される化学結合を**共有結合**といい，この電子対を**共有電子対**という. 共有電子対の重要性は，1916 年に**ルイス**によってはじめて指摘された. 貴ガスは最外殻に 8 個 (ヘリウムは 2 個) の電子をもち，原子として安定に存在する. その類推から，貴ガス以外の原子は，共有電子対をつくることで，最外殻が 8 個(水素は 2 個)の電子で満たされ安定な化合物となると考えた. この考えは**オクテット則**とよばれるが，なぜ電子を共有すれば安定になるかの説明には至らなかった. ただ，価電子を点で表しオクテットを完成するように描けば，化学結合をおおむね理解できるので，ルイスの考えは広く受け入れられた. 図 3・1 にいくつかの分子に対する**ルイス構造**を示す. いずれの場合も，F, O, N, C 原子のまわりには 8 個の電子 (つまり 4 個の電子対) があり，オクテット則を満たしている. H 原子のまわりは 2 個の電子であるが，これは貴ガス He の場合と同様

$$H\!:\!H \qquad :\!\overset{..}{F}\!:\!\overset{..}{F}\!: \qquad :\!\overset{..}{O}\!:\!:\!\overset{..}{O}\!: \qquad N\!:\!:\!:\!N$$

$$H\!:\!\overset{..}{O}\!:\!H \qquad H\!:\!\overset{..}{N}\!:\!H \qquad \overset{\textstyle H}{H\!:\!\overset{\textstyle ..}{C}\!:\!H}$$

図 3・1 　**H₂, F₂, O₂, N₂, H₂O, NH₃, CH₄ のルイス構造**

である．F_2, O_2, N_2 において共有電子対がそれぞれ 1, 2, 3 組である．共有電子対は結合の強さに関係するので，それぞれ**一重結合**，**二重結合**，**三重結合**と区別される．

一重結合 single bond, 単結合ともいう．

二重結合 double bond

三重結合 triple bond

例題 3・1 次の分子のルイス構造を描け．
(a) C_2H_6(エタン)　(b) C_2H_4(エチレン)　(c) C_2H_2(アセチレン)
(d) CO(一酸化炭素)　(e) CO_2(二酸化炭素)
解答
(a) 略　(b) 略　(c) H:C⦂⦂C:H
(d) :C⦂⦂⦂O:　(e) :O::C::O:

共有結合を説明する理論として，分子軌道法と原子価結合法がある．以下の節で代表的な考え方について説明していく．

3・2 分 子 軌 道

1926 年に誕生した**量子力学**により，原子構造に対する理解が進んだ（§2・2・4 参照）．そして，原子核のまわりに存在する電子の状態は，s, p, d, f, … 軌道などの**原子軌道**により表されることが見いだされた．**フント**と**マリケン**は，原子軌道の考えを分子に拡張し，分子中の電子の状態を**分子軌道**により表すこと（**分子軌道法**），さらに，分子軌道（ψ で表す）を原子軌道（χ で表す）の線形結合により表すこと（**LCAO 法**）を提案した．

水素分子の場合，2 個の水素原子 H_A, H_B の 1s 軌道 $\{\chi_A, \chi_B\}$ から次の二つの分子軌道が導かれる．

$$\psi_+ = c_+(\chi_A + \chi_B)$$
$$\psi_- = c_-(\chi_A - \chi_B)$$

ここで，$c_\pm$ は規格化定数とよばれる 1 以下の定数である．ψ_+ と ψ_- は，それぞれ**結合性軌道**および**反結合性軌道**とよばれる．

図 3・2(a) に，$\psi_\pm$ における χ_A と χ_B の重ね合わせの様子を示す．図 3・2(b) には，分子軌道の 2 乗 $|\psi_+|^2$（**電子密度**）を描いており，電子が空間的にどのように分布しているかを表す．ψ_+ では，二つの原子軌道は同位相なので，原子核間で互いに強め合う．つまり，原子核間の電子密度が増加するため，原子核と電子のクーロン引力により結合に寄与する．一方，ψ_- では逆位相なので，原子核間で互いに弱め合う．特に，A–B には振幅が 0 となる**節**が存在する．そのため，原子核間の電子密度はむしろ減少し，原子核どうしをつなぎ止める力は働かない．

分子軌道をエネルギーの観点から見てみると，結合性軌道のエネルギー準位 E_+ は水素原子のエネルギー準位（E_A, E_B）より安定化し，一方，反結合性軌道のエネルギー準位 E_- は不安定化する（図 3・3）．つまり，$\{\chi_A, \chi_B\}$ という二つの原子軌道が相互作用して，二つの分子軌道 $\{\psi_+, \psi_-\}$ が形成される．また，それぞれの原子は互いに電子を 1 個ずつ出し合って，安定な結合性軌道のみ電子

量子力学 quantum mechanics

原子軌道 atomic orbital, 略称 AO

フント Friedrich Hermann Hund

マリケン Robert Sanderson Mulliken

分子軌道 molecular orbital, 略称 MO

◆LCAO 法とは，原子軌道（AO）という量子力学的な波の線形結合（linear combination, LC）により重ね合わせ，分子軌道（MO）を表現するための近似方法である．そのため LCAO 近似や LCAO-MO 法などともよばれる．

◆χ_A, χ_B は，原子核 A および B を中心とする水素原子の 1s 軌道，

$$\chi_A = \sqrt{\frac{1}{\pi a_0^3}} \exp\left(-\frac{r_A}{a_0}\right)$$

$$\chi_B = \sqrt{\frac{1}{\pi a_0^3}} \exp\left(-\frac{r_B}{a_0}\right)$$

（a_0：ボーア半径，0.529 Å）である．

◆規格化定数はそれぞれ
$$c_\pm = 1/\sqrt{2(1\pm S)}$$
で表される．ここで，S は**重なり積分**（overlap integral）とよばれ，原子軌道の重なりの度合を示す．2 個の原子核が無限に離れると 0 となり，完全に重なると 1 となる．

結合性軌道 bonding orbital

反結合性軌道 antibonding orbital

電子密度 electron density

節 node

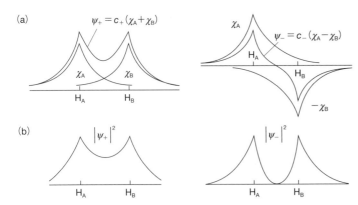

(a)

$\psi_+ = c_+(\chi_A + \chi_B)$

χ_A χ_B

H_A H_B

χ_A

H_A

$\psi_- = c_-(\chi_A - \chi_B)$

H_B

$-\chi_B$

(b)

$|\psi_+|^2$

H_A H_B

$|\psi_-|^2$

H_A H_B

図 3・2　水素分子の結合性軌道と反結合性軌道

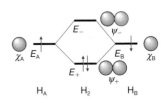

χ_A E_A E_- ψ_- E_B χ_B

E_+ ψ_+

H_A H_2 H_B

図 3・3　水素分子に対する軌道相関図

が占有される．これは，まさに共有結合に対する量子力学的な描像であり，ルイス構造に対応している．

　一般に分子軌道を求めるには，量子力学的な方程式を解く必要があるが，簡単な分子に対しては，分子軌道とそのエネルギー準位を定性的には予測することができる．これは，原子軌道が相互作用して分子軌道を構築するという考えから，**軌道相互作用**とよばれ，次のような基本ルールがある．

軌道相互作用 orbital interaction

> **軌道相互作用の基本ルール**
> **規則 1**: 二つの原子軌道が相互作用すると，二つの分子軌道ができる．
> **規則 2**: 二つの分子軌道のうち，一方は安定な結合性軌道，他方は不安定な反結合性軌道である．
> **規則 3**: もとの原子軌道の重なりが大きいほど，二つの分子軌道のエネルギーは大きく分裂する．
> **規則 4**: もとの原子軌道のエネルギー差が小さいほど，二つの分子軌道のエネルギーは大きく分裂する．

　上記のルールをもとに酸素分子に対する軌道相関図を描くと，図3・4のようになる．空間的に収縮した1s軌道どうしでは重なりが小さく，分子軌道の分裂が小さいことがわかる．一方，2s軌道では分裂が大きい．2p軌道どうしの相互作用には2通り存在する．結合軸に沿った重なりにより形成される結合（**σ結合**）と結合軸に対して垂直な領域の重なりから形成される結合（**π結合**）である．π型の分子軌道は二重に縮重している（同じエネルギーの軌道が二つある）ことに注意してほしい．s軌道の結合は常に結合軸に沿った重なりのため，σ結合である．分子軌道は形成する原子軌道もつけて，$1s\sigma, 1s\sigma^*, 2s\sigma, 2s\sigma^*,$ $2p\sigma, 2p\pi, 2p\pi^*, 2p\sigma^*$ と名づけることが多い．ここで，＊は反結合性軌道を意味している．

σ結合 σ bond
π結合 π bond

　分子軌道を結合性軌道と反結合性軌道に分類することにより，化学結合の強さを評価できる**結合次数**という指標が次式によって定義される．

結合次数 bond order

$$結合次数 = \frac{（結合性軌道の占有電子数）-（反結合性軌道の占有電子数）}{2}$$

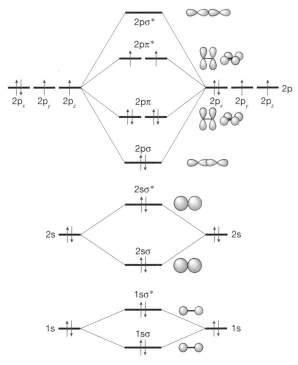

図 3・4 酸素分子に対する軌道相関図

　たとえば図3・4の酸素分子の場合，結合性軌道の占有電子数は10個，反結合性軌道の占有電子数6個なので，結合次数は2と計算される．つまり，酸素分子は二重結合であることを意味し，ルイス構造による結果と一致する．

例題 3・2　次の酸素分子種の結合次数を答えよ．
(a) O_2^+　　(b) O_2^-　　(c) O_2^{2-}
解答　(a) $(1/2)\times(10-5)=2.5$　　　(b) $(1/2)\times(10-7)=1.5$
　　　　(c) $(1/2)\times(10-8)=1$

　表3・1に第2周期元素の等核二原子分子について，結合次数，結合距離 R_e，結合エネルギー D_e，伸縮振動数 ω_e を示す．結合次数の増加とともに結合距離

分子	結合次数	結合距離 R_e /pm	結合エネルギー D_e /kJ mol^{-1}	伸縮振動数 ω_e /cm^{-1}
Li$_2$	1	267	105	351
Be$_2$	0	245	≈9	—
B$_2$	1	159	289	1051
C$_2$	2	124	599	1854
N$_2$	3	110	942	2358
O$_2$	2	121	494	1580
F$_2$	1	141	154	916
Ne$_2$	0	310	<1	—

表 3・1 等核二原子分子に対する結合次数，結合距離，結合エネルギー，伸縮振動数

出典："マッカーリ・サイモン物理化学（上）"，千原秀昭ほか訳，東京化学同人(1999).

は短く，結合エネルギーは大きく，そして，伸縮振動数は大きくなっていることがわかる.

🎓 コラム 3・1 原子価結合法 🎓

1927 年にハイトラー（Walter Heinrich Heitler）とロンドン（Fritz Wolfgang London）は，化学結合を理解するために量子力学を最初に適用した．彼らは，H_2 分子においても電子は二つの H 原子の原子軌道に存在すると考え，全電子波動関数 $\Psi(\mathbf{r}_1, \mathbf{r}_2)$ をそれぞれの原子軌道 χ_A と χ_B の積を用いて次のように表した．

$$\Psi_+(\mathbf{r}_1, \mathbf{r}_2) = C_+ \{\chi_A(\mathbf{r}_1)\chi_B(\mathbf{r}_2) + \chi_B(\mathbf{r}_1)\chi_A(\mathbf{r}_2)\}$$

ここで，$\chi_A(\mathbf{r}_1)\chi_B(\mathbf{r}_2)$ は，電子 1 が原子核 A の原子軌道，電子 2 が原子核 B の原子軌道に分布していることに対応する．一方，$\chi_B(\mathbf{r}_1)\chi_A(\mathbf{r}_2)$ は電子 1 が原子核 B の原子軌道，電子 2 が原子核 A の原子軌道に分布していることに対応する．C_+ は規格化定数である．この状態のエネルギー E_+ を原子間距離 R に対して描くと 0.9 Å 付近に極小点が得られ，無限に離れた状態より 3.2 eV 安定化していた．これらの値は，H_2 分子の結合距離と結合エネルギーの実測値（0.74 Å，4.7 eV）をまずまずの精度で再現した．

その後，ハイトラー–ロンドンの考えはスレーター（John Clarke Slater）とポーリング（Linus Carl Pauling）により多原子分子にも拡張された．このように原子の価電子軌道を用いて分子における全電子波動関数を表すという取扱いは，**原子価結合法**〔valence bond（VB）method〕と名づけられた．これらの研究者の頭文字をとって **HLSP 法**（Heitler–London–Slater–Pauling method）とよばれることもある．ポーリングはさらに，**共鳴**（resonance，1928 年），§3・3 で説明する**混成軌道**（hybrid orbital，1930 年），§3・5 で紹介する**電気陰性度**（electronegativity，1932 年）など VB 法において重要な概念を次つぎと提唱した．

3・3 混 成 軌 道

炭化水素化合物の多様な分子構造は，C 原子が 4 価であることに由来している．しかし，C 原子の基底状態の電子配置は $1s^2 2s^2 2p^2$ なので，2p 軌道に 2 個の**不対電子**をもつため 2 価である．ポーリングはこの問題を解決するために，**混成軌道**の概念を提案した．C 原子の混成軌道には，sp^3 混成軌道，sp^2 混成軌道，sp 混成軌道がある．

sp^3 混成軌道では，一つの s 軌道と三つの p 軌道が混ざった，エネルギー的に等価な四つの軌道である．これらの軌道は，三次元空間において互いに 109.5° の角度を保つ正四面体構造である．sp^3 混成軌道は，炭素原子の基底状態よりエネルギー的には不利であるが，メタン CH_4 では 4 個の H 原子の 1s 軌道とそれぞれ結合し，全体として安定な分子を形成する．エタン C_2H_6 の構造も sp^3 混成軌道を考えれば容易に理解できる．C-C 間は sp^3 混成軌道により結合しており，単結合である（図 3・5a）.

sp^2 混成軌道は，一つの s 軌道と二つの p 軌道が混ざったエネルギー的に等価な三つの軌道である．これらの軌道は，二次元平面において互いに 120° の角度を保つ正三角形である．エチレン C_2H_4 では，C 原子はそれぞれ sp^2 混成軌道により 2 個の H 原子および 1 個の C 原子と σ 結合を形成する．残りの $2p_z$ 軌道は，C 原子と H 原子から形成されるエチレンの平面に垂直な軌道で，π 結合を形成する．その結果，エチレンの C-C 間は二重結合となる（図 3・5b）.

sp 混成軌道は，一つの s 軌道と一つの p 軌道が混ざったエネルギー的に等価な二つの軌道である．これらの軌道は，互いに 180° の角度を保つ直線形である．アセチレン C_2H_2 では，C 原子はそれぞれ sp 混成軌道により 1 個の H 原子

不対電子 unpaired electron

混成軌道 hybrid orbital

◆ sp^3 混成軌道は，次のような 2s, $2p_x$, $2p_y$, $2p_z$ 軌道の線形結合で表される．

$$\psi_1^{sp^3} = \frac{1}{2}\left(\chi_{2s} + \chi_{2p_x} + \chi_{2p_y} + \chi_{2p_z}\right)$$

$$\psi_2^{sp^3} = \frac{1}{2}\left(\chi_{2s} + \chi_{2p_x} - \chi_{2p_y} - \chi_{2p_z}\right)$$

$$\psi_3^{sp^3} = \frac{1}{2}\left(\chi_{2s} - \chi_{2p_x} + \chi_{2p_y} - \chi_{2p_z}\right)$$

$$\psi_4^{sp^3} = \frac{1}{2}\left(\chi_{2s} - \chi_{2p_x} - \chi_{2p_y} + \chi_{2p_z}\right)$$

◆ sp^2 混成軌道は，次のような 2s, $2p_x$, $2p_y$ 軌道の線形結合で表される．

$$\psi_1^{sp^2} = \sqrt{\frac{1}{3}}\chi_{2s} + \sqrt{\frac{2}{3}}\chi_{2p_x}$$

$$\psi_2^{sp^2} = \sqrt{\frac{1}{3}}\chi_{2s} - \sqrt{\frac{1}{6}}\chi_{2p_x} + \sqrt{\frac{1}{2}}\chi_{2p_y}$$

$$\psi_3^{sp^2} = \sqrt{\frac{1}{3}}\chi_{2s} - \sqrt{\frac{1}{6}}\chi_{2p_x} - \sqrt{\frac{1}{2}}\chi_{2p_y}$$

◆ sp 混成軌道は，次のような 2s, $2p_x$ 軌道の線形結合で表される．

$$\psi_1^{sp} = \sqrt{\frac{1}{2}}\left(\chi_{2s} + \chi_{2p_x}\right)$$

$$\psi_2^{sp} = \sqrt{\frac{1}{2}}\left(\chi_{2s} - \chi_{2p_x}\right)$$

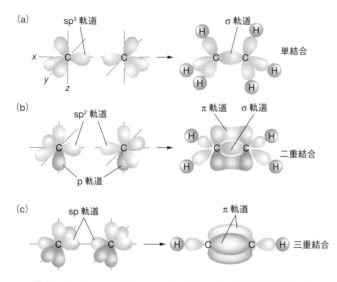

図 3・5 エタン，エチレン，アセチレンの分子構造と混成軌道

および 1 個の C 原子と σ 結合を形成する．残りの $2p_y$ および $2p_z$ 軌道は，同じくもう一方の炭素原子と二つの π 結合を形成する．結果として，アセチレンの C−C 間は三重結合となる（図 3・5c）．

🎓 コラム 3・2　光 異 性 化 🎓

　下図は，エチレンの基底状態および励起状態において，二つの CH_2 がつくる二面角 ϕ に対するポテンシャルエネルギー曲線を示している．エチレンは基底状態では平面構造（すなわち $\phi = 0°$）である．エチレンが光励起すると CH_2 面どうしが直交した構造（すなわち $\phi = 90°$）をとる．これは光励起により π 結合の結合性軌道にある電子の 1 個が，その反結合性軌道に遷移し，結果として π 結合が切れるためである．基底状態に戻ると再び平面構造をとる．

　実際には，$\phi = 0°$ と 180° の両方の可能性がある．

　エチレンの両炭素にフェニル基が置換したスチルベンの場合，シス体とトランス体の異性体が存在するので，光励起によりシス−ト

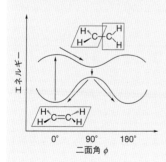

ランス異性化が起こる．このような現象を**光異性化**（photoisomerization）という．

アゾベンゼンは，トランス体では赤橙色結晶であるのに対して，シス体では淡黄色である．そのため，アゾベンゼンの光異性化は結晶の色の変化として観測できる．このような現象を**フォトクロミズム**（photochromism）という．

3・4　イ オ ン 結 合

　コッセル（1916 年）は，異種元素間の化学結合を説明するために**原子価理論**

コッセル Walther Ludwig Julius Kossel

原子価理論 valence theory

イオン結合 ionic bond

を提案した．まず，彼は貴ガスが単原子で安定なのは，最外殻が閉殻構造をとるためと考え，他の原子にも応用した．他の原子では電子数の過不足に従って電子の授受を行い，貴ガス原子と同じ電子配置をもつアニオンやカチオンになり，これらのイオン間のクーロン引力によって結合すると考えた．このようにして形成された化学結合を**イオン結合**という．塩化ナトリウム NaCl では，Na 原子は最外殻の電子1個を放出し，Ne 原子と同じ電子配置となり，Cl 原子は最外殻に電子1個を受取り，Ar 原子と同じ電子配置になる（図3・6）．さらに，イオン結合を形成する物質の多くは，常温，常圧で結晶である．これはカチオンとアニオンの間に働くクーロン引力は方向性が小さいため，可能な限り多くの配位数をとろうとするためである．

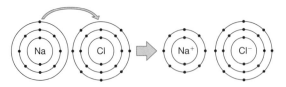

図 3・6　NaCl 間のイオン結合

イオン半径 ionic radius

イオンの半径は，クーロン引力により電子が原子核にどの程度引寄せられるかにより変化する．そのため，カチオンの半径は中性原子に比べると小さくなり，アニオンの半径は中性原子に比べて大きくなる．**イオン半径**は，X 線結晶構造解析法などにより決定されるイオン間距離をもとに，配位数ごとに平均的な値として決定される．表3・2に6配位に対するイオン半径を示す．一般に，同一周期では価数が大きいほど，イオン半径は小さくなる．また，高周期ほどイオン半径が大きい．

表 3・2　6配位に対するイオン半径/nm

1	2	3	4	5	11	12	13	14	16	17
Li^+ 0.09	Be^{2+} 0.059								O^{2-} 0.126	F^- 0.119
Na^+ 0.116	Mg^{2+} 0.086						Al^{3+} 0.068	Si^{4+} 0.054	S^{2-} 0.170	Cl^- 0.167
K^+ 0.152	Ca^{2+} 0.114	Sc^{3+} 0.088	Ti^{4+} 0.075	V^{5+} 0.068	Cu^+ 0.091	Zn^{2+} 0.088	Ga^{3+} 0.076	Ge^{4+} 0.067	Se^{2-} 0.184	Br^- 0.182

出典：“化学便覧 基礎編（改訂5版）”，日本化学会編，丸善(2004).

3・5　電気陰性度

化学結合を理解するうえで共有結合やイオン結合は非常に明快であり理解しやすい．しかし，現実には図3・6のようなイオン結合性が100%である分子は存在せず，共有結合性が混ざった状態である．つまり，Na^+Cl^- と Na−Cl が混ざった $Na^{\delta+}-Cl^{\delta-}$ という状態である．それではいったいどの程度の電子の授受を行うのであろうか．**ポーリング**は，原子ごとに電子との親和性を数値化するために，**電気陰性度**（1932 年）という概念を提案した（表3・3上段）．一般に，

ポーリング Linus Carl Pauling
電気陰性度 electronegativity

◆ポーリングの電気陰性度
多くの分子で2種の原子AとBの結合エネルギーD_{A-B}は，A–A および B–B の結合エネルギーD_{A-A}とD_{B-B}の平均値よりも大きい．

$$\Delta_{A-B} = D_{A-B} - \frac{D_{A-A}+D_{B-B}}{2} > 0$$

ポーリングはこの事実に着目し，この差は A および B 原子の電気陰性度 x_A, x_B が異なるほど増加すると考え，次式のように電気陰性度を定義した．

$$|x_A - x_B| = 0.208\sqrt{\Delta_{A-B}}$$

表 3・3　ポーリング（上段）とマリケン（下段）の電気陰性度

1	2	13	14	15	16	17
H 2.20 7.71						
Li 0.98 2.96	Be 1.57 2.86	B 2.04 3.83	C 2.55 5.61	N 3.04 7.34	O 3.44 9.99	F 3.98 12.32
Na 0.93 2.99	Mg 1.31 2.47	Al 1.61 2.97	Si 1.90 4.35	P 2.19 5.72	S 2.58 7.60	Cl 3.16 9.45

電気陰性度が大きい原子ほど，価電子を受取りやすく，化合物中でアニオンになりやすい．一方，電気陰性度が小さい原子ほど，価電子を与える傾向が強く，化合物中でカチオンになりやすい．

その後，**マリケン**（1934 年）も電気陰性度に対する異なる定式化を提案した（表3・3下段）．第一イオン化エネルギーIは，原子から1個の電子を放出する際に必要となるエネルギーである（§2・3・1参照）．また，電子親和力Aは，原子が電子を1個受取る際に放出されるエネルギーである（§2・3・2参照）．したがって，IとAが大きいほど，原子は電子との親和性が高くなる．マリケンの電気陰性度x^Mは，このIとAの平均値として定義されている．

$$x^M = \frac{1}{2}(I + A)$$

これは理解しやすい考えであり，ポーリングの電気陰性度とよい相関があることも知られている．

3・6　金 属 結 合

電気陰性度が小さい原子（金属原子）は，電子を与えカチオンになりやすい．そのため，結晶状態になると，電子は個々の金属原子に束縛されるのではなく，結晶全体にわたって非局在化する．このような電子は**自由電子**とよばれ，金属

自由電子 free electron

表 3・4　金属単体の凝集エネルギー[†1]/kJ mol⁻¹

1	2	3	4	5	6	7	8	9	10	11	12	13	14	15
Li 159.4	Be 324.3													
Na 107.5	Mg 147.7											Al 329.3		
K 89.2	Ca 178.2	Sc 377.8	Ti 469.9	V 514.2	Cr 396.6	Mn 280.7	Fe 416.3	Co 424.7	Ni 429.7	Cu 338.3	Zn 130.7	Ga —		
Rb 80.9	Sr 161.2	Y 421.3	Zr 597.0	Nb 725.9	Mo 658.1	Tc —	Ru —	Rh 555.0	Pd 378.2	Ag 284.6	Cd 112.0	In 240.3	Sn 301.2	
Cs 76.5	Ba 179	La 429.0	Hf 619.2	Ta 782.0	W 849.4	Re —	Os —	Ir —	Pt 565.3	Au —	Hg[†2] 61.3	Tl 182.2	Pb 195	Bi 207.1

出典：“化学便覧 基礎編（改訂5版）”，日本化学会編，丸善(2004).
†1　金属の凝集エネルギーは金属原子の標準生成エンタルピー(298.15 K)に相当する．
†2　Hg は常温で液体．

金属結合 metallic bond

凝集エネルギー cohesive energy

イオン間に介在してクーロン引力を生じることにより**金属結合**を形成する。金属結合の強さは，金属結晶から金属の気体原子を得る際に必要なエネルギー（**凝集エネルギー**）で見積られる（表3・4）。一般に，結合に関与する自由電子の個数が多いほど凝集エネルギーが大きいことがわかる。金属結晶が示す多くの特性は，この自由電子に由来している。金属イオンは自由電子によっていろいろな方向から結びついているので伸びやすく広がりやすいという延性・展性を示す。光を自由電子が反射するため金属光沢がある。熱をもった自由電子が活発に結晶内を動くことができるため熱伝導性が高く，さらに自由電子は電荷をもっているため電気伝導性も高くなる。

3・7   配 位 結 合

非共有電子対 unshared electron pair,
孤立電子対 lone pair ともいう。

配位結合 coordinate bond

  H_2O や NH_3 のルイス構造（図3・1）を見ると，共有電子対のほかに結合に関与していない電子対が存在する。これを**非共有電子対**という。この非共有電子対を一方的に提供することにより形成される化学結合を**配位結合**という。たとえば，H_2O や NH_3 の非共有電子対を H^+（プロトン）が受け入れることにより，H_3O^+（オキソニウムイオン）や NH_4^+（アンモニウムイオン）が形成される（図3・7a）。配位結合における電子対の授受を明確にするために，矢印を用いて結合が表されることもある（図3・7b）。

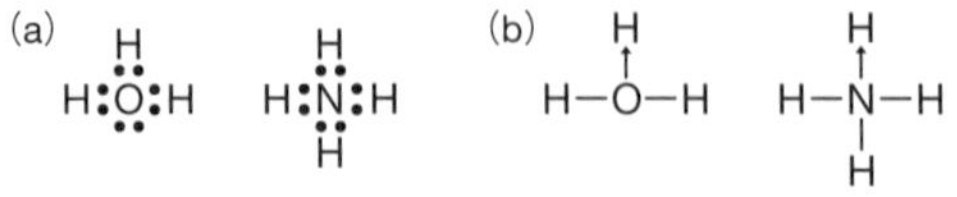

(a) $H:\ddot{O}:H$ $H:\overset{H}{\underset{H}{N}}:H$ (b) $H-O-H$ $H-\overset{H}{\underset{H}{N}}-H$

図 3・7 H_3O^+ と NH_4^+ のルイス構造と構造式

配位子 ligand

金属錯体 metal complex

◆ 金属錯体は，ウェルナー型錯体（Werner-type complex）と金属－炭素結合をもつ**非ウェルナー型錯体**(non-Werner-type complex)に分類される。

錯イオン complex ion

◆en, acac, bipy, edta の構造式は以下のとおりである。

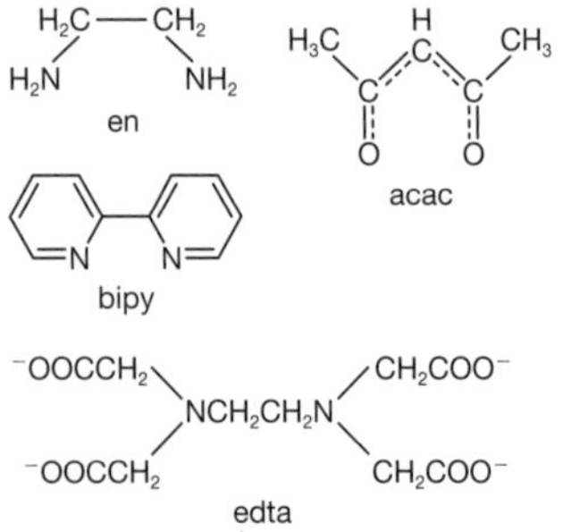

例題 3・3   三塩化ホウ素 BCl_3 の B 原子とアンモニア NH_3 の N 原子の間で生じる化学結合について説明せよ。
解答   アンモニアの N 原子には sp^3 混成軌道の非共有電子対がある。一方，三塩化ホウ素は sp^2 混成の B 原子が空の $2p$ 軌道をもつ。したがって，$N \rightarrow B$ の配位結合が形成される。

  非共有電子対をもつ分子やイオン（**配位子**）が金属や金属イオンに配位して化合物をつくる。これは**金属錯体**とよばれ，中性の錯体に加えて電荷をもつ**錯イオン**も存在する。代表的な配位子には，ハロゲン化物イオン F^-, Cl^-, Br^-, I^-，水酸化物イオン OH^-，シアン化物イオン CN^-，水 H_2O，アンモニア NH_3，ピリジン C_5H_5N などの単座配位子，シュウ酸イオン $(COO)_2^{2-}$，エチレンジアミン(en)，アセチルアセトナートイオン(acac)，2,2'-ビピリジン(bipy) などの二座配位子，そして，エチレンジアミン四酢酸イオン(edta) といった多座配位子がある。

キレート効果 chelate effect

  一般に二座配位子以上では金属と二つ以上の配位結合を生じるため，同様の単座配位子に比べて解離しにくい。二座配位子以上での配位による安定化の効果を**キレート効果**という。キレートは蟹のはさみを意味するギリシャ語である。

3・8　極　　性

　電気陰性度の異なる原子間の結合には電荷の偏りが生じる. 分子全体として正負電荷の偏りをもつ時, この偏りを**極性**といい, そのような分子を**極性分子**という. たとえば, HF 分子では $H^{\delta+}F^{\delta-}$, LiH 分子では $Li^{\delta+}H^{\delta-}$という電荷の偏りをもつ. このような分子の極性の目安となるのが**双極子モーメント**である. 正電荷 $+q$ と負電荷 $-q$ が距離 R だけ離れている時, 双極子モーメント μ は,

$$\mu = qR$$

という値であり, 負電荷から正電荷の方向をもつベクトル量である.

極性 polarity

極性分子 polar molecule

双極子モーメント dipole moment

　表3・5にいくつかの異核二原子分子の双極子モーメントを示す. また, 結合距離とそれから見積もられる電荷も示す. §3・5で説明した通り, 完全な共有結合やイオン結合は存在せず, イオン結合の典型と考えられている NaCl でさえも ±0.71 (つまり, 結合のイオン性が71%) であることは興味深い.

◆ 双極子モーメントの単位は SI 単位系では C m (クーロン×メートル) であるが, **D** (デバイと読む) という単位を用いると比較的簡単な数値となるため, しばしば用いられる. 1 D の定義は 10^{-18} esu cm (esu は静電単位) であり, 3.336×10^{-30} C m に等しい.

表 3・5　異核二原子分子の双極子モーメント, 結合距離, 電荷

分子	双極子モーメント/D	結合距離/nm	電荷/e
HF	1.827	0.9169	0.3728
HCl	1.109	1.2746	0.1627
HBr	0.827	1.4145	0.1094
HI	0.448	1.6090	0.0521
LiH	5.882	1.5949	0.6901
LiF	6.327	1.5639	0.7570
LiCl	7.129	2.0207	0.6601
LiBr	7.268	2.1704	0.6266
LiI	7.429	2.3919	0.5811
NaCl	9.001	2.3608	0.7134
KCl	10.269	2.6667	0.7205
$CO(C-O^+)$	0.110	1.1282	0.0182
$CS(C-S^+)$	1.958	1.5348	0.2387

例題 3・4　次のうち極性分子はどれか答えよ.
(a) H_2O　　(b) CO_2　　(c) N_2O　　(d) O_3(オゾン)　　(e) ナフタレン,
(f) アズレン
解答　(a) 非直線分子　　(c) 非対称直線分子　　(d) 非直線分子
(f) 非対称分子 (5員環−7員環)

3・9　分 子 間 力

　分子間力とは, 分子間に働く力の総称であり, ファンデルワールス力と水素結合に分類されることが多い. 一般に, 分子間に働く力は分子内の化学結合に比べて弱い. たとえば, 共有結合が 500 kJ mol^{-1} 程度であるのに対して, 水素結合は 10~40 kJ mol^{-1}, ファンデルワールス力は 1 kJ mol^{-1} 程度である. この "弱い" 結合であることがまさにさまざまな物理・化学・生命現象の起源となっている. 実際, 室温においてもファンデルワールス力による結合や水素結合は

分子間力 intermolecular force

🎓 コラム 3・3 分子間力の分類 🎓

分子間力を大別すると，**静電力，誘起力，交換斥力，電荷移動力，分散力（ロンドン力ともいう）**の5種類になる．このうち，静電力と誘起力は(古典)電磁気学的に理解できるのに対して，後者の三つの力は量子力学的な力である．まず，静電力は電荷-電荷，電荷-双極子，双極子-双極子間で働く力に分類され，イオンの電荷や分子の双極子が大きいほど，これらの相互作用エネルギーは大きくなる．引力的であるか斥力的であるかは電荷の正負や双極子の向きによる．誘起力とは，近接した電荷や双極子により無極性

分子内に分極率の大きさに応じて双極子が誘起されることに起因する力である．交換斥力は，電子が同時に同じ状態をとることができないというパウリの排他原理に基づく力であり，電子雲の重なりに由来する．そのため，非常に短距離的な相互作用である．電荷移動力は，分子間での電荷（電子）の授受により生じる力である．分散力は，無極性分子間に働く力であり，電子雲のゆらぎにより瞬間的に双極子が発生し，それを通して互いに引き合う力である．

ファン・デル・ワールス Johannes
Diderik van der Waals

ファンデルワールス力 van der Waals
force

水素結合 hydrogen bond

可逆的に結合の生成や開裂が起こる．

ファン・デル・ワールス（1873年）は，理想気体からのずれの原因として分子間に働く引力を考慮し，実在気体の状態方程式を定式化した（§4・4・2参照）．この引力は**ファンデルワールス力**と名づけられ，一般に中性分子間の引力を指す．今日では量子力学的な観点から分子間力をその起源により分類されることもある（コラム3・3参照）．

電気陰性度の大きい F, O, N 原子などと結合した H 原子は正電荷を帯び，K殻が部分的に空いた状態になる．そのため，このような H 原子はイオン結合と配位結合の両方の性質をもつ化学結合を形成する．これを**水素結合**という．たとえば，気相中のギ酸や酢酸は，以下のように2箇所で分子間水素結合を形成し二量体となるため，理想気体とは大きく異なる性質をもつ（図3・8）．

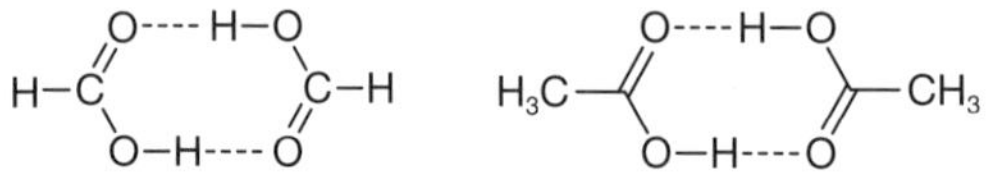

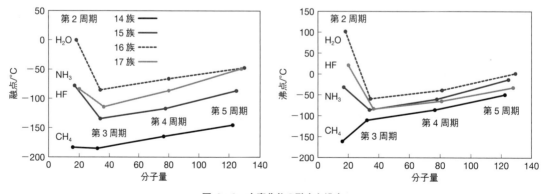

図 3・8 ギ酸と酢酸の二量体

水素化物は，一般に分子量の減少とともに融点および沸点は減少する．しかし，第2周期元素の原子の HF, H_2O, NH_3 は分子間水素結合のため大きく異なる挙動を示す（図3・9）．

図 3・9 水素化物の融点と沸点

例題 3・5　*o*-ニトロフェノールと *p*-ニトロフェノールでは，オルト体のほうがパラ体より沸点が低い（オルト体 214 ℃，パラ体 321 ℃）．また，酸性度もオルト体のほうが低い（オルト体 $pK_a = 7.23$，パラ体 $pK_a = 7.08$）．これらの現象を水素結合の観点から考察せよ．

解答　パラ体では分子間にのみ水素結合が形成されるのに対して，オルト体では部分的に分子内水素結合が形成され，分子間の結合力が低下している．そのため，オルト体のほうがパラ体より沸点が低い．また，オルト体の酸性度が低い理由も，この分子内水素結合により水素が引抜かれにくくなっているためである．

　生体高分子において水素結合は，非常に重要な役割を演じる．たとえば，タンパク質において，単なる直鎖状に連なるペプチド（**一次構造**）が折りたたまれて α ヘリックス構造や β シート構造など（**二次構造**）を形成するのは，残基間の水素結合に由来している．**DNA（デオキシリボ核酸）**では，相補的な塩基であるグアニン(G)とシトシン(C)，アデニン(A)とチミン(T)が水素結合を形成し，全体として二重らせん構造をとる（15 章参照）．

一次構造 primary structure

二次構造 secondary structure

デオキシリボ核酸 deoxyribonucleic acid，略称 **DNA**

章 末 問 題

問題 3・1　等核二原子分子に対する以下の問に答えよ．
(a) B_2, B_2^+, B_2^- を結合エネルギーの大きい順に並べよ．
(b) C_2, N_2, F_2 を結合距離の短い順に並べよ．
(c) F_2, F_2^+, F_2^- を伸縮振動数の大きい順に並べよ．

問題 3・2　アレン $H_2C=C=CH_2$ 分子の中央の C 原子は sp 混成軌道，両端の C 原子は sp^2 混成軌道である．このことからアレンの分子構造を予測せよ．

問題 3・3　ジクロロベンゼンの三つの異性体の双極子モーメントはそれぞれ *o*-$C_6H_4Cl_2$ が 2.14 D，*m*-$C_6H_4Cl_2$ が 1.54 D，*p*-$C_6H_4Cl_2$ が 0 D である．また，クロロベンゼン C_6H_5Cl の双極子モーメントの値が 1.78 D である．これらの分子の双極子モーメントの大小に関してその理由を考察せよ．

4 　　　　　　　気　体

　気体は凝集相である固体，液体よりもはるかに低密度であり，その形状を容易に変えることができる．また，圧力，体積が温度に敏感で，速やかに膨張・収縮して平衡状態に達する柔軟性をもつ．常温で気体として存在する化学物質には，酸素や塩素のように化学反応性に富むものから，貴ガスのように不活性なもの，窒素のように特殊な触媒や植物酵素の存在下で反応活性を示すものなど，さまざまである．気体は産業用や医療用としての用途も多く，エチン（アセチレン）C_2H_2 は溶接用として，笑気 N_2O は吸入麻酔剤とて使われている．現代社会に不可欠な自動車の安全性を維持するうえでも，気体は重要な役割を果たしている．運転手や同乗者を守るエアバッグは，事故の衝撃を加速センサーでいちはやく感知し，火薬から窒素ガスを瞬時に発生させ，0.01 秒単位で適切な大きさに膨らむ必要がある．また，その時の圧力も安全上，きわめて重要である．以前は窒素ガスの発生源にアジ化ナトリウムが使われていたが，毒性の高いこともあり，今ではグアニジン誘導体などの代替物質が用いられている．反応で発生する熱量の違いもエアバッグの膨らみ具合に大きく影響するため，圧力，体積，温度，火薬の物質量など，さまざまな条件を綿密に考慮して設計されている．自動車の安全性が気体の特性を利用して維持されていることも，知っておく必要があるだろう．

4・1 　気体の特性と圧力

4・1・1　気体の性質

　われわれのまわりを取巻く空気は気体の混合物であり，窒素と酸素がその主成分である．その他にアルゴンや二酸化炭素，水蒸気などが含まれるが，水蒸気は場所と季節・時間などの諸条件により存在比が変化する．液体や固体とは異なり，気体には以下の特徴的な性質が認められる．

・自発的に容器一杯に広がる．
・密度がきわめて小さく，個々の分子間距離が大きい．たとえば，分子の占有率を液体と気体で比較すると，液体の場合は約 70% であるのに対し，気体は約 0.1% である．

🎓 コラム 4・1　医療に用いられる気体の性質 🎓

網膜剥離や黄斑円孔など，目の奥の疾患に対して行う手術では，眼内の硝子体を除去した後に眼球の形状を保持する特殊なガスを注入する．気体の圧力で網膜を押さえることで剥がれた網膜を復位させ，あるいは黄斑にできた穴を縮小させる必要があるため，術後にうつぶせ姿勢をとるなどの体位制限が必要である．この気体は術後数週間眼内に滞留させる必要があるため，空気の平均分子量約 29 よりも分子量の大きな気体が用いられる．オクタフルオロプロパン C_3F_8（沸点 $-36.7℃$）や六フッ化硫黄 SF_6（沸点 -63.9℃）がその代表例であり，前者はおよそ 6〜8 週間，後者はおよそ 12〜14 日間眼内に留まる．オクタフルオロプロパンの分子量は 188 と大きく，空気の平均分子量の約 6 倍であり，SF_6 でもその分子量は空気の約 5 倍である．このような大きな分子をもつ気体は，空気よりもはるかに分子運動が遅いため，拡散や噴散が起こりにくく，術後に使用する長期滞留ガスとして適している．

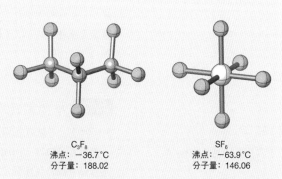

C$_3$F$_8$
沸点: $-36.7℃$
分子量: 188.02

SF$_6$
沸点: $-63.9℃$
分子量: 146.06

硝子体手術に用いられるオクタフルオロプロパンと六フッ化硫黄

- 高度に圧縮が可能であり，密度が容易に変化する．
- 常に均一の混合物をつくる．たとえば，水とガソリンは液体では二層に分離するが，気体では均一な混合物となり，時に爆発の危険を伴う．
- 温度の変化に伴い，体積が大きく変化する．

4・1・2　気体の圧力

圧力とは，単位面積当たりにかかる力のことであり，面積 A にかかる力を F とすると，$P = F/A$ の関係式で表される示強性の物理量である．たとえば，大気圧は単位面積にかかる空気の総質量に比例する値であり，1 気圧の場合には地表における $1\,m^2$ の面積に対して，$10^4\,kg$（10 t）もの質量がかかっていることになる．気体の圧力は，気体分子と容器の壁との間で起こる分子の衝突によって生じる物理現象であり，1 回ごとの衝突が小さい力を生み出し，無数の衝突によって巨視的性質としての圧力が観測される（図 4・1）．圧力の単位として

圧力 pressure

◆系を分割しても値の変化しない性質を**示強性** intensive property といい，変化する性質を**示量性** extensive property という．§6・2 も参照．

図 4・1　分子の運動と圧力

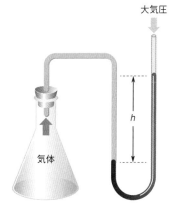

図 4・2　マノメーター

は，おもに SI 単位系のパスカル Pa（kg m^{-1} s^{-2}）が使用されているが，非 SI 単位として，気圧 atm，水銀柱 mmHg（または Torr），psi（1 平方インチ当たりの質量をポンド単位で表したもの）なども利用されている．このうち，単位としての水銀柱は，二つの連結した水銀柱における高さ h の差を mm 単位で表したもので，**マノメーター**とよばれる圧力計を用いて測定し，血圧や眼圧の単位としても利用されている（図 4・2）．なお，海抜 0 m における大気の圧力を**標準大気圧**といい，1.00 atm，760 mmHg（＝ 760 Torr），あるいは 1.013×10^5 Pa などの値として表される．

マノメーター manometer

標準大気圧 standard atmosphere

4・2 理想気体の状態方程式

4・2・1 アボガドロの法則とボイル-シャルルの法則

アボガドロ Amedeo Avogadro

アボガドロは，同温，同圧における同体積の気体には，気体の種類によらず同じ分子数の気体分子が含まれるとする仮説を立てた．この仮説に基づき，アボガドロは温度 T と圧力 P がともに一定の状態において，気体の体積 V はその気体の物質量 n に比例することを見いだした．これを**アボガドロの法則**という．

アボガドロの法則 Avogadro's law

$$V = k_1 n \qquad (T, P \text{一定})$$

シャルル Jacques Charles

シャルルの法則 Charles' law

一方，**シャルル**は圧力と物質量が一定の状態において，気体の体積は絶対温度に比例し，次の式が成立することを示した（図 4・3）．これを**シャルルの法則**とよぶ．

$$V = k_2 T \qquad (n, P \text{一定})$$

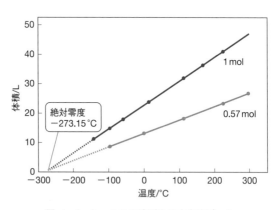

図 4・3　シャルルの法則を示す実験データ

ボイル Robert Boyle

ボイルの法則 Boyle's law

また，**ボイル**は温度一定の状態において，一定の物質量の気体が占める体積は，圧力の大きさに反比例する**ボイルの法則**を発見した（図 4・4）．

$$V = k_3 \frac{1}{P} \qquad (n, T \text{一定})$$

ボイルの法則は，体積と圧力の関係をきわめて単純な関数式で示したものであるが，ボイルは一つの変数が他の変数に及ぼす影響を体系的に吟味し，整理した最初の科学者として，科学史上における特別な意義のある研究を行った人

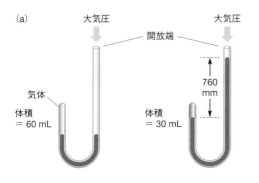
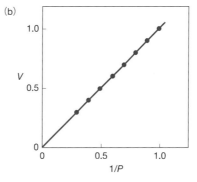

図 4・4　ボイルの法則.（a）ボイルの実験,（b）ボイルの法則を示す実験データ

物である. 実験結果から得られた個々のデータを集め, 実験より導き出した関係性を見いだし, 法則として確立したことの意味は大変重要である. われわれは生命維持の一環として常に呼吸し, 酸素を体内に取込んでいるが, これもボイルの法則なしには語ることができない. さまざまな呼吸筋や横隔膜を動かして肺を膨張させ, 体積増加に伴って肺内部を減圧して吸気の駆動力としている. 息の吐き出しはその逆であり, 肺を収縮させて肺内部を加圧し, 二酸化炭素を多く含む呼気を大気中に放出させる. 自転車のタイヤを膨らませる空気入れもポンプの一種であり, 紙鉄砲や水鉄砲などと同じくボイルの法則を利用した道具である.

これら三つの関係式をまとめると, $V = R(nT/P)$ の関係が成り立ち, 書き直すと以下の式で表される.

$$PV = nRT$$

この式を**理想気体の状態方程式**という. ここで比例定数である R は**気体定数**とよばれ, SI 単位では 8.314 J K^{-1} mol^{-1} あるいは 8.314 m^3 Pa K^{-1} mol^{-1} で示されるが, 非 SI 単位を用いて $R = 0.08206$ L atm K^{-1} mol^{-1}, 0.08314 L bar K^{-1} mol^{-1}, 62.37 L Torr K^{-1} mol^{-1} などの異なる値で表される場合もある. 理想気体とは, 気体分子を質点とみなしてその大きさを無視し, かつ分子間力が一切生じないと仮定した仮想気体のことである. 理想気体の圧力, 体積, 温度には, 理想気体の状態方程式で示された関係が成り立つ. この式より, 1 mol の理想気体は 0℃（273.15 K）, 1.013×10^5 Pa の**標準状態**において, 22.41 L の体積を占めることがわかる.

理想気体の状態方程式 ideal gas equation

気体定数 gas constant

標準状態 normal temperature and pressure, 略称 **NTP**. 0℃, 1 bar（10^5 Pa）を基準とする標準状態 standard temperature and pressure, 略称 **STP** では理想気体の体積は 22.71 L.

4・2・2　気体の密度

理想気体の状態方程式に対して両辺をそれぞれ V および RT で割ると, 以下の式に変形できる.

$$\frac{n}{V} = \frac{P}{RT}$$

既知の事実として, 質量 m は物質量 n とモル質量 M（g mol^{-1}, 数値は分子量とほとんど同じである. ただし分子量の単位には u または Da を用いる）の積で表されることから（$n \times M = m$）, これを上式に代入して変形すると,

$$\frac{m}{V} = \frac{PM}{RT}$$

となる. 質量 m は密度 d と体積 V を用いると, これらの積として表されることから,

$$d = \frac{m}{V} = \frac{PM}{RT}$$

となる. したがって, 気体の密度を計算するためには, その気体のモル質量, 圧力 (Pa, atm), および温度 (K) の値をあらかじめ知っておく必要がある. 気体の密度式を変形すると, 気体のモル質量を求めることができる.

$$M = \frac{dRT}{P}$$

例題 4・1　温度 125°C, 圧力 715 mmHg における酸素の密度を g L^{-1} 単位で求めよ.

解答　$d = PM/RT$ の式を用いて密度を求める. 圧力が mmHg = Torr 単位で与えられているので, 気体定数 R に 62.37 L Torr K^{-1} mol^{-1} を用いる. 酸素分子のモル質量を 32.0 g mol^{-1} とすると, 以下のように密度が求まる.

$$d = \frac{PM}{RT} = \frac{(7.15 \times 10^2 \, \text{Torr}) \times (32.0 \, \text{g mol}^{-1})}{(62.37 \, \text{L Torr K}^{-1} \text{mol}^{-1}) \times (125 + 273) \, \text{K}} = 0.922 \, \text{g L}^{-1}$$

4・2・3　ドルトンの分圧の法則

全圧 total pressure

分圧 partial pressure

ドルトンの分圧の法則 Dalton's law of partial pressure

　ある容器に封入された混合気体の全体の圧力 (**全圧**) は, それぞれの気体がその容器に単独で存在すると仮定した時に示す圧力 (**分圧**) の和に等しい. これを**ドルトンの分圧の法則**という. この時, それぞれの気体が示す分圧 P_i, 物質量 n_i と全圧 P_{tot} の関係は以下の式で示される.

$$P_{\text{tot}} = \sum_i P_i = \sum_i n_i \frac{RT}{V} = n_{\text{tot}} \frac{RT}{V}$$

モル分率 mole fraction

　混合気体中におのおのの気体の物質量比を**モル分率**という. それぞれのモル分率 X_i は, $X_i = n_i/n_{\text{tot}}$ となり, 以下の式が成り立つ.

$$P_i = \frac{n_i}{n_{\text{tot}}} P_{\text{tot}} = X_i P_{\text{tot}}$$

　この時, 分圧 P_i と気体全体の体積 V_{tot} の積は以下の式で表されることから, 混合気体においてはそれぞれの気体の分圧についても理想気体の状態方程式が成立する.

$$P_i V_{\text{tot}} = X_i P_{\text{tot}} V_{\text{tot}} = X_i n_{\text{tot}} RT = P_i RT$$

4・3　気体分子運動論と理想気体

4・3・1　気体分子の運動モデルと速度

　気体の状態方程式を用いると, 気体がどのようなふるまいをするかを示すこ

とはできるが，なぜそのような結果が生じるのかを説明することはできない．したがって，状態の変化に応じて気体分子に何が起こるのかを理解するためには，新たな理論を提示する必要がある．そこで，**気体分子運動論**というモデル理論が提唱された．この理論では，気体運動を単純化したモデルとして取扱うため，以下の5点を前提としている．

気体分子運動論 kinetic theory of gas

・気体は膨大な数の粒子であり，常に無秩序に動きまわる．
・気体粒子が占める体積は，気体全体の容積に比べ，無視できるほど小さい．
・気体粒子は他の分子や容器の壁面に衝突するまで，直線運動を行う．互いの粒子の衝突は弾性体の物理現象とみなし，**運動エネルギー**が保存される．

運動エネルギー kinetic energy

・気体の分子間力は，引力および斥力とも無視できるほど小さく，気体粒子どうしは衝突が起きる時のみ相互作用する．
・気体粒子のもつ運動エネルギーの平均値は，絶対温度に比例し，気体の種類には依存しない．

気体分子の速度とその度数分布の関係を図4・5に示した．気体1分子が運動する速さは，下記の**根平均二乗速度** v_{rms} で表される場合が多い．

根平均二乗速度 root-mean-square velocity

$$v_{\mathrm{rms}} = \sqrt{\frac{1}{n}\sum_{i=1}^{n}v_i^2}$$

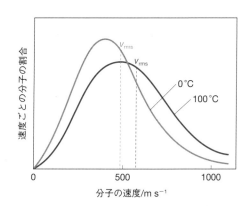

図 4・5　気体分子の速度とその分布

気体分子の速度は，一定の温度条件下であっても個々の粒子により異なる値をもつが，根平均二乗速度 v_{rms} は気体分子の平均運動エネルギー ε を求めるうえではとても扱いやすく，下式に示したとおり，全運動エネルギーを気体の物質量 n で割った数値に等しい．

$$\varepsilon = \frac{1}{2}mv_{\mathrm{rms}}^2 = \frac{1}{2}m\frac{v_{\mathrm{rms}\,1}^2+v_{\mathrm{rms}\,2}^2+v_{\mathrm{rms}\,3}^2\cdots v_{\mathrm{rms}\,n}^2}{n} = \frac{\text{全運動エネルギー}}{n}$$

また，根平均二乗速度と気体定数 R，絶対温度 T，および気体のモル質量 M の間に以下の関係が成立する．

$$v_{\mathrm{rms}} = \sqrt{\frac{3RT}{M}}$$

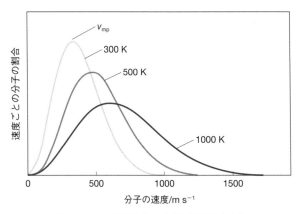

図 4・6 二酸化炭素の速度と最大確率速度

　気体の速度を表す指標としては，この他に最大確率速度 v_{mp} があり，度数分布が最大となる速度（統計学でいう最頻値に相当する速度）を表す．この値は根平均二乗速度 v_{rms} よりもやや小さな値を示す．図4・6に二酸化炭素の運動速度（300 K, 500 K, および 1000 K）と最大確率速度 v_{mp} の関係を示した．

$$v_{mp} = \sqrt{\frac{2RT}{M}}$$

　これらの式により，温度一定の条件下では，同一の気体（モル質量が同じ気体）は根平均二乗速度 v_{rms}，最大確率速度 v_{mp} が一定値を示すこと，またモル質量が小さい気体ほどそれらの値が大きくなることから，より高速で運動していることが示される（図4・7）．

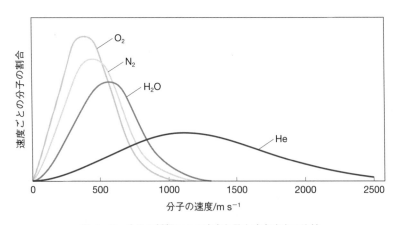

図 4・7 分子の種類による速度と最大確率速度の比較

例題 4・2 気温 32℃ における窒素ガスの根平均二乗速度を求めよ．
解答 根平均二乗速度 v_{rms} は気体のモル質量と絶対温度のみに依存する．根平均二乗速度の単位が $m\,s^{-1}$ であることから，気体定数 R には SI 単位系の 8.314 J K^{-1} mol^{-1} を用いることが望ましい．

$$v_{rms} = \sqrt{\frac{3RT}{M}} = \sqrt{\frac{3\times 8.314\,\text{J K}^{-1}\,\text{mol}^{-1}\times(32+273)\,\text{K}}{28.0\,\text{g mol}^{-1}}} = \sqrt{271.7\,\text{J g}^{-1}}$$

Jの単位を kg m² s⁻² に変換し,

$$v_{\mathrm{rms}} = \sqrt{2.717 \times 10^2\,\mathrm{kg\,m^2\,s^{-2}\,g^{-1}}} = \sqrt{2.717 \times 10^5\,\mathrm{m^2\,s^{-2}}} = 165\,\mathrm{m\,s^{-1}}$$

4・3・2　気体の法則への応用

　前項に示した気体分子の運動モデルを用いると, 圧力, 体積, 温度の違いが気体のふるまいにもたらす変化について, 合理的な説明を行うことができる. まず, 温度一定で気体の体積が減少することを想定した場合, 気体の根平均二乗速度 v_{rms} はこの条件で一定であることから, 体積の減少に伴って分子が容器壁面に衝突する回数は増加し, 圧力の上昇をひき起こすことが説明できる (図4・8). また, 体積一定の条件下で容器を加熱すると, 温度の上昇に応じて根平均二乗速度が増加することから, 容器の壁面に対する分子の衝突回数が増えるため, 同様に圧力が上昇することが理解できる. 定温での膨張, 定積での冷却についても同様に圧力変化の説明が可能である.

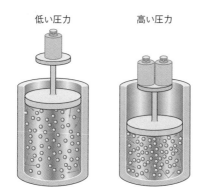

低い圧力　　　　高い圧力

図 4・8　体積変化による気体の圧力の変化

4・3・3　噴　散　と　拡　散

　気体分子は容器の壁面に存在するきわめて小さな穴を通して透過する性質を示すことがある. この現象を**噴散**という. 噴散の速度は容器の材質に大きく依存するが, 膨らませた風船が時間の経過とともに萎むのは, この噴散によるものである. 風船の材質は天然ゴムなどの高分子素材であるが, 分子レベルで観察すると, これらの膜には気体を透過させる十分な大きさの空隙が存在する. 噴散速度 r は分子の根平均二乗速度 v_{rms} に比例しており, より高速で運動する分子ほど, より高い確率で容器壁面の穴を通り抜ける (図4・9). この現象は**グラハムの法則**として知られており, 異なる気体分子の噴散速度比は, それぞれのモル質量の平方根に反比例する.

噴散 effusion

グラハムの法則 Graham's law

$$\frac{r_1}{r_2} = \frac{v_{\mathrm{rms}\,1}}{v_{\mathrm{rms}\,2}} = \sqrt{\frac{M_2}{M_1}}$$

　したがって, ヘリウムガスを詰めた風船が, 空気で膨らませた風船と比べて速く萎んでしまうのは, ヘリウムと空気の噴散速度の違いによるものである.

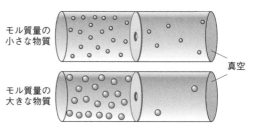

図 4・9　噴散の分子モデル

モル質量の
小さな物質

真空

モル質量の
大きな物質

拡散 diffusion

　物質が空間に広がること，あるいは別の物質の中へと広がってゆく現象を**拡散**という．拡散の速度もまた分子の根平均二乗速度 v_{rms} に依存し，温度が高いほど，あるいはモル質量が小さい分子ほど拡散は速い．拡散は分子の運動を遮るものが少なければ少ないほど速く進行する．そのため，気体分子の密度に大きく依存する現象である．気体分子運動論のモデルでは重力の影響を無視するため，分子は他の分子と衝突するまで等速直線運動を続けることを想定する．

平均自由行程 mean free path

この時，分子が衝突から次の衝突までに移動する距離を**平均自由行程**とよぶ．空気の平均自由行程は 1 気圧の地表付近で 60～70 nm（10^{-8} m）程度であるのに対し，地上 50 km の空気が薄い層（約 10^{-3} 気圧）では概ね 0.1 mm（10^{-4} m），また 100 km 上空（約 10^{-6} 気圧）では 10 cm（10^{-1} m）に達する．

4・4　実 在 気 体

4・4・1　気体の状態変化

実在気体 real gas

　気体分子運動論では気体分子を質点とみなす理想気体として取扱った．そこで次に，**実在気体**の分子のふるまいについて考える．表 4・1 からも明らかなように，実在気体の分子もその多くは 1.013×10^5 Pa における 1 mol の体積がほぼ理想気体の 22.41 L に近い値を示す．高温，低圧下ではさらに理想気体のふるまいに近づくことも知られている．これは，気体分子の運動エネルギーが大きく，また密度の低い環境では，分子間に生ずる相互作用が無視できるほど小さいためである．

　逆に，気体分子を冷却すると分子間力を振り払うだけの十分な運動エネルギーが確保できなくなり，分子間力による親和力のほうがより大きくなると，気体は液体へと状態変化する．この現象を，**凝縮**または液化といい，通常は沸点以下において観測される．液体から気体への状態変化は**蒸発**または気化とよばれ，液体の蒸気圧が大気圧に等しくなると液体内部からも蒸発が起こり，沸騰する．この温度を**沸点**といい，物質の固有値として用いられている．

　気体の運動エネルギーが液体分子間に働く分子間力よりも大きい場合，その気体は圧縮しただけでは液化することができない．このような気体を**永久気体**といい，永久気体として存在する下限の温度を**臨界温度**という．われわれが生活している標準的な温度（室温）を 25℃，298 K とした場合，空気の主成分である酸素や窒素の臨界温度がそれぞれ 154.4 K，126.1 K であることから，これらは室温で永久気体として存在する．したがって，酸素や窒素の運搬に用いる酸素ボンベや窒素ボンベは，どんなに内圧が高くても容器内に液体は存在しな

表 4・1　1.013×10^5 Pa における理想気体と実在気体 1 mol 当たりの体積

気体	体積/L
理想気体	22.41
Cl_2	22.06
CO_2	22.31
NH_3	22.40
N_2	22.40
He	22.41
H_2	22.42

出典："ブラウン一般化学 I"，荻野和子 監訳，丸善（2015）．

凝縮 condensation

蒸発 evaporation

沸点 boiling point

永久気体 permanent gas

臨界温度 critical temperature

い（永久気体を液化するためには，必ず臨界温度以下に冷却して加圧する必要
がある）．そのため，容器内の気体の残量を圧力計で確認できる他，これらのボ
ンベは横倒しにして使用しても差し支えない．一方，プロパンガスやアンモニ
アガスの臨界温度はそれぞれ 370.0 K，405.6 K と室温より高いため，ボンベ内
にはかなりの割合で液体が存在する．これらは**液化ガス**とよばれ，ボンベを横
倒しにして使うと，中の液体が噴出して気化する恐れがあり，急激に体積が膨
張すると大変危険である．そのため液化ガスのボンベは必ず立てたまま使用す
る必要があり，取扱いには十分な注意を要する．

液化ガス liquid gas

4・4・2 ファンデルワールス方程式

　実在気体が物質や温度の違いによって，どの程度理想気体としてのふるまい
からずれが生じてくるかを図 4・10 に示した．これらの関係から，より高温の
状態で理想気体の状態方程式からのずれが小さくなっていることがわかる．ま
た高圧，高密度状態では前述の平均自由行程も短く，他の分子から受ける相互
作用の影響が無視できない．さらに高圧の条件になると実在気体の粒子が占め
る体積自体も無視できなくなり，結果的に気体分子はもはや単なる"質点"では
なく，分子としての"個性"を発揮して独自のふるまいを示すようになる．

　実在の気体を取扱うための状態方程式として，理想気体の状態方程式を補正
した**ファンデルワールス方程式**が知られている．

ファンデルワールス方程式 van der Waals equation

$$V_{\text{real}} = \frac{nRT}{P_{\text{real}}} + nb$$

$$P_{\text{real}} = \frac{nRT}{V_{\text{real}} - nb} - \frac{an^2}{V_{\text{real}}^2}$$

　ここで P_{real}, V_{real} はそれぞれ実在気体の圧力と体積，a は分子間力に起因する
親和力の強さ，b は実在気体の粒子が占める 1 分子の体積を示すパラメーター
であり，これらを**ファンデルワールス定数**とよぶ．実在気体では理想気体と異
なり，分子が一定の体積を占め，その占有体積は高密度（高圧）になるほど大
きい．そのため実在気体の総体積 nb の分だけ，理想気体の体積よりも増加す

ファンデルワールス定数 van der Waals constant

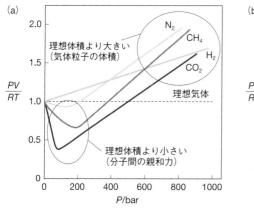

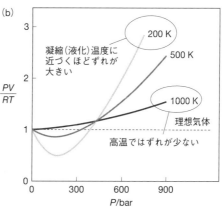

図 4・10　理想気体と実在気体．（a）温度 300 K での 1 mol の気体分子の種類による理想気体との差，
（b）1 mol 窒素ガスの温度による理想気体との差．

る．また，高圧では分子間に働く親和力（引力相互作用）の影響により，壁面に衝突する気体分子の頻度が減少することから，圧力の低下を補正する必要が生じる．一般に，分子間に働く親和力はその平均距離の2乗に反比例する．すなわち，実在気体はそのモル濃度（n/V_{real}）の2乗に比例（比例定数 a）して分子間力が増大することから，ファンデルワールス方程式では圧力補正項としてその点が考慮されている．この実在気体の補正項であるファンデルワールス定数 a, b の値を表4・2にまとめた．この表からモル質量の大きなものほど b 項が大きく，また多原子分子のような表面積の大きな分子や極性分子ほど a 項の値が大きいことがわかる．

表 4・2　ファンデルワールス定数

	a /L^2 bar mol^{-2}	b /L mol^{-1}
アンモニア NH$_3$	4.225	0.0371
アルゴン Ar	1.355	0.0320
二酸化炭素 CO$_2$	3.640	0.0427
ヘリウム He	0.0346	0.0238
水素 H$_2$	0.248	0.0266
フッ化水素 HF	9.565	0.0739
メタン CH$_4$	2.283	0.0428
窒素 N$_2$	1.370	0.0387
酸素 O$_2$	1.382	0.0319
二酸化硫黄 SO$_2$	6.803	0.0564
水蒸気 H$_2$O	5.536	0.0305

出典："CRC Handbook of Chemistry and Physics"，53rd Ed, ed. by R. C. Weast, CRC Press（1972）．

例題 4・3　表4・2のデータを用いて，0°C, 22.4 L における二酸化炭素 20.0 mol の圧力を求めよ．

解答　表4・2より，二酸化炭素のファンデルワールス定数は $a = 3.640$ L^2 bar mol^{-2}, $b = 0.0427$ L mol^{-1} であることから，ファンデルワールス式により圧力を求める．

$$P = \frac{nRT}{V-nb} - \frac{n^2a}{V^2}$$

$$= \frac{20.0 \text{ mol} \times 0.08314 \text{ L bar mol}^{-1}\text{K}^{-1} \times (0+273) \text{ K}}{22.4 \text{ L} - (20.0 \text{ mol} \times 0.0427 \text{ L mol}^{-1})}$$

$$- \frac{(20.0 \text{ mol})^2 \times 3.640 \text{ L}^2 \text{ bar mol}^{-2}}{(22.4 \text{ L})^2}$$

$$= 21.1 \text{ atm} - 2.90 \text{ bar}$$

$$= 18.2 \text{ bar}$$

理想気体であれば 20.3 bar となるが，第一項は実在気体分子の体積による圧力増加が，また第二項は実在気体の分子間力による圧力低下が反映されている．

章 末 問 題

問題 4・1　メタンを封入した 10.0 L の容器がある．この容器に，窒素ガス 3.78 g,

およびアルゴンを 2.20 g を加えたところ，298 K で全圧が 562 mmHg であった．この混合気体に含まれるメタンの圧力と質量を求めよ．

問題 4・2　容積が 1.00 L の真空容器に未知の気体を 28°C で 1.013×10^5 Pa に充満させたところ，その質量は 2.36 g であった．この気体のモル質量を求めよ．なお，容器の中で気体は液化していないものとする．

問題 4・3　25°C において体積 248 mL，質量 0.438 g の気体 A があり，この時の圧力は 745 mmHg であった．この気体 A のモル質量を求めよ．

問題 4・4　気体 1 mol の運動エネルギーが気体のモル質量 M に依存せず，温度 T のみの関数として表されることを示せ．

問題 4・5　クリプトン Kr が容器から噴散するのに 149 秒を要した．同じ体積の別の貴ガスが噴散に 73 秒かかったとすると，この気体は何か．

問題 4・6　液化ガスのボンベに圧力計を取付けても，中の残量を知ることはできない．その理由を，永久気体の場合と対比させて説明せよ．

問題 4・7　下の表にはエタン，メタノール蒸気，ネオンのファンデルワールス定数を示した．A～C はそれぞれどの物質に該当するか．

気体	$a/\text{L}^2\,\text{bar mol}^{-2}$	$b/\text{L mol}^{-1}$
A	0.214	0.0171
B	5.56	0.0638
C	9.65	0.0670

5 熱力学第一法則

熱力学 thermodynamics

熱力学第一法則 first law of thermody-namics

エネルギー保存則 law of conservation of energy

内部エネルギー internal energy

　化学では，気体や溶液の物質を混ぜて反応させる．反応すると，温度が高くなったり，低くなったりする．温度が高くなるのは，化学反応により，熱が発生したからであり，温度が下がるのは，熱が吸収されたからである．化学現象では，熱と仕事とを合わせて，エネルギー保存則が成り立つ．化学反応だけでなく，エンジン，環境，生命現象などエネルギーとその変換に関する学問分野を**熱力学**とよぶ．本章では，エネルギー，熱，仕事と化学反応の関係を説明する．

5・1 エネルギー保存則

　エネルギーとは仕事をする能力であり，単位はジュール J（J ＝ N m ＝ kg m² s⁻²）である．エネルギーには，運動エネルギーやポテンシャル（位置）エネルギー，内部エネルギーがある．熱や仕事はエネルギーの移動様式であって，エネルギーそのものではない．エネルギーとその変化を扱う熱力学には，すべての科学の基本となる原理があり，それらのうちの一つである**熱力学第一法則**は，次のように表現される．

- 孤立系のエネルギーは一定である．
- 宇宙のエネルギーは一定である．
- エネルギーは相互に変換されるだけで，創造も破壊もされない．

これらの文章が表す内容は同じであり，**エネルギー保存則**を表している．以下，本章では，エネルギー保存則を化学反応に適用する．

5・2 内部エネルギー

　気体分子運動論（§4・3参照）によると，単原子分子では物質 n mol に対して，$3nRT/2$ の運動エネルギーをもっている．一方，多原子分子の場合には，図5・1に模式的に示したように，並進・回転・振動運動をしており，それらに由来するエネルギーをもっている．また，化学結合のエネルギーや分子間力に起因するポテンシャルエネルギーももっている．**内部エネルギー** U とは，物質を

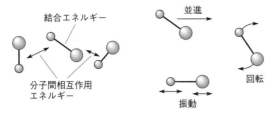

図 5・1　内部エネルギーの由来

構成している全分子のさまざまなエネルギーの総和であり，温度に依存する．内部エネルギーは物質量に比例し，物質量 1 mol 当たりの内部エネルギーをモル内部エネルギーとよび，記号 U_m で表す．

　ある物質系の内部エネルギー変化は，山登りの標高差が，山登りの道筋によらず，はじめの地点と到着地点の標高差で決まるように，はじめの状態（始状態）と終わりの状態（終状態）の内部エネルギーだけで決まり，変化の経路には無関係である．また，経路が可逆過程でも，不可逆過程でも成り立つ．このような量を**状態量**または**状態関数**とよぶ．

　たとえば，炭素と酸素から二酸化炭素が生成して熱を放出する**発熱反応**を考える．

$$C(s, グラファイト) + O_2(g) \longrightarrow CO_2(g)$$

　図5・2に示したように，反応物全体の内部エネルギーは，生成物の内部エネルギーよりも大きく，反応が起こると内部エネルギーは減少する．熱力学では，注目する物質の集まりを**系**とよび，それ以外を**外界**とよぶ．減少したエネルギーは，系から外界に熱として移動し，外界の内部エネルギーは増加する．エネルギー保存則から，系の内部エネルギー変化 ΔU_{sys} と外界の内部エネルギー変化 ΔU_{surr} の間には，次の関係が成り立つ．

$$\Delta U_{sys} = -\Delta U_{surr}$$

◆温度，圧力，体積，内部エネルギー，この後説明するエンタルピーやエントロピー，ギブズエネルギーは状態量である．一方，熱や仕事は状態量ではない．

状態関数 state function

発熱反応 exothermic reaction

系 system

外界 surroundings

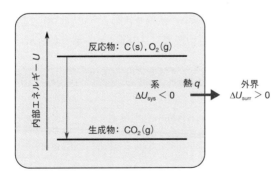

図 5・2　発熱反応に伴う内部エネルギー変化と熱の移動

　次に，炭素と水素からアセチレンが生成して熱を吸収する**吸熱反応**を考える．

$$2C(s, グラファイト) + H_2(g) \longrightarrow C_2H_2(g)$$

図5・3に示したように，反応物全体の内部エネルギーは，生成物の内部エネル

吸熱反応 endothermic reaction

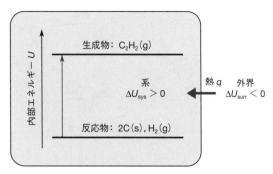

図 5・3　吸熱反応に伴う内部エネルギー変化と熱の移動

ギーよりも小さく，反応が起こると外界のエネルギーが熱として系に移動し，内部エネルギーは増加する．一般に，系から外界，逆に外界から系に，熱や仕事としてエネルギーが移動する．

熱 heat
仕事 work

　系がはじめの状態 1 から終わりの状態 2 に変化する間に，外界から**熱** q と**仕事** w をもらい，内部エネルギーが $\Delta U = U_2 - U_1$ だけ増加したとすると，エネルギー保存則から，次の式が成り立つ．

$$\Delta U = q + w \tag{5・1}$$

　仕事と熱は状態量ではなく，変化の経路に依存して値が変化する．熱，仕事，内部エネルギー変化の符号について表 5・1 にまとめて示した．熱は，外界から系に熱が移動した場合に正で，系から外界に移動した場合に負である．また仕事は，外界が系に仕事をした場合に正で，系が外界に仕事をした場合に負である．外界との間で，物質とエネルギーの出入りがない系を**孤立系**とよび，物質の出入りはないがエネルギーの出入りがある系を**閉じた系**，物質とエネルギーの出入りがある系を**開いた系**とよぶ．断熱材料でできている反応容器でふたをして反応を行うと，物質とエネルギーの出入りがないので孤立系である．また，栓のないフラスコで反応を行うと，物質とエネルギーの出入りがあるので開いた系である．フラスコに栓をすると，物質の出入りができなくなり，閉じた系となる．孤立系では，熱力学第一法則を次のように言い換えることができる．すなわち，孤立系（$q=0, w=0$）では，内部エネルギー変化 ΔU がゼロである．

孤立系 isolated system
閉じた系 closed system
開いた系 open system

表 5・1　熱，仕事，内部エネルギー変化の符号

	＋	－
熱 q	熱の移動の結果，系がエネルギーを得る	熱の移動の結果，系がエネルギーを失う
仕事 w	系が仕事をされ，その結果，エネルギーを得る	系が仕事をして，その結果，エネルギーを失う
内部エネルギー変化 ΔU	系のエネルギーが増加する	系のエネルギーが減少する

5・3　熱

　物質を加熱するとその物質の温度が上がる．同じ熱を加えても，上がる温度は物質の種類によって異なる．そのような違いを**熱容量**で表す．系が熱 q を吸

熱容量 heat capacity

収して，温度が T 上昇した場合，熱容量 C は以下の式で定義される（図5・4）.

$$C = \frac{\mathrm{d}q}{\mathrm{d}T}$$

熱容量の単位は，$J\,K^{-1}$，$J\,{}^{\circ}C^{-1}$ である．物質量 1 mol 当たりの熱容量を**モル熱容量** C_m とよび，単位は $J\,K^{-1}\,mol^{-1}$，$J\,{}^{\circ}C^{-1}\,mol^{-1}$ である．また，物質 1 g 当たりの熱容量を**比熱容量**とよび，単位は $J\,K^{-1}\,g^{-1}$，$J\,{}^{\circ}C^{-1}\,g^{-1}$ である．代表的な物質の比熱を表5・2に示した．多くの物質の中で，水は比較的，比熱が大きな物質である．物質が気体の場合，体積を一定で加熱するか，圧力を一定で加熱するかで，熱容量が異なる．そこで，体積を一定に保って加熱した場合の熱容量を**定積（定容）熱容量** C_V とよび，圧力を一定に保って加熱した場合の熱容量を**定圧熱容量** C_P とよぶ．これらの熱容量は，

$$C_V = \left(\frac{\partial q}{\partial T}\right)_V \tag{5・2}$$

$$C_P = \left(\frac{\partial q}{\partial T}\right)_P \tag{5・3}$$

と表される．物質量 1 mol 当たりの定積熱容量と定圧熱容量を，それぞれ**モル定積熱容量** $C_{V,m}$ と**モル定圧熱容量** $C_{P,m}$ とよぶ．いくつかの気体に関して，表5・3に，モル定積熱容量を示した．

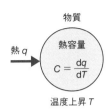

図 5・4　熱容量

モル熱容量 molar heat capacity

比熱容量 specific heat capacity，**比熱** specific heat ともいう．

定積（定容）熱容量 heat capacity at constant volume

定圧熱容量 heat capacity at constant pressure

表 5・2　物質の比熱容量(298 K)	
物質	比熱/$J\,K^{-1}\,g^{-1}$
銅	0.385
鉄	0.449
水	4.18
エタノール	2.42
ガラス	0.75

出典: N. J. Tro, "Chemistry: A Molecular Approach", 2E., Pearson (2011).

表 5・3　気体のモル定積熱容量 $C_{V,m}$ (298 K)		
気体	$C_{V,m}$/$J\,K\,mol^{-1}$	$C_{V,m}/(R/2)$
He	12.47	3.00
Ar	12.47	3.00
H_2	20.53	4.94
N_2	20.81	5.00
CH_4	27.40	6.59

出典: 梶本興亜，岩村秀，"新訂 物質の科学・反応と物性"，放送大学教育振興会 (2004).

🎓 コラム 5・1　熱力学における偏微分と全微分 🎓

2 変数関数 $z = f(x, y)$ において，以下に示す二つの独立した微分を定義することができる．

$$\left(\frac{\partial z}{\partial x}\right)_y = \lim_{\Delta x \to 0} \frac{f(x+\Delta x, y) - f(x, y)}{\Delta x}$$

$$\left(\frac{\partial z}{\partial y}\right)_x = \lim_{\Delta y \to 0} \frac{f(x, y+\Delta y) - f(x, y)}{\Delta y}$$

一方の変数を固定して，他方の変数に関して微分するので，**偏微分**とよばれる．偏微分では，微分記号 d の代わりに ∂ を用いる．$z(x+dx, y+dy)$ と $z(x, y)$ の差である微小量 dz は，

$$\mathrm{d}z = z(x+\mathrm{d}x, y+\mathrm{d}y) - z(x, y) = \left(\frac{\partial z}{\partial x}\right)_y \mathrm{d}x + \left(\frac{\partial z}{\partial y}\right)_x \mathrm{d}y$$

で表すことができ，dz は**全微分**とよばれる．

物質量が決まっている気体が熱平衡にあると，この気体の性質は P, V, T の 3 個の状態量で完全に記述することができる．気体の状態方程式が成り立つので，この 3 個の状態量のうち，二つが独立である．たとえば，系の内部エネルギー U を T と V の関数と考えると，U を z に，T を x に，V を y に対応させて，

$$\mathrm{d}U = \left(\frac{\partial U}{\partial T}\right)_V \mathrm{d}T + \left(\frac{\partial U}{\partial V}\right)_T \mathrm{d}V$$

となる．右辺の第一項は，温度が $\mathrm{d}T$ だけ変化した時の U の変化量を表しており，第二項は体積が $\mathrm{d}V$ だけ変化した時の U の変化量を表している．それらの合計として，U の変化量 $\mathrm{d}U$ が表される．

理想気体では，定積熱容量と定圧熱容量の間に，

$$C_P - C_V = nR \qquad (5\cdot4)$$

の関係が成り立つ．

気体を単原子分子の理想気体と考えると $C_{V,\mathrm{m}} = 3R/2$, $C_{P,\mathrm{m}} = 5R/2$ であり，温度に依存しないが，実際の気体は温度に依存する．熱容量の温度変化を考慮に入れる必要がある場合には，以下のような経験式を用いる．

$$C_{P,\mathrm{m}} = a + bT + cT^2 + dT^3$$

ここで a, b, c, d は定数である．

5・4 仕　　事

系の中で反応が進行すると，さまざまな形で外界に仕事をする可能性があるが，ここでは，化学反応において重要な仕事である気体の膨張や圧縮に伴う **PV仕事** について説明する．図5・5に示したように，可動ピストンが付いたシリンダー容器を考える．この容器では外部と熱の出入りが可能であり，温度を一定に保つことができるとする．この容器に気体を入れ，気体が圧縮したり，膨張したりする場合の仕事を考察する．

仕事は力と距離の積で定義されるので，ピストンの移動に伴う仕事は，力 F，ピストンの移動距離 $\mathrm{d}s$，圧力 P，ピストンの面積 A，体積変化 $\mathrm{d}V$ を用いて，

$$\mathrm{d}w = F\mathrm{d}s = PA\mathrm{d}s = P\mathrm{d}V$$

となる．ここで仕事の符号であるが，表5・1で示したように，外界が系に仕事をする時に正と定義すると，上式の右辺にマイナスの符号がつくので，

$$\mathrm{d}w = -P\mathrm{d}V$$

と書き表される．PV仕事の単位は，圧力を Pa，体積を m^3 とすると J となる．圧力を atm，体積を L とすると，$1\,\mathrm{L\,atm} \approx 101.3\,\mathrm{J}$ となる．

系が状態1から状態2に変化する場合の仕事は，前の式の両辺を積分して，

$$w = -\int_1^2 P\mathrm{d}V \qquad (5\cdot5)$$

と表される．

ピストンの移動に関して，系が熱平衡状態を保ったまま，すなわち，気体の圧力，体積，温度が定義できるようにゆっくりと変化させる．このような変化を **可逆変化** という．気体が理想気体である場合には，系が熱平衡状態にあるので，理想気体の状態方程式を適用することができて，その圧力を（5・5）式に代入して計算することができる．なお，試料が液体や固体の場合には，体積の変化が小さいので，仕事はゼロと考えてよい．

PV仕事 pressure–volume work

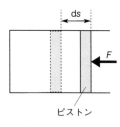

図 5・5 PV仕事

可逆変化 reversible change

例題 5・1 アルゴンの気体 2.0 mol に関して，25℃ で圧力 9.0×10^5 Pa の状態1から，同じ温度で，25℃，圧力 3.0×10^5 Pa の状態2へ変化させる．アルゴン気体は理想気体として取扱うことができる．（a）可逆変化で状態1から状態2へ膨張させる場合の仕事を求めよ．（b）3.0×10^5 Pa の一定の外圧により，不可逆変化に

より，状態1から状態2へ膨張させる場合の仕事を求めよ．

解答 （a）アルゴン気体は可逆変化をするので，変化の際，常に熱平衡が成り立っており，理想気体の状態方程式が成り立つ．したがって，（5・5）式は，

$$w = -\int_{V_1}^{V_2} P dV = -\int_{V_1}^{V_2} \frac{nRT}{V} dV = -nRT \int_{V_1}^{V_2} \frac{dV}{V} = -nRT \ln \frac{V_2}{V_1} \quad (5\cdot6)$$

となる．体積を圧力に代えて，具体的に数値を代入すると，

$$w = -nRT \ln \frac{V_2}{V_1} = -nRT \ln \frac{P_1}{P_2}$$

$$= -2.0 \, \text{mol} \times 8.314 \, \text{J mol}^{-1} \, \text{K}^{-1} \times (273+25) \, \text{K} \times \ln \frac{9.0 \times 10^5 \, \text{Pa}}{3.0 \times 10^5 \, \text{Pa}} = -5.4 \, \text{kJ}$$

（b）不可逆変化の仕事は，外圧を P とすると，$w = -P(V_2 - V_1)$ である．理想気体の状態方程式と与えられた数値を代入すると，

$$w = -P_2 \times \left(\frac{nRT}{P_2} - \frac{nRT}{P_1} \right) = -nRT \left(1 - \frac{P_2}{P_1} \right)$$

$$= -2.0 \, \text{mol} \times 8.314 \, \text{J mol}^{-1} \, \text{K}^{-1} \times (273+25) \, \text{K} \times \left(1 - \frac{3.0 \times 10^5 \, \text{Pa}}{9.0 \times 10^5 \, \text{Pa}} \right) = -3.3 \, \text{kJ}$$

例題5・1の内容をさらに検討する．$-w$ は，マイナスの符号がついているので，系が外界にする仕事を表している．$-w$ の積分を図5・6に示した．はじめの体積は $V_1 = 5.4 \, \text{L}$ で，終わりの状態の体積は $V_2 = 16.3 \, \text{L}$ である．求める仕事は，（a）の可逆変化の場合には，ABCD 領域の面積であり，（b）の不可逆変化の場合には，EBCD の領域の面積である．面積を比較すると可逆変化の場合のほうが大きい．一般に系が外界にする仕事は，可逆変化において最大である．

実際に起こる化学変化はすべて不可逆であるにもかかわらず，可逆変化を中心に考えるのが化学熱力学の特徴である．可逆変化であることは系が熱平衡にあることであり，系の状態を圧力，体積，温度などで指定することができる．

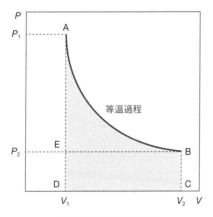

図 5・6 PV図と仕事

5・5 化学反応に伴う内部エネルギー変化

化学反応に伴う内部エネルギー変化を測定する場合，仕事よりも熱を測定するほうが容易であり，定積ボンベ熱量計による熱の測定が行われている．ボン

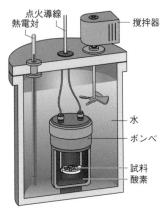

点火導線
熱電対
撹拌器
水
ボンベ
試料
酸素

図 5・7　定積ボンベ熱量計

べ熱量計の概念図を図5・7に示した. 熱量計は, 化学変化を起こさせる体積が一定の反応容器, その容器を入れた水槽, 温度計から構成されており, 熱量計全体は断熱されている.

化学反応を体積一定の条件で行った場合, PV 仕事はゼロであるから, 熱力学第一法則〔(5・1) 式〕から, 熱は内部エネルギー変化と等しくなる. すなわち,

$$\Delta U = q \quad （定積過程）$$

である.

熱量計では, 容器内で起こった反応により放出された熱を, 水槽の温度上昇を利用して決定する. そのために熱量計の熱容量 C_{cal} を前もって測定しておく必要がある. たとえば, 水の中にあるヒーターで加熱して流したエネルギーと温度上昇を測定して, 熱量計の熱容量を決める. 電源から電圧 V をかけて, 電流 I で時間 t だけ加熱すれば,

$$VIt = C_{cal}\Delta T$$

より, C_{cal} を求めることができる.

次に実際に化学反応を行い, 温度変化 ΔT を測定すると, 熱量計が吸収した熱 q_{cal} は,

$$q_{cal} = C_{cal}\Delta T \tag{5・7}$$

であり, 化学反応により系が放出した熱 $-q_r$ とは, 次の関係式が成り立つ.

$$q_r = -q_{cal} \tag{5・8}$$

例題 5・2　スクロース $C_{12}H_{22}O_{11}$ 1.010 g の燃焼に伴う熱をボンベ熱量計で測定した. 燃焼に伴い, 熱量計の温度は, 25.00℃ から 28.41℃ になった. スクロース 1 mol 当たりの内部エネルギー変化を求めよ. 別の実験で, 熱量計の熱容量を測定したところ, 4.90 kJ ℃⁻¹ であった. スクロースの熱容量は無視してよい.

解答　(5・7) 式と (5・8) 式から,

$$q_{cal} = C_{cal}\Delta T = 4.90 \text{ kJ }℃^{-1} \times (28.41-25.00) \text{ }℃ = 4.90 \times 3.41 \text{ kJ}$$
$$q_r = -q_{cal} = -4.90 \times 3.41 \text{ kJ}$$

スクロース 1 mol 当たりの内部エネルギー変化を計算すると,

$$C_{12}H_{22}O_{11} = 342.3 \text{ g mol}^{-1}$$

$$\Delta U_m = -4.90 \times 3.41 \text{ kJ} \times \frac{342.3 \text{ g mol}^{-1}}{1.010 \text{ g}} = -5.66 \times 10^3 \text{ kJ mol}^{-1}$$

となる. ここで, マイナスの符号は発熱反応であることを意味する.

5・6　エ ン タ ル ピ ー

圧力が一定の条件 (たとえば, 大気下での反応) で, 化学反応が起こる場合, 内部エネルギー変化には, 熱だけでなく仕事も含まれる. 内部エネルギーは全エネルギーを表すが, 多くの場合, 発生したり, 吸収したりする熱が重要である. それは, たとえば, 燃焼反応では, 発生する熱を利用するからである. 新

エンタルピー enthalpy

しい量として**エンタルピー H** を,

$$H = U + PV \tag{5・9}$$

で定義する．U, P, V は状態量であるから，エンタルピーも状態量である．

定圧過程では，$dP = 0$ であるから，

$$dH = dU + PdV + VdP = dU + PdV \qquad \text{（定圧過程）}$$

となる．積分して，熱力学第一法則を考慮すると，

$$\Delta H = \Delta U - P\Delta V = (q+w) - w = q \qquad \text{（定圧過程）}$$

と変形され，ΔH は定圧過程での熱と等しいことがわかる．定圧下で化学反応を行うことは多く，定圧下での熱，すなわちエンタルピーは重要な量である．

定積熱量計と定圧熱量計で測定した反応熱は一般に異なる．これは上で述べたように，定積熱量計では ΔU を，定圧熱量計では ΔH を測定しているからである．化学反応に伴うエンタルピー変化と内部エネルギー変化の関係について考えよう．定圧過程では，$H = U + PV$ であるから，化学反応に伴う ΔH と ΔU の関係は，反応前後の気体の体積変化の影響を受ける．液体と固体では体積が無視できると考えると，次の式が成り立つ．

$$\Delta H = \Delta U + \Delta n_\mathrm{g} RT \tag{5・10}$$

ただし，Δn_g は，生成物の気体物質の物質量から，反応物の気体物質の物質量を引いたものである．反応に関係している物質がすべて液体と固体の場合には，$\Delta n_\mathrm{g} = 0$ であり，体積の変化が無視できるので，ΔH と ΔU は近似的に等しい．次の反応で，298 K において，ΔH と ΔU の差を求める．

$$2\mathrm{H_2(g)} + \mathrm{O_2(g)} \longrightarrow 2\mathrm{H_2O(l)}$$

水素分子と酸素分子が気体であるから，水素気体 2 mol と酸素気体 1 mol が反応する場合，$\Delta n_\mathrm{g} = -3$ である．したがって（5・10）式から，$\Delta H - \Delta U \approx -7.4$ kJ となる．

5・7 反応エンタルピー

化学反応で発生したり，吸収したりする熱を研究する分野を **熱化学** とよぶ．化学反応に伴い発生・吸収する熱は，熱量計を使った実験から求めることができる．定圧下での熱はエンタルピー変化と等しく，熱の符号の定義から，熱を放出する反応，すなわち発熱反応では ΔH が負であり，熱を吸収する反応，すなわち吸熱反応では ΔH が正である．

化学反応において，反応する各物質のエンタルピー変化の総和を **反応エンタルピー** $\Delta_\mathrm{r} H$ とよぶ．また，物質の **標準状態** を定義して，化学変化の前と後が標準状態にある場合の反応エンタルピーを **標準反応エンタルピー** $\Delta_\mathrm{r} H^\circ$ とよぶ．単位は kJ mol^{-1} である．標準状態とは，ある温度（多くの場合，298 K）において，1 bar（1×10^5 Pa）の純物質のことを示す．なお 1982 年以前には，1 bar ではなくて，1 atm（$= 1.01325$ bar）の圧力が採用されていた．

プロペンの水素化反応は，以下の式で表される．

$$\mathrm{CH_2{=}CHCH_3(g)} + \mathrm{H_2(g)} \longrightarrow \mathrm{CH_3CH_2CH_3(g)} \quad \Delta_\mathrm{r} H^\circ_{298} = -124 \ \mathrm{kJ \ mol^{-1}}$$

熱化学 thermochemistry

反応エンタルピー enthalpy of reaction
標準状態 standard state
標準反応エンタルピー standard enthalpy of reaction

物質は，気体，液体，固体でエンタルピーが異なるので，各物質の相を指定する必要があり，気体を g，液体を l，固体を s として，各物質の化学式の後の括弧に記入する．また，反応エンタルピーは温度に依存するので，$\Delta_r H^\circ$ の下付で示す．

ある温度（通常は 298 K）で，標準状態にある 1 mol の物質が，その成分元素の単体の最も安定な状態から生成する反応のエンタルピー変化を**標準生成エンタルピー**または**標準生成熱**とよび，記号 $\Delta_f H^\circ$ で表す．エンタルピーは（5・9）式で与えられ，内部エネルギーの絶対値を決めることはできないので，エンタルピーの絶対値も決めることはできない．化学的にはエンタルピーの差が重要であるから，便宜的に 298 K，1 bar の圧力で最も安定な状態にある元素の標準生成エンタルピーをゼロとする．たとえば，298 K でのメタンの標準生成エンタルピーは，以下の反応で表される．

標準生成エンタルピー standard enthalpy of formation

標準生成熱 standard heat of formation

$$C(s, \text{グラファイト}) + 2H_2(g) \longrightarrow CH_4(g) \quad \Delta_f H^\circ_{298} = -74.81 \text{ kJ mol}^{-1}$$

ここで，水素では，298 K で H_2 気体の標準生成エンタルピーをゼロとしている．炭素では，グラファイトの標準生成エンタルピーをゼロとしている．ダイヤモンドの標準生成エンタルピーは 298 K において 1.895 kJ mol^{-1} である．また，単位の mol^{-1} はメタン 1 mol に関して，という意味である．

エンタルピーは，熱力学第一法則から，変化の最初と最後の状態のみに依存し，経路に依存しないので，全体の反応エンタルピーは，その反応を分割できれば，個々の反応のエンタルピーの和で表すことができる（**ヘスの法則**）．ヘスの法則を以下に示す一般の反応に適用すると，

ヘスの法則 Hess's law

$$m_1 R_1 + m_2 R_2 + \cdots m_i R_i \longrightarrow n_1 P_1 + n_2 P_2 + \cdots n_j P_j$$

標準反応エンタルピーは，次式によって，標準生成エンタルピーから導出することができる．

$$\Delta_r H^\circ = \sum_j n_j \Delta_f H_j^\circ - \sum_i m_i \Delta_f H_i^\circ \tag{5・11}$$

ただし，n_j は生成系の物質の化学量論係数で，m_i は反応系の物質の化学量論係数である．反応式において化学量論係数には定数倍の自由度があるので，反応エンタルピーを記述する際には，反応式を指定する必要がある．また，エンタルピーは状態量であるから，ある反応とその逆の反応のエンタルピーは符号が異なり，絶対値は同じである．数多くの基本的な化学物質の標準生成エンタルピーが熱力学データとして蓄積されており，それらのデータを使用して，さまざまな反応エンタルピーを予測することができる．

例題 5・3 次に示すメタンの燃焼反応の 298 K における標準反応エンタルピーを，各物質の標準生成エンタルピーから計算して求めよ．また，メタン 1 t（1000 kg）の燃焼で，何 J の熱が発生するか，何 g の CO_2 が発生するか，計算して求めよ．ただし，$\Delta_f H^\circ_{CH_4(g)} = -74.81$ kJ mol^{-1}，$\Delta_f H^\circ_{CO_2(g)} = -393.51$ kJ mol^{-1}，$\Delta_f H^\circ_{H_2O(l)} = -285.83$ kJ mol^{-1}，$\Delta_f H^\circ_{O_2(g)} = 0$ kJ mol^{-1} である．

$$CH_4(g) + 2O_2(g) \longrightarrow CO_2(g) + 2H_2O(l)$$

解答　298 K における標準反応エンタルピーは，（5・11）式から，

$$\Delta_r H° = \{\Delta_f H°_{CO_2(g)} + 2\Delta_f H°_{H_2O(l)}\} - \{\Delta_f H°_{CH_4(g)} + 2\Delta_f H°_{O_2(g)}\}$$
$$= \{-393.51\ \text{kJ mol}^{-1} + 2\times(-285.83\ \text{kJ mol}^{-1})\} - \{-74.81\ \text{kJ mol}^{-1} + 2\times0\}$$
$$= -890\ \text{kJ mol}^{-1}$$
$$CH_4 = 16.04\ \text{g mol}^{-1},\ CO_2 = 44.01\ \text{g mol}^{-1}$$

$$熱：-890\times\frac{1000\times1000}{16.04} = -55.5\ \text{GJ}$$

$$CO_2\ 量：44.01\times\frac{1000\times1000}{16.04} = 2.74\times10^6\ \text{g}$$

　例題で示した標準反応エンタルピーの計算内容を，図 5・8 に示したエンタルピーの変化で考える．まず，1 mol のメタンの分解を考える．

$$CH_4(g) + 2O_2(g) \longrightarrow C(s, グラファイト) + 2H_2(g) + 2O_2(g)$$
$$\Delta_r H° = +74.81\ \text{kJ mol}^{-1}$$

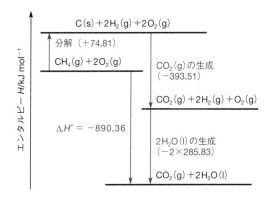

図 5・8　メタンの燃焼エンタルピーの計算

C(s), $2H_2(g)$, $2O_2(g)$ は，$CH_4(g)$ と $2O_2(g)$ から，74.81 kJ mol^{-1} だけ高い位置にある．次に，C(s) と $O_2(g)$ から $CO_2(g)$ の生成を考えると，-393.51 kJ mol^{-1} だけ下がる．

$$C(s, グラファイト) + O_2(g) \longrightarrow CO_2(g) \qquad \Delta_r H° = -393.51\ \text{kJ mol}^{-1}$$

さらに，$2H_2(g)$ と $O_2(g)$ から $2H_2O(l)$ の生成を考えると，-571.66 kJ mol^{-1} 下がる．

$$2H_2(g) + O_2(g) \longrightarrow 2H_2O(l)$$
$$2\times\Delta_r H° = 2\times(-285.83\ \text{kJ mol}^{-1}) = -571.66\ \text{kJ mol}^{-1}$$

以上のエンタルピー変化を足し合わせると，$+74.81 + (-393.51) + (-571.66)$ $= -890.36$ kJ mol^{-1} となる．

　反応エンタルピーを 298 K だけでなく，その他の温度で求めたい場合には，定圧熱容量をもとにして，以下の式で計算することができる．

$$\Delta_r H°_{T_2} = \Delta_r H°_{T_1} + \int_{T_1}^{T_2}\Delta_r C_P \mathrm{d}T$$

ただし，$\Delta_r C_P = \sum_j n_j C_{P,j}^m - \sum_i m_i C_{P,i}^m$，$i$ は生成系のすべての物質に関する総和で，j は反応系のすべての物質に関する総和である．

　1 mol の物質を燃焼させた時のエンタルピーを燃焼エンタルピーとよび，記

号 $\Delta_c H$ で表す. 標準状態に関する燃焼エンタルピーを**標準燃焼エンタルピー**とよび, 記号 $\Delta_c H^\circ$ で表す. 物質が C, H, O を含む有機化合物では, CO_2 と H_2O まで完全に酸化される燃焼を考える. グルコースの標準燃焼エンタルピーは,

$$C_6H_{12}O_6(s) + 6O_2(g) \longrightarrow 6CO_2(g) + 6H_2O(l) \quad \Delta_c H^\circ = -2808 \text{ kJ mol}^{-1}$$

である.

有機化合物の標準生成エンタルピーは, 通常, 燃焼エンタルピーの測定より求める. たとえば, 気体のメタンの燃焼熱から生成熱を求めてみる. 熱量計を用いて, 次の燃焼反応の燃焼熱を求める.

$$H_2(g) + 1/2\,O_2(g) \longrightarrow H_2O(l) \qquad \Delta_c H^\circ = -285.83 \text{ kJ mol}^{-1} \qquad (A)$$

$$C(s, グラファイト) + O_2(g) \longrightarrow CO_2(g)$$
$$\Delta_c H^\circ = -393.51 \text{ kJ mol}^{-1} \qquad (B)$$

$$CH_4(g) + 2O_2(g) \longrightarrow CO_2(g) + 2H_2O(l)$$
$$\Delta_c H^\circ = -890.36 \text{ kJ mol}^{-1} \qquad (C)$$

ヘスの法則を用いて, $(A)\times2+(B)-(C)$ を計算すると,

$$C(s, グラファイト) + 2H_2(g) \longrightarrow CH_4(g)$$

となり, $\Delta_f H^\circ = (-285.83)\times2 - 393.51 - (-890.36) = -74.81 \text{ kJ mol}^{-1}$ となる.

5・8 物理変化のエンタルピー変化

化学反応だけでなく, 融解, 蒸発, 昇華などさまざまな物理化学現象に伴う熱の出入りをエンタルピー変化で表現することができる. 表5・4にさまざまなエンタルピー変化を掲載した. ある物質の固体, 液体, 気体の間の転移について, たとえば,

$$H_2O(s) \longrightarrow H_2O(l) \qquad \Delta_{fus}H_{273} = +6.008 \text{ kJ mol}^{-1}$$

$$H_2O(l) \longrightarrow H_2O(g) \qquad \Delta_{vap}H_{373} = +40.656 \text{ kJ mol}^{-1}$$

である.

温度 273 K における水の標準蒸発エンタルピーは $\Delta_{vap}H^\circ = 45.03 \text{ kJ mol}^{-1}$ である. 氷の標準融解エンタルピーは $\Delta_{fus}H^\circ = 6.01 \text{ kJ mol}^{-1}$ であるから, 273 K

表 5・4 さまざまなエンタルピー変化

化学変化	過程	記号
反応	反応系 → 生成系	$\Delta_r H$
燃焼	化合物 $(s, l, g) + O_2 \to CO_2(g), H_2O(l, g)$	$\Delta_c H$
生成	元素 → 化合物	$\Delta_f H$
融解	s → l	$\Delta_{fus} H$
蒸発	l → g	$\Delta_{vap} H$
昇華	s → g	$\Delta_{sub} H$
相転移	相 α → 相 β	$\Delta_{trs} H$
溶解	溶質 → 溶液	$\Delta_{sol} H$
原子化	化合物 (s, l, g) → 原子 (g)	$\Delta_{at} H$
イオン化	$X(g) \to X^+(g) + e^-(g)$	$\Delta_{ion} H$

で氷を昇華させる時の標準昇華エンタルピー $\Delta_{sub}H^\circ$ は,

$$\Delta_{sub}H^\circ \ = \ \Delta_{fus}H^\circ + \Delta_{vap}H^\circ \ = \ 6.01 + 45.03 \ = \ 51.04 \,\text{kJ mol}^{-1}$$

となる. 物質の融解エンタルピーは常に正であるから, 昇華エンタルピーは蒸発エンタルピーよりも大きい.

5・9　理想気体の状態変化

　熱機関のエネルギー効率も熱力学の立場から研究されてきた. 熱機関の考察には, 理想気体の状態変化を知ることが役立つので, 理想気体を可逆的に定積, 定圧, 等温, 断熱過程で変化させる場合の熱, 仕事, 内部エネルギー変化, エンタルピー変化について考察する.

熱機関 heat engine

・**定積過程**: 体積が一定であるから, 仕事は,

$$w \ = \ 0$$

熱は, 定積熱容量を考えると, (5・2) 式から,

$$\mathrm{d}q \ = \ C_V\mathrm{d}T \qquad (定積過程)$$

となる. 積分すると,

$$q \ = \ \int_{T_1}^{T_2} C_V\mathrm{d}T$$

となる. 熱力学の第一法則から, 定積熱容量が温度に依存しない場合には,

$$\Delta U \ = \ q + w \ = \ q \ = \ C_V(T_2-T_1)$$

また, エンタルピー変化は,

$$\begin{aligned}
\Delta H \ &= \ \Delta U + \Delta(PV) \ = \ \Delta U + \Delta(nRT) \ = \ C_V(T_2-T_1) + nR\Delta T \\
&= \ (C_V + nR)(T_2-T_1) \ = \ C_p(T_2-T_1)
\end{aligned}$$

である.

・**定圧過程**: 仕事は,

$$w \ = \ -\int_{V_1}^{V_2} P\mathrm{d}V \ = \ -P\int_{V_1}^{V_2}\mathrm{d}V \ = \ -P(V_2-V_1) \ = \ -nR(T_2-T_1)$$

である. 熱は, (5・3) 式から,

$$\mathrm{d}q \ = \ C_P\mathrm{d}T \qquad (定圧過程)$$

である. 積分すると,

$$q \ = \ \int_{T_1}^{T_2} C_P\mathrm{d}T \ = \ \Delta H$$

となる. 熱力学第一法則から, 定圧熱容量が温度に依存しない場合,

$$\begin{aligned}
\Delta U \ &= \ q + w \ = \ C_P(T_2 - T_1) - nR(T_2-T_1) \ = \ (C_P-nR)(T_2-T_1) \\
&= \ C_V(T_2-T_1)
\end{aligned}$$

となる. ここで最後の式の変形に (5・4) 式を用いた.

・**等温過程**: 仕事は, すでに (5・6) 式で与えられている.

$$w \ = \ -\int_{V_1}^{V_2} P\mathrm{d}V \ = \ -\int_{V_1}^{V_2}\frac{nRT}{V}\mathrm{d}V \ = \ -nRT\int_{V_1}^{V_2}\frac{\mathrm{d}V}{V} \ = \ -nRT\ln\frac{V_2}{V_1}$$

である．温度が一定なので，内部エネルギーに変化はない．

$$\Delta U = q + w = 0$$

したがって，

$$q = -w = nRT \ln\frac{V_2}{V_1}$$

エンタルピー変化は，

$$\Delta H = \Delta U + \Delta(PV) = \Delta U + \Delta(nRT) = 0 + 0 = 0$$

である．

断熱過程 adiabatic process

・**断熱過程**: 系と外界との間で熱の受け渡しが行われない過程を**断熱過程**とよぶ．断熱過程であるから，

$$q = 0$$

である．はじめに，圧力 P_1，体積 V_1，温度 T_1 の状態が，断熱可逆過程で，圧力 P_2，体積 V_2，温度 T_2 の状態に変化する際，理想気体では以下の式が成り立つ．

$$P_1 V_1^{\gamma} = P_2 V_2^{\gamma} \qquad T_1 V_1^{\gamma-1} = T_2 V_2^{\gamma-1} \qquad T_1 P_1^{(1-\gamma)/\gamma} = T_2 P_2^{(1-\gamma)/\gamma}$$

ただし，

$$\gamma = \frac{C_P}{C_V}$$

熱容量比 heat capacity ratio

であり，**熱容量比**とよばれている．

　状態Aから状態Bへの断熱過程の内部エネルギー変化を求める．内部エネルギーは状態量であるから，はじめと終わりの状態のみで決まる．図5・9に VT 図を示した．はじめの状態Aから，図に矢印で示した等温過程と定積過程を経て，終わりの状態Bに変化する過程を考える．等温過程では内部エネルギー変化はないから，定積過程での変化を考慮すると，

$$\Delta U = C_V(T_2 - T_1)$$

である．また，熱力学第一法則から，$q = 0$ であるから，

$$w = \Delta U = C_V(T_2 - T_1)$$

断熱過程で圧縮すると，体積は減少して，温度は上がる．したがって．内部エネルギー変化は正で，仕事も正である．これは外界が気体に仕事をすることを意味している．

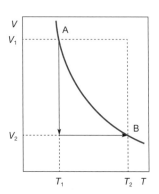

図 5・9　状態AからBへの断熱変化

5・10 熱 機 関

　熱機関とは熱を力学的仕事に変える機械である．気体物質を図5・5に示したシリンダー容器に入れて，気体が外部（高温熱源）から熱としてエネルギーを受取り，ピストンで仕事をし，残りのエネルギーを外部（低温熱源）に熱として放出する熱機関を考える．この機械では，繰返して仕事をするために最後にははじめの状態に戻る．このような状態変化をサイクル過程とよぶ．図5・10に示した四つの可逆過程, 過程 I) 等温膨張(A→B), 過程 II) 断熱膨張(B→C),

過程Ⅲ) 等温圧縮 (C → D), 過程Ⅳ) 断熱圧縮 (D → A), からなるサイクル過程を行う. このサイクル過程は**カルノーサイクル**とよばれており, 次章で述べるエントロピーの発見に至る重要な過程である. 簡単のために気体は理想気体と仮定する. また, 気体の物質量を n mol とする.

サイクル過程では始状態と終状態が同じであるから, 次式が成り立つ.

$$\oint dU = 0$$

ここで, $\oint$ は始状態と終状態が同じ積分を表す. カルノーサイクル全体の熱と仕事をそれぞれ q と w とすると, エネルギー保存則から,

$$\oint dU = \Delta U = q + w = 0$$

となる. q は, 各過程の熱 $q_{AB}, q_{BC}, q_{CD}, q_{DA}$ の和で表される. 断熱過程では $q_{BC} = q_{DA} = 0$ であり, $q = q_{AB} + q_{CD}$ となる. したがって,

$$w = -q = -q_{AB} - q_{CD}$$

となる. カルノーサイクルの効率 η は, 気体が得た熱 q_{AB} に対する外部にした仕事 $-w$ で表される. ここで w にマイナス記号がついているのは, w が気体に仕事をする場合に正の符号をつけるからである. η は,

$$\eta = \frac{-w}{q_{AB}} = \frac{q_{AB} + q_{CD}}{q_{AB}} = 1 + \frac{q_{CD}}{q_{AB}} \qquad (5\cdot12)$$

となる.

過程Ⅰでは, 温度 T_H の高温熱源とシリンダー容器を接触させて, 外部から気体を加熱し, 温度 T_H で, 体積 V_A, 圧力 P_A の状態 A から体積 V_B, 圧力 P_B の状態 B へ等温膨張させる. §5・9 の等温過程での式から,

$$q_{AB} = -w_{AB} = nRT \ln \frac{V_B}{V_A}$$

となる. 膨張であるから $V_B > V_A$ であり, q_{AB} は正で, 高温熱源から気体へ熱 q_{AB} が移動する. また, 過程Ⅲでは, 温度 T_L の低温熱源とシリンダー容器を接触させて, 気体から外部に熱が移動できるようにして, 温度 T_L で, 状態 C から, 体積 V_D, 圧力 P_D の状態 D へ等温圧縮する. 先ほどと同様に,

$$q_{CD} = -w_{CD} = nRT \ln \frac{V_D}{V_C}$$

となる. 圧縮であるから $V_C > V_D$ で, q_{CD} は負であり, 気体から外部に q_{CD} が移動する. これらの式を (5・12) 式に代入すると,

$$\eta = 1 + \frac{q_{CD}}{q_{AB}} = 1 + \frac{nRT_H \ln(V_D/V_C)}{nRT_L \ln(V_B/V_A)} = 1 + \frac{T_H \ln(V_D/V_C)}{T_L \ln(V_B/V_A)} \quad (5\cdot13)$$

となる. 断熱過程ⅡとⅣに§5・9で示した断熱過程での式を適用すると,

$$\frac{V_B}{V_A} = \frac{V_D}{V_C}$$

となる. この式を (5・13) 式に代入すると,

$$\eta = 1 + \frac{q_{CD}}{q_{AB}} = 1 - \frac{T_L}{T_H}$$

となる. 効率 η は両熱源の温度のみで決まり, 温度差が大きいほど効率は高い.

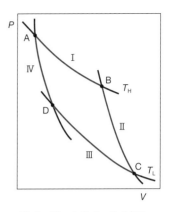

図 5・10　カルノーサイクル

カルノーサイクル Carnot cycle

　燃料などのエネルギーを消費せずに動く熱機関はあるだろうか。内部エネルギーは状態量で，サイクル過程であるから，この機械を1サイクル動作させた前後で同じ状態に戻るので，$\Delta U = q + w = 0$ である。外部から機械がもらう熱 q がゼロであれば，その機械がする仕事 $-w$ もゼロである。したがって，燃料などのエネルギー源を消費せずに仕事をする機械（第一種永久機関）は存在しない。

例題 5・4　次の図に示した，理想気体1molが状態AからB,C,Dを経て，Aに戻る過程（はじめと終わりの状態が同じ変化をサイクル過程とよぶ）は，ガソリンエンジンの動作モデルである。変化はすべて可逆変化とする。AからBはガソリンの燃焼による定積過程における圧力増加，BからCは断熱膨張，CからDは定積での圧力減少，DからAは断熱圧縮過程である。ここで，状態A,B,C,Dの温度を，それぞれ T_A, T_B, T_C, T_D とする。また，気体の定積熱容量を C_V，熱容量比を γ とする。状態AからBの過程で系が吸収する熱に対して，系が外界にする仕事を，このサイクル（エンジン）の効率 η とよぶ。このサイクルの効率を求めよ。

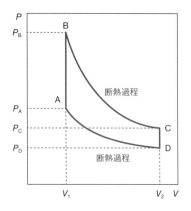

解答　AからBの過程で系に移動する熱を q とすると，定積過程であるから $q = C_V(T_B - T_A)$ である。系が外界にする仕事は，仕事の符号の定義から $-w$ である。定積過程では仕事をしないので，BからC，DからAの過程での仕事を考える。

$$-w = -\{C_V(T_C - T_B) + C_V(T_A - T_D)\}$$
$$= C_V(T_B + T_D - T_A - T_C)$$

したがって，効率 η は，

$$\eta = \frac{-w}{q} = \frac{C_V(T_B + T_D - T_A - T_C)}{C_V(T_B - T_A)} = 1 + \frac{T_D - T_C}{T_B - T_A}$$

$$= 1 + \frac{T_A\left(\dfrac{V_1}{V_2}\right)^{\gamma-1} - T_B\left(\dfrac{V_1}{V_2}\right)^{\gamma-1}}{T_B - T_A} = 1 - \left(\frac{V_1}{V_2}\right)^{\gamma-1}$$

ここで，$T_B V_1^{\gamma-1} = T_C V_2^{\gamma-1}$，$T_D V_2^{\gamma-1} = T_A V_1^{\gamma-1}$ であることを用いた。

章 末 問 題

問題 5・1　ピストンがついた容器の中で燃料を燃やすと，外圧 1.013×10^5 Pa で，体積が 0.250 L から 1.50 L に膨張した。また，この時，785 J の熱が放出された。燃焼に伴う系の ΔU を求めよ。

問題 5・2　100℃ の銅ブロック 10 g を 25℃ の水 50 g の中に入れた．熱平衡に達した時，これらの温度は何度になるか求めよ．なお銅ブロックと水は外界から断熱されている．銅と水の比熱容量は，それぞれ 0.385 と 4.18 J g^{-1} K^{-1} で，温度によらず一定とする．

問題 5・3　石炭，天然ガス，石油の燃焼モデルとして，炭素，メタンの気体，オクタンの液体を考え，エネルギーと温室効果ガスである CO_2 発生の問題を考えてみよう．これらの完全燃焼の化学反応式を書いて，標準反応エンタルピーを計算せよ．1 mol の CO_2 が生成する時の反応熱を比較せよ．

問題 5・4　圧力 1.00 bar で，-25℃ の氷 1.00 mol を，液体の水を経て，125℃ の気体にするために必要な熱を計算せよ．ただし，氷の比熱は 2.09 J g^{-1} K^{-1}，水の比熱は 4.18 J g^{-1} K^{-1}，水蒸気の比熱は 2.01 J g^{-1} K^{-1} である．また，氷の標準融解エンタルピーは 6.01 kJ mol^{-1}，水の標準蒸発エンタルピーは 40.7 kJ mol^{-1} である．

6 熱力学第二法則

日常に目を向けると, いろいろな自然に起こる現象に気づく. たとえば, 煙突から出た煙やたばこ煙は "ひとりでに" 大空に広がっていく. コップの水に青インクをたらすと, "ひとりでに" インクは広がってやがて一様な青い水となる. また, 天気の良い日に庭に水をまくと, "ひとりでに" 蒸発する. これらの変化はいずれも "秩序" ある状態から "無秩序" への変化で, いつも一方向に起こる. 一方, カップにお湯を入れて大気中に放置すると, しだいに冷えて室温と同じ温度になり, 電線に電流を流すと, 大なり小なり熱を発生して電圧が降下する. また, 鉄板や鉄釘を雨ざらしにしておくと, やがて錆びてボロボロになる. これらの変化は "秩序" から "無秩序" への変化か否かはわかりにくいが, いつも一方向に起こり, ひとりでに逆方向には起こらない (たとえば, 青い水がひとりでに透明な水と青インクには戻らない), 不可逆な変化である. 熱力学第二法則は, 自然現象 (自発変化) の方向性, あるいは不可逆性を表す尺度として考え出された "エントロピー" に関する経験的法則である.

6・1 可逆変化と不可逆変化

図 6・1 のように, 隔壁のある容器の各部分に別べつに 2 種類の気体が封入されている. この隔壁を取除けば, 気体はおのおの相互に拡散し, ある時間後には均一な混合気体になる. 隔壁を取去る前や取去って均一になった後では, 気体分子はランダムに運動しているが, 相互に拡散する途中では, 分子は平均し

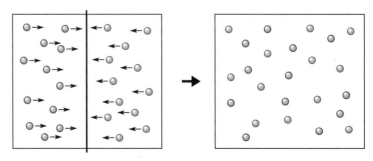

図 6・1 2 種類の気体 A(◯), B(◯) の自発的混合

て拡散方向への速度成分をもっている．これはある意味での規則性であるが，拡散が終了し均一になった時には，この規則性は消失する．また，同様に，煙突から出た煙や水中にたらしたインク滴は，自然に拡散して広がる．これらの現象は規則性が減少する方向へ起こったといえる．

　自然に進行する変化は，このように常に規則性が減少する方向へ向かって起こる．内部の規則性と関連づけると，系内部の規則性が減少するということは，系を構成する微粒子の運動に対する拘束を解くことであり，運動の自由を増大させることである．したがって，自発変化は常に系を構成する微粒子の運動の自由が増大する方向に起こるといえる．このように，あらゆる自然に起こる変化（**自発変化**）は一方向のみに起こり，それを逆向きに進行させるためには，外部から何らかの操作を施す必要がある．言い換えると，規則性の増大する方向への変化は，人為的な操作なしには進めることはできない．

自発変化 spontaneous change

　これらの自然に起こる変化は，熱力学第一法則以外のもう一つの基本法則に従って起こっているとみなすことができる．この法則が**熱力学第二法則**である．第二法則は，**エントロピー**という量が主要な役割を果たす．

熱力学第二法則 second law of thermodynamics

エントロピー entropy

　5章で**カルノーサイクル**について述べたが，このサイクルは次のように要約される．

カルノーサイクル Carnot cycle

• カルノーサイクルは可逆サイクルであり，順操作（A→B→C→D→A）と逆操作（A→D→C→B→A）を一回ずつ行わせると（図5・10参照），機械自体も，高温低温の両熱源も完全にもとの状態に戻る．
• カルノーサイクルを行う熱機関の効率 η は，両熱源の温度のみによって決まり，作業物質の種類には関係しない．

$$\eta = \frac{q_{AB} - q_{CD}}{q_{AB}} = \frac{T_H - T_L}{T_H}$$

より，

$$\frac{q_{AB}}{T_H} = \frac{q_{CD}}{T_L} = 一定$$

　上式は，高温熱源の失う q_{AB}/T_H という量と，低温熱源が得る q_{CD}/T_L という量が等しいことを表しているが，この式が後に**クラウジウス**がエントロピーの概念を確立する端緒になった式である．

クラウジウス Rudolf Julius Emmanuel Clausius

　エントロピーを一言で表現すれば，"自然界の無秩序の程度を表す尺度"ということができる．

　熱力学第二法則は，歴史上の著名な人物により，さまざまに表現されている．たとえば，"仕事が熱に変わる現象は不可逆的である"（ケルビン），"摩擦によって熱が発生する現象は不可逆変化である"（プランク），"一つの熱源から熱をもらうだけで，サイクルによって外界へ仕事をすることはできない"（J. J. トムソン），"熱は，高温物体から低温物体へ移るのでなければ，仕事に変えることはできない"（マクスウェル）などである．

　次の図6・2のように，断熱容器中のピストン，シリンダー，おもり，および気体を用いて思考実験を行い，第二法則について考えることにする．気体はシリンダー内に閉じ込められており，ピストンとシリンダーの接触は機密で，ピ

◆思考実験とは，実際に実験器具を用いて測定するのではなく，ある条件の下，理論的に導かれる現象を思考のみによって考察することをいう．

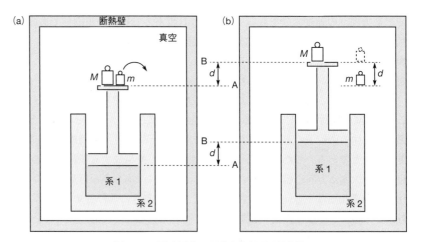

図 6・2 孤立系内の可逆変化と不可逆変化

ストンは摩擦なく自由に上下できるとする．閉じ込められた気体を系 1 とし，気体以外を系 2 とすると，系 1 と系 2 は，断熱容器中に閉じ込められており，容器内は真空であるので，系 1 と系 2 は断熱壁の外部と物質，仕事，熱をやりとりすることはなく孤立系を形成している．ピストンの上には (a) では質量がそれぞれ M と m のおもり（分銅）が一つずつ載せてあり，(b) では質量が M のおもりだけが載せてある．この時，次の四つの方法で変化を与えてみる．

・過程 I: おもり m を急に取去る場合（不可逆変化）
ピストンを押しているおもり m を取除いて同じ高さに置く（同じ位置エネルギーの状態に保つ）と，ピストンは上昇し，系 1 は系 2 に対して Mgd（$= -w_I$）の仕事をし，系 2 から系 1 に熱 q_I が移動する（g は重力の加速度，d はピストンの移動距離）．

・過程 II: おもり m を少しずつ取去る場合（可逆変化）
おもり m は砂粒のようなものであると考え，一粒ずつゆっくりと砂粒を取去り，同じ高さに置くという操作を繰返す．こうするとシリンダー内の圧力はピストンを押している力と釣合いつつ，また，シリンダー内の温度も 25℃ に保ちつつ，ピストンを過程 I の場合と同じ位置まで移動させることができる．この時，系 2 から系 1 へ q_{II} の熱が移動し，系 1 は系 2 に対して $-w_{II}$ の仕事をする．

🎓 コラム 6・1 永久機関 🎓

外部から何のエネルギーも供給されずに無限に仕事をするような空想的な装置（熱力学第一法則に反する装置）を第一種の永久機関という．また，一つの熱源から熱を吸収して，それを 100% 仕事に変え，周期的に働く熱機関を第二種の永久機関という．第二種の永久機関はエネルギー保存則には反しないが，もしこの装置が実現可能ならば，たとえば，熱を 100% 水蒸気に変換し，水蒸気を使って効率 100% で発電し，得られた電気を 100% 熱に変換でき，永久に熱-水蒸気-電気-熱のサイクルが回り続けることになる．このようなサイクルは実現不可能であることを経験上われわれは知っている．熱力学第二法則は，このことを述べた法則であるため，第二種永久運動不可能の原則といわれることがある．

　過程Ⅰの不可逆変化ではピストンを押しているおもりが M であるが，過程Ⅱでは常に M より大きいため，過程Ⅱの可逆変化で得られる仕事 $-w_Ⅱ$ は $-w_Ⅰ$ よりも大きい（**最大仕事の原理**）．これは図 5・6 に示したとおりである．

最大仕事の原理 principle of maximum work

・過程Ⅲ: おもり m を載せて過程Ⅰの操作を逆行させる場合
過程Ⅰで取除いたおもり m を d の高さまで持ち上げるには，mgd の仕事量が必要であるが，このことは**孤立系**では不可能である（孤立系なので，その仕事分のエネルギーが外界から供給されることはありえないからである）．そこで，mgd の仕事を外部から系2に与え，おもりを d の高さまで持ち上げてピストンの上に載せることができたと仮定する．この時，ピストンは系1を圧縮して過程Ⅰのもとの位置に戻るが，過程Ⅰの時と異なり，系1から系2へ $-q_Ⅲ$ の熱が移動し，系2は系1に対して $w_Ⅲ = (M+m)gd$ の仕事をする．
したがって，

孤立系 isolated system

$$w_Ⅰ = -Mgd$$
$$w_Ⅲ = (M+m)gd$$

であるので，

$$q_Ⅰ + q_Ⅲ = -mgd$$

系2については，

$$-q_Ⅰ + (-q_Ⅲ) = mgd$$

となり，過程Ⅰと過程Ⅲの操作を行うと mgd の熱が残る．これは，過程Ⅲにおいて外界から持込んだ仕事に等しい．したがって，系1をもとの状態に戻すには mgd の仕事を外界から持込む必要があり，系1がもとの状態に戻った時には，この仕事に等しい熱が系2の中に残るため，系1と系2を完全にもとに戻すためには，この熱を外界に移す必要がある．

・過程Ⅳ: おもりを少しずつ載せて過程Ⅱの変化を逆行させる場合
過程Ⅱで取除いていった砂粒を1粒ずつ戻せば，系1から系2へ $-q_Ⅱ$ の熱が移動し，系2は系1に対して $w_Ⅱ$ の仕事をするため，過程Ⅱの変化は逆行し，系1と系2は完全にもとの状態に戻る．

　以上の思考実験において，過程Ⅰの変化は孤立系では逆行させることはできない**不可逆変化**であるのに対し，過程ⅡとⅣの変化は完全に逆行させることができる**可逆変化**である．条件を変えれば右向きにも左向きにも進行しうる化学反応を"可逆"反応というが，熱力学的な意味での可逆とは，単にその変化を逆行させることができるということではなく，"系も外界もともに変化の起こる前と全く同じ状態に戻せる"ということである．たとえば，上で述べたように過程Ⅱの操作の後に過程Ⅳの操作を行えば，系も外界も全くもとの状態に戻る．

不可逆変化 irreversible change

可逆変化 reversible change，**準静的変化** quasi-static change ともいう．

6・2 エントロピー

　次に，熱力学で用いられる物理量について考える．熱力学で用いられる物理量には，**示強性**と**示量性**の2種類がある．密度，温度，圧力などは，系のいたるところで同じ値をとる示強性物理量であり，質量，体積，内部エネルギーな

示強性 intensive property
示量性 extensive property

どは，系の各部分の値を足し合わせると系全体の値になる示量性物理量である．

このように物理量を分類すると，仕事・エネルギーがどれも（示強性変数）×（示量性変数）で表されることがわかる．たとえば，気体の膨張や収縮に伴う仕事は，（圧力）×（体積），重力のエネルギーは，｛（重力の加速度）×（高さ）｝×（質量），電気的仕事は，（電位）×（電気量）である．

エントロピー entropy

一方，熱エネルギーに関係の深い温度は示強性因子である．**エントロピー S** とよばれる状態量は，この温度の相手となる示量性因子である．すなわち，（熱エネルギー q）＝（温度 T）×（エントロピー S）である．したがって，ある系が絶対温度 T において，微少の熱量 dq_{rev} を可逆的に吸収した時（rev は reversible の意），系のエントロピーの増加 dS_{sys} は，

$$dS_{sys} = \frac{dq_{rev}}{T}$$

で表される．

系のエントロピー変化 dS_{sys} は，次の二つに分けて考えるとわかりやすい．

・系と外界との熱の授受に伴う変化（d_eS）：

変化によって系が外界から熱（dq）を受取る場合には，系にエントロピーが運び込まれたことになる．これを d_eS（$= dS_{surr}$）とすると（e は external の意），

$$d_eS = \frac{dq}{T}$$

である．

・系の内部の変化に伴う変化（d_iS）：

変化が可逆的，つまり準静的に無限にゆっくり進み，内部に少しも混乱を起こさなければ，$d_iS = 0$ であるが，不可逆変化では，必ず系内でエントロピーが生成する．すなわち，$d_iS > 0$ である（エントロピーは系の状態変化に伴って生成することはあっても消滅することはない．i は internal の意）．

以上のように，不可逆変化では系のエントロピーの増加分は，外界から運び込まれた分（d_eS）のほかに，不可逆変化によって生成した分（$d_iS > 0$）があるため，次のようになる．

$$dS_{sys} = d_eS + d_iS \geq \frac{dq}{T}$$

$$d_iS = 0 \ （可逆）$$

$$d_iS > 0 \ （不可逆）$$

上式の dS_{sys} は状態量であるが，d_eS と d_iS は状態量ではなく，変化の経路に依存する．孤立系では $d_eS = 0$ であるから，孤立系内で変化が起これば系のエントロピーは必ず増加し，減少することはありえない．しかし，一般の系では d_eS が負になることもあるので（たとえば，系が外界へ熱を放出するような変化），変化によって系のエントロピーが減少することもある．ここで注意すべきことは，熱はエネルギーなので移動しても保存則が成り立つが，エントロピーに関しては保存則が成り立たないことである．すなわち，熱が外界から系に移動する時，

$$T_{sys} \times (+dS_{sys}) = T_{surr} \times (-dS_{surr})$$

である. ここで T_{sys} は系の温度, dS_{sys} は系が受取るエントロピー, T_{surr} は外界の温度, dS_{surr} は外界が与えるエントロピーである.

以上のことをまとめて, 熱力学第二法則はしばしば次式のように簡略化して表現される.

$$TdS_{sys} \geqq dq \qquad (>: 不可逆, \ =: 可逆)$$

§6・1の思考実験において, 過程 II の変化は可逆であったが, 過程 I の変化を逆行させるためには, 系2に対して外界から mgd の仕事を行わせ, 系1がもとの状態に戻った時に, 系2ももとの状態に戻るためには, mgd に等しい熱を系2から外界へ移動させる必要があった. すなわち,

$$|外界が行った仕事| = |外界に移動した熱| = T\Delta S_{sys} \qquad \Delta S_{sys} > 0$$

この変化は温度一定（25℃）で行われたため, 熱の増加はエントロピーの増加であったはずである. このエントロピーの増加（$\Delta S_{sys} > 0$）は, 不可逆変化によってエントロピーが系の中で生成したことによるものである. 一方, 過程 II の変化では, 系1がもとに戻った時, 系2ももとに戻るので $\Delta S_{sys} = 0$ である.

以上のことは, 数多くの実例について成り立つことが経験的に知られており, 熱エネルギー以外のエネルギーの示量性因子は保存則に従うが, エントロピーについては成り立たないことがわかっている.

また, 上記の思考実験では, 条件によって変化を可逆的に行わせることも不可逆的に行わせることも可能であったが, 本質的に不可逆というべき現象もある. たとえば, 先にあげた2種類の気体の混合, 高温部から低温部への熱エネルギーの移動, 物体が斜面を滑り落ちる時の摩擦熱の発生, 高濃度部分から低濃度部分への物質の拡散, 化学反応における非平衡状態から平衡状態への移行などがあるが, いずれの場合もこれらの変化が孤立系内で起これば孤立系のエントロピー変化 ΔS_{tot} は必ず正となる. ここで, 孤立系のエントロピー変化 ΔS_{tot} とは, 孤立系内で起こる変化を系, 孤立系内の系の周囲を外界と新たに定義した時, 系のエントロピー変化 ΔS_{sys} と外界のエントロピー変化 ΔS_{surr} の和（$\Delta S_{tot} = \Delta S_{sys} + \Delta S_{surr}$）のことである. そのため, 熱力学第二法則はエントロピーを用いて, "孤立系内の自発変化（不可逆変化）はエントロピーの増大する方向（$\Delta S_{tot} > 0$）にだけ進行する"と表現される.

◆この場合 "系＋外界" の全体が孤立系になる.

6・3　孤立系におけるエントロピー変化

孤立系内において可逆変化が起こる時, 系（可逆変化）のエントロピーの増加（または減少）は外界（孤立系内の系の周囲）のエントロピーの減少（または増加）とは符号が異なるだけで絶対値は等しい. したがって, 孤立系内で起こる可逆変化では, エントロピーは変化しない. しかし, 孤立系内で自発変化（不可逆変化）が起これば, 必ずエントロピーが増加する（系のエントロピー変化と外界のエントロピー変化の和が正になる）. このことは次の例題で容易に確認される.

例題 6・1 孤立系内で，高温物体と低温物体を接触させた時のエントロピー変化を計算せよ．ただし，熱はすべて高温物体から低温物体へ移動するものとする．また，高温物体と低温物体の熱容量は十分大きく，熱量 Δq の移動によってそれぞれの温度はほとんど変わらないものとする．

解答 熱は高温物体から低温物体へ自然に移動する．高温物体と低温物体の温度をそれぞれ T_1, T_2 とし，移動した熱量を Δq とすると，高温物体は Δq の熱量を失い，低温物体は Δq の熱量を得るので，それぞれのエントロピー変化は，

$$\Delta S_1 = \frac{-\Delta q}{T_1} \qquad \Delta S_2 = \frac{+\Delta q}{T_2}$$

となる．したがって，孤立系内の全エントロピー変化 ΔS_{tot} は，

$$\Delta S_{\text{tot}} = \Delta S_1 + \Delta S_2 = -\frac{\Delta q}{T_1} + \frac{\Delta q}{T_2} > 0 \qquad (T_1 > T_2)$$

となり，$\Delta S_{\text{tot}} > 0$ となる．

例題 6・2 温度が 110°C の恒温槽から熱を得て，水 1 mol が 1.013×10^5 Pa, 100°C において水蒸気になる時のエントロピー変化を計算せよ．ただし，系（水 1 mol）と外界（恒温槽）とで孤立系を形成しているとする．

$$\text{H}_2\text{O}\,(\text{l}) \longrightarrow \text{H}_2\text{O}\,(\text{g}) \qquad \Delta H = 40.67 \text{ kJ mol}^{-1}$$

解答 水 1 mol が水蒸気になる時，40.67 kJ の熱量を得るので，

$$\Delta S_{\text{sys}} = \frac{40.67 \times 10^3}{373} = 109 \text{ J K}^{-1} \text{mol}^{-1}$$

となる．一方，110°C の恒温槽は系に 40.67 kJ の熱量を与えたので，外界のエントロピー変化は，

$$\Delta S_{\text{surr}} = -\frac{40.67 \times 10^3}{383} = -106 \text{ J K}^{-1} \text{mol}^{-1}$$

である．したがって，全エントロピー変化は，

$$\Delta S_{\text{tot}} = \Delta S_{\text{sys}} + \Delta S_{\text{surr}} = 109 - 106 = 3 \text{ J K}^{-1} \text{mol}^{-1}$$

となり，水の蒸発は全エントロピーの増加する変化，つまり自発的に起こる変化であることがわかる．

例題 6・3 鉄が自然界で錆びる化学変化（酸化反応）が起こる時のエントロピー変化を計算せよ．

$$\text{Fe}\,(\text{s}) + 3/4\text{O}_2\,(\text{g}) \longrightarrow 1/2\text{Fe}_2\text{O}_3\,(\text{s})$$
$$\Delta S = -135.9 \text{ J K}^{-1} \text{mol}^{-1} \qquad \Delta H = -412.1 \text{ kJ mol}^{-1}$$

解答 外界の温度を 25°C とすると，

$$\Delta S_{\text{surr}} = -\Delta H_{\text{sys}}/T = 412.1 \times 10^3/298 = 1380 \text{ J K}^{-1} \text{mol}^{-1}$$

となる．したがって，系と外界で孤立系を成しているとすると，全エントロピー変化は，

$$\Delta S_{\text{tot}} = \Delta S_{\text{sys}} + \Delta S_{\text{surr}} = \Delta S_{\text{sys}} - \Delta H_{\text{sys}}/T \qquad (6 \cdot 1)$$
$$= -135.9 + 1380 = 1240 \text{ J K}^{-1} \text{mol}^{-1}$$

となる．このように，ΔS_{tot} は大きな正の値であり，大気中で鉄は自発的に錆びることがわかる．

例題 6・3 の計算によって示されるように，化学反応においては，ΔS_{tot} は，系のエントロピー変化と，系のエンタルピー変化を用いて表される．(6・1) 式の両辺に $-T$ を掛けると，$-T\Delta S_{\mathrm{tot}} = \Delta H_{\mathrm{sys}} - T\Delta S_{\mathrm{sys}}$ となり，自発的に起こる変化では，$\Delta S_{\mathrm{tot}} > 0$ であるので，$-T\Delta S_{\mathrm{tot}} < 0$ であれば，その化学反応は自発的に起こる反応であることがわかる．7 章で述べるように，$-T\Delta S_{\mathrm{tot}}$ はギブズエネルギー変化 ΔG とよばれる．

6・4 エントロピー変化の計算

理想気体 1 mol が可逆的に熱量 q_{rev} を吸収して，状態 1 から状態 2 へ変化する場合を考える．温度も圧力も変化するような一般的な変化に対しては，熱力学第一法則 $\mathrm{d}U = \mathrm{d}q - \mathrm{d}w$ において $\mathrm{d}U = C_V\mathrm{d}T$, $\mathrm{d}w = P\mathrm{d}V$, また $P = RT/V$ であるので，

$$\mathrm{d}q_{\mathrm{rev}} = C_V\mathrm{d}T + RT\frac{\mathrm{d}V}{V}$$

一方，エントロピーの定義式より，

$$\Delta S = S_2 - S_1 = \int_1^2 \frac{\mathrm{d}q_{\mathrm{rev}}}{T}$$

したがって，

$$\Delta S = \int_1^2 \frac{C_V\mathrm{d}T}{T} + R\int_1^2 \frac{\mathrm{d}V}{V} = C_V\ln\frac{T_2}{T_1} + R\ln\frac{V_2}{V_1} \qquad (6\cdot2)$$

ここで，定積熱容量 C_V は温度によらずに定数であると仮定した．

また，エンタルピーの定義式 $H = U + PV$ を微分すると，

$$\mathrm{d}H = \mathrm{d}U + P\mathrm{d}V + V\mathrm{d}P$$

一方，$\mathrm{d}H = C_P\mathrm{d}T$, $\mathrm{d}U = \mathrm{d}q_{\mathrm{rev}} - \mathrm{d}w = \mathrm{d}q_{\mathrm{rev}} - P\mathrm{d}V$ であるので，

$$\mathrm{d}q_{\mathrm{rev}} = C_P\mathrm{d}T - RT\frac{\mathrm{d}P}{P}$$

したがって，

$$\Delta S = \int_1^2 \frac{C_P\mathrm{d}T}{T} - R\int_1^2 \frac{\mathrm{d}P}{P} = C_P\ln\frac{T_2}{T_1} - R\ln\frac{P_2}{P_1} \qquad (6\cdot3)$$

ここで，定圧熱容量 C_P は温度によらずに定数であると仮定した．

(6・2) 式と (6・3) 式は，以下の特別な場合に適用すると次のように簡略化される．

・**等温変化** $(T_1 = T_2)$：

$$\Delta S = R\ln\frac{V_2}{V_1} = R\ln\frac{P_1}{P_2}$$

・**定圧変化** $(P_1 = P_2)$：

$$\Delta S = C_P\ln\frac{T_2}{T_1}$$

・**定積変化** $(V_1 = V_2)$：

$$\Delta S = C_V\ln\frac{T_2}{T_1}$$

等温変化 isothermal change

定圧変化 isopiestic change

定積変化 isovolumetric change

断熱可逆変化 adiabatic reversible change

• **断熱可逆変化**（等エントロピー変化）：

　理想気体を断熱的に，しかも可逆的に膨張させた時，$q_{rev} = 0$ であるから，$\Delta S = q_{rev}/T = 0$ となり，エントロピーは変化しない．この時，気体自体の内部エネルギーが消費されて外界へ仕事をするため，温度が下がる．

　しかし，断熱不可逆変化では，ジュールの実験から明らかなように，系に熱の出入りはないが（$q = 0$），体積が変化するため系のエントロピーは必ず変化する．この時，自由膨張により理想気体の温度は変わらないため，系のエントロピー変化は，（6・2）式において $T_1 = T_2$ とおくことにより得られる（6・4）式によって計算される．

$$\Delta S = R \ln \frac{V_2}{V_1} \tag{6・4}$$

　理想気体が外界と仕事のやりとりをしながら，断熱可逆変化する場合には，ポアソンの式が知られている．ただし，$\gamma = C_P/C_V$ である．

$$PV^{\gamma} = 一定 \qquad TV^{\gamma-1} = 一定$$

◆ ジュールの実験とは，理想気体を真空中へ自由膨張させた時，温度変化がないことを示した実験．この実験では，気体と外界の間で熱の出入りがなく（$q = 0$），また，気体は真空中へ自由膨張したので，外界に対する仕事もなかったため（$w = 0$），熱力学第一法則（$\Delta U = q + w$）より，$\Delta U = 0$ となる．このことより，理想気体の内部エネルギー U は等温では体積によらないことがわかり，U は温度のみの関数であることが示された．

◆ 実在気体の場合，分子間力のため断熱可逆膨張では通常温度が下がる．

◆ （6・2）式は，可逆系に対して導かれた式であるが，エントロピーは状態量であるから，エントロピー変化 ΔS は状態1から状態2までの経路に関係なく決まる．したがって，不可逆変化の ΔS も状態1と状態2を結ぶ可逆経路に対する（6・4）式を用いて計算できる．

例題 6・4　0℃の氷 1.00 kg が溶けて0℃の水になる時のエントロピー変化を計算せよ．ただし，0℃，1.013×10^5 Pa における氷の融解エンタルピーは，6.01×10^3 J mol^{-1} である．

解答

$$\Delta S = \frac{q_{rev}}{T} = \frac{6.01 \times 10^3 \times \dfrac{1000}{18.0}}{273} = 1.22 \times 10^3 \, \text{J K}^{-1}$$

例題 6・5　断熱容器内で，95.0℃の熱水 70.0 g と 15.0℃の冷水 30.0 g を混合した．この時のエントロピー変化を計算せよ．ただし，水の $C_P = 75.3$ J K^{-1} mol^{-1} で一定とする．

解答　混合後の温度を t℃ とすると，

$$70.0 \times (75.3/18.0) \times (95.0 - t) = 30.0 \times (75.3/18.0) \times (t - 15.0)$$
$$t = 71.0℃, \quad T = 273 + 71.0 = 344 \, \text{K}$$

熱水のエントロピー変化 ΔS_H は，

$$\Delta S_H = 70.0 \times (75.3/18.0) \times \int_{368}^{344} \frac{dT}{T} = 70.0 \times (75.3/18.0) \times \ln \frac{344}{368}$$
$$= -19.7 \, \text{J K}^{-1}$$

冷水のエントロピー変化 ΔS_L は，

$$\Delta S_L = 30.0 \times (75.3/18.0) \times \int_{288}^{344} \frac{dT}{T} = 30.0 \times (75.3/18.0) \times \ln \frac{344}{288}$$
$$= 22.3 \, \text{J K}^{-1}$$

したがって，

$$\Delta S = \Delta S_H + \Delta S_L = -19.7 + 22.3 = 2.6 \, \text{J K}^{-1}$$

例題 6・6　理想気体 1.00 mol の体積を等温で2倍に膨張させた時のエントロピー変化を計算せよ．

解答

$$\Delta S = R \ln \frac{V_2}{V_1} = 8.314 \times \ln 2 = 5.76 \, \text{J K}^{-1} \text{mol}^{-1}$$

例題 6・7　理想気体 1.00 mol を定圧において，25℃ から 100℃ まで加熱した時のエントロピー変化を計算せよ．ただし，$C_P = 5/2R$ とする．

解答

$$\Delta S = \int_{298}^{373} \frac{C_P dT}{T} = C_P \ln \frac{T_2}{T_1} = \frac{5}{2} \times 8.314 \times \ln \frac{373}{298} = 4.66 \, \text{J K}^{-1} \text{mol}^{-1}$$

例題 6・8　理想気体 1.00 mol を，40℃，1.0×10^6 Pa から不可逆的に膨張させて，10℃，1.0×10^5 Pa になった時のエントロピー変化を計算せよ．ただし，$C_P = 29.3$ J K^{-1} mol^{-1} とする．

解答　この変化は，等温，定圧，断熱のいずれでもない不可逆変化である．エントロピーは状態量であるから，変化の経路に依存しない．そこで，最初の状態 A から終わりの状態 B への変化が，次のような可逆過程を経て起こったと考える．

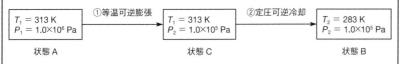

①等温可逆膨張

$$\Delta S_{\text{AC}} = R \ln \frac{P_1}{P_2} = 8.314 \times \ln \frac{1.0}{0.1} = 19.1 \, \text{J K}^{-1} \text{mol}^{-1}$$

②定圧可逆変化

$$\Delta S_{\text{CB}} = C_P \ln \frac{T_1}{T_2} = 29.3 \times \ln \frac{283}{313} = -2.95 \, \text{J K}^{-1} \text{mol}^{-1}$$

したがって，$\Delta S = \Delta S_{\text{AC}} + \Delta S_{\text{CB}} = 19.1 - 2.95 = 16.1 \, \text{J K}^{-1} \text{mol}^{-1}$

6・5　エントロピーの分子論的解釈と熱力学第三法則

　一つの箱を隔壁により二等分し，その中に 2 個の気体分子 A, B を入れる場合を考える．2 個の分子の入れ方は，

の 4 種類が考えられる．したがって，A, B ともに左側に入る確率は $(1/2)^2 = 1/4$，分子が左右に 1 個ずつ一様に分布する確率は 1/2 である．分子が 3 個では，すべてが左側に分布する確率は $(1/2)^3 = 1/8$，n 個の分子では，$(1/2)^n$ となる．1 mol の分子の場合には，この確率は約 $(1/2)^{N_A}$ となり，一様に分布する確率に比べ，極端に小さくなることがわかる．すなわち，分子が一様に分布する（無秩序に存在する）確率は，全分子が一部に偏在する（秩序高く存在する）確率よりもはるかに大きく，分子数が増えるにつれ，偏在の確率はゼロに近づく．

　このように，多数の分子が無秩序に分布する状態と，その確率の間にはある対応関係が存在すること，また，その無秩序（不規則さ）とエントロピーとの間にも密接な関係が存在することは，**ボルツマン**によって見いだされた．熱力学第二法則はエントロピーに関する法則であり，それゆえ第二法則は分子集団

ボルツマン Ludwig Eduard Boltzmann

（巨視的対象）に関する経験的法則である．それに対し，熱力学第一法則は，分子集団のみならず，個々の分子，原子やイオン（微視的対象）についても成り立つ経験的法則である．

1896 年にボルツマンは，分子運動論の研究をもとにエントロピーが次の式で表されることを示した．

$$S = k_B \ln W + 定数$$

ここで，k_B はボルツマン定数で，気体定数をアボガドロ定数で割ったものである（$k_B = R/N_A$）．W は熱力学的確率で，一定分子数により構成された系について，一つの巨視的な状態に対応する微視的な状態の数のことである．そのため，W は，数学的確率と異なり，一般に大きい数である．自然に起こる変化はすべて不可逆変化であり，それらはすべて，熱力学的確率が小さい状態から最大の状態，すなわち平衡状態へ向かう変化である．

プランク Max Planck

1912 年に**プランク**により，上式中の定数をゼロとおくことが提唱され，それにより，熱力学と統計力学が簡単な関係で結ばれた．

◆この式はボルツマンの墓石に刻まれている．

$$S = k_B \ln W$$

この式によると，エントロピーがゼロになるのは，熱力学的確率 $W = 1$ の時である．$W = 1$ の状態とは，系を構成する分子，原子，イオンが完全に秩序だった状態のことで，これは絶対零度においてのみ達せられるとされている．

ネルンスト Walther Hermann Nernst

1906 年に**ネルンスト**は，極低温における研究により，絶対零度ではエントロピー変化 ΔS やエンタルピー変化 ΔH はゼロになることを見いだした．その後，1912 年にプランクは "すべての純粋物質の完全結晶のエントロピーは 0 K においてはゼロになる" ということを提唱した．ここで，完全結晶とは格子欠陥の全くない理想的な結晶のことである．この提唱は，**熱力学第三法則**とよばれる．

◆実在の結晶においては，正規の位置に原子やイオンが存在しなかったり，正規の位置以外に原子やイオンが存在したり，また格子面の一部がずれていたりすることがある．このような原子やイオンの配列の規則性の乱れを格子欠陥(lattice defect)という．

熱力学第三法則をもとに，物質のエントロピーの絶対値を計算することができる．エンタルピー H やギブズエネルギー G などとは異なり，エントロピー S はその絶対値を求めることができる．単一の化合物の T K におけるエントロピーは，次式で与えられる．

熱力学第三法則 third law of thermodynamics

$$S = \int_0^T \frac{C_P}{T} \, dT + \frac{q'}{T'} + \int_{T'}^T \frac{C_P}{T} \, dT$$

相変化 phase change

潜熱 latent heat

この式は，$0 \sim T$ K の間の温度 T' において，たとえば，液体から固体への**相変化**が起こる場合の式で，q' は相変化の**潜熱**（物質の状態の変化させるのに必要な熱）である．相変化が起こらなければ，右辺の第二項は省略される．298 K における各物質の**標準モルエントロピー**の値を表 6・1 に示す．

標準モルエントロピー standard molar entropy

表 6・1 298 K, 1.013×10^5 Pa における標準モルエントロピー $S°/J\ K^{-1}\ mol^{-1}$

C(s, ダイヤモンド)	2.44	$C_2H_5OH(l)$	126.8	$O_2(g)$	205.03	$N_2(g)$	191.6
C(s, グラファイト)	5.7	$C_6H_6(l)$	160.7	$CO_2(g)$	213.64	CO(g)	197.7
NaCl(s)	72.4	$CH_3COOH(l)$	124.50	$SO_2(g)$	248.52	NO(g)	210.8
Fe(s)	27.15	$H_2(g)$	130.59	$Cl_2(g)$	222.95	$NO_2(g)$	240.1
$Fe_2O_3(s)$	90.0	He(g)	126.06	$CH_4(g)$	186.19	$N_2O_4(g)$	304.4
$H_2O(l)$	69.94	HCl(g)	186.68	$C_2H_6(g)$	229.49	$C_2H_4(g)$	219.3
$CH_3OH(l)$	126.8	$H_2O(g)$	188.72	$NH_3(g)$	192.51		

この表の値を用いると，たとえば，次の反応の標準エントロピー変化 $\Delta S°$ は，

$$N_2(g) + 3\,H_2(g) \rightleftharpoons 2\,NH_3(g)$$

$$
\begin{aligned}
\Delta S° &= \sum_j n_j S_j° - \sum_i m_i S_i° \\
&= 2 \times 192.51 - (191.6 + 3 \times 130.59) \\
&= -198.4\,\mathrm{J\,K^{-1}\,mol^{-1}}
\end{aligned}
$$

となる．ただし，n_j は生成系の物質の化学量論係数で，m_i は反応系の物質の化学量論係数である．同様に，例題 6・3 の反応のエントロピー変化は次のように計算される．

$$\Delta S = (1/2) \times 90.0 - (27.15 + 3/4 \times 205.03) = -135.9\,\mathrm{J\,K^{-1}\,mol^{-1}}$$

章 末 問 題

問題 6・1　気圧 1.013×10^5 Pa において，100°C の水 50.0 g が蒸発して 100°C の水蒸気になる時のエントロピー変化を計算せよ．ただし，100°C，1.013×10^5 Pa における水の蒸発エンタルピーは，40.7 kJ mol^{-1} である．

問題 6・2　断熱容器内で，0°C の氷 20.0 g と 50.0°C の水 40.0 g を混合した時のエントロピー変化を計算せよ．ただし，0°C，1.013×10^5 Pa における氷の融解エンタルピーは 6.01×10^3 J mol^{-1}，水の $C_P = 75.3$ J K^{-1} mol^{-1} である．

問題 6・3　温度 25°C，圧力 1.0×10^5 Pa，体積 5.0 L の理想気体を断熱可逆膨張させ，体積を 2 倍にした時，エントロピー変化(a)，圧力(b)，温度(c)，外界へする仕事(d)をそれぞれ求めよ．ただし，$\gamma = 1.7$ とせよ．

問題 6・4　理想気体 2.00 mol を 25°C において，1.0×10^5 Pa から 1.0×10^4 Pa まで等温可逆膨張させる時，外界へする仕事(a)，吸収する熱量(b)，エントロピー変化(c) をそれぞれ求めよ．

問題 6・5　温度 100°C，圧力 1.01×10^6 Pa の理想気体 1 mol が，5.07×10^5 Pa の一定外圧に抗して膨張して 55°C になった時のエントロピー変化を求めよ．ただし，$C_V = 18.8 + 0.0210\,T$ J K^{-1} mol^{-1} とする．

問題 6・6　ある理想気体 1 mol が，圧力 7.0×10^5 Pa，温度 900°C から，圧力 1.0×10^5 Pa まで可逆的に断熱膨張し，外部に対して仕事をする時，気体の温度は何°C になるか計算せよ．ただし，$C_P = 34.6$ J K^{-1} mol^{-1} で一定とする．

問題 6・7　温度 0°C，圧力 1.01×10^6 Pa の理想気体 10 m^3 を次の三つの方法で膨張させて，圧力が 1.01×10^5 Pa になった時のエントロピー変化を計算せよ．等温可逆膨張(a)，断熱可逆膨張(b)，外圧 1.0×10^5 Pa に対する断熱不可逆膨張(c)，ただし，$C_V = 3/2R$ で一定とする．

7 ギブズエネルギーと化学変化

エントロピーは，化学変化や物理変化の自発性に関する指標であることは6章で述べた．しかし，現実の化学変化や物理変化において，エントロピーを把握するのはむずかしく，歴史的にはエントロピーをその定義に組込んだギブズエネルギーという新しい物理量（状態量）を導入し，変化の自発性を議論してきた．エントロピー ($J K^{-1}$) はエネルギー (J) と異なる次元の物理量であるが，絶対温度 (K) との積は，われわれになじみのあるエネルギーの次元をもつ．本章では，エントロピーと密接な関係にあるギブズエネルギー G を定義し，自発的に起こる現象をどう説明できるのかについて述べる．さらには，その変化量である ΔG と平衡定数 K の関係を論じ，化学平衡の進む方向や平衡状態を示す指標としての意義を解説する．

7・1 ギブズエネルギー

7・1・1 エントロピー変化とギブズエネルギー

　6章では，自然現象の自発変化とエントロピーの関係，および熱力学の第二法則について解説した．ある自然現象が自発的に進行するための必要十分条件は，その現象に伴い発生するエントロピー変化の総和が正であること，すなわち $\Delta S_{tot} > 0$ である．この時，物質自体のエントロピー変化 ΔS_{tot} を，系のエントロピー変化 ΔS_{sys}，その変化に伴って生じる周囲のエントロピー変化を，外界のエントロピー変化 ΔS_{surr} とすると，自発的に起こる過程では常に（7・1）式の関係が成立する（§6・3参照）．

$$\Delta S_{tot} = \Delta S_{sys} + \Delta S_{surr} > 0 \qquad (7 \cdot 1)$$

　物質が関与する化学変化や物理変化に伴って，熱が吸収あるいは放出される場合，その変化と同時に ΔS_{surr} に変化が生ずる．**クラウジウス**が示したエントロピーの考え方に従うと，等温過程における ΔS_{surr} は次式で表される．

クラウジウス Rudolf Julius Emmanuel Clausius

$$\Delta S_{surr} = -\frac{q_{sys}}{T}$$

ここで，エネルギー変化が熱変化と PV 仕事のみであった場合，等温定圧過程では，系から外界（あるいはその逆）へと移動する熱 q_{sys} が，系のエンタルピー

変化 ΔH_{sys} に等しいことから，（7・1）式は，

$$\Delta S_{\mathrm{tot}} = \Delta S_{\mathrm{sys}} - \frac{\Delta H_{\mathrm{sys}}}{T}$$

となり，さらに変形すると次式が求まる．なお，以降は物質系を表す添字の sys は省略する．

$$-T\Delta S_{\mathrm{tot}} = \Delta H - T\Delta S$$

ギブズは，等温定圧過程における $-TS_{\mathrm{tot}}$ を今日**ギブズエネルギー**とよばれる新たな物理量として定義し，その理論的研究を展開した．ギブズエネルギー G（$=-TS_{\mathrm{tot}}$）は，$G = H - TS$ であることから，エンタルピー H やエントロピー S と同様に，示量性の状態量である．しかし，絶対量としての G は実測できないため，その変化を表す ΔG（$=-T\Delta S_{\mathrm{tot}}$）が実質的な意味をもつ状態量となる．このギブズエネルギー変化 ΔG は次式で表される．

$$\Delta G = \Delta H - T\Delta S \tag{7・2}$$

ここで，絶対温度 T は常に正の値であることから，等温定圧過程において自発的な変化が起こる必要十分条件を $\Delta G < 0$ と置き換えることができる．また $\Delta G = 0$ の場合に，系は平衡状態となり，$\Delta G > 0$ であれば，逆過程・逆反応が自発的に進行する．図7・1に示すように，ギブズエネルギー G はその値が減少する方向（$\Delta G < 0$）へ自発的に変化が進むことから，直感的に理解しやすい状態量として広く利用されている．

このように，ある自然現象が等温定圧条件において自発的に起こるか否か，あるいは平衡状態にあるか否かを判断するためには，ΔG の符号に着目すればよい．一方で，ΔG の大きさも符号とともに重要な指標である．ΔG が負に大きい値（絶対値が大きい負の値）となる化学変化として，プロパンガスやガソリンなど炭化水素の燃焼があげられるが，これらの化学反応は，氷の融解のような ΔG が負に小さい値（絶対値が小さい負の値）となる変化と比較して，はるかに大きな仕事量を外界に対して行うことが可能である．事実，ΔG（$\Delta G < 0$ の場合）は，一定の温度・圧力の下で系が外界に対して行うことのできる最大の仕事量 w_{max} を示すものである．

$$w_{\mathrm{max}} = -\Delta G$$

この式が示すとおり，ΔG は系が平衡状態に達するまでに起こる自発的な変

ギブズ（Josiah Willard Gibbs, 1839〜1903）は，はじめて米国のエール大学から工学博士（Ph.D. in engineering）の学位を授与された数学者，物理学者である．ベクトル解析，電磁気学，統計力学の分野で功績を残し，特に化学熱力学の発展に多大な貢献を行った人物としてよく知られている．

ギブズエネルギー Gibbs energy

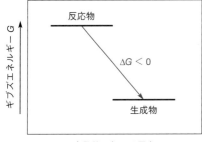

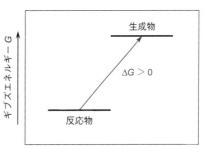

図 7・1 ギブズエネルギー変化と反応の自発性・非自発性

🎓 コラム 7・1　二つの自由エネルギー 🎓

ギブズエネルギー変化 ΔG は，等温定圧過程において自発的に起こる変化の方向を一義的に示す物理量である．化学反応や状態変化などにおける ΔG の符号は，その現象がひき起こすエントロピー変化の総和 ΔS_{tot} の符号と逆であり，一方が 0 であれば他方も 0 となる．化学実験で頻繁に使用するフラスコやビーカーは開いた系の容器であり，その中で行う反応は大気圧下で起こる定圧過程である．発熱や吸熱を伴う反応であっても，反応終了後の熱移動により再びもとの温度に戻ってしまえば，最終的には等温定圧過程といえる．ギブズエネルギー変化 ΔG が広く用いられるのはそのためである．では，その前提条件となる等温定圧過程でない場合はどうであろうか．たとえば密閉空間における化学反応や状態変化などは，体積一定の下で起こる定積過程であるため，自発変化の方向を示す指標として ΔG は使えない．その理由は，ギブズエネルギーが等温定圧過程での熱を表すエンタルピー変化 ΔH に依存するためである．そうであるならば，等温定積過程における熱を意味する内部エネルギー変化 ΔU を用いれば，等温定積過程で自発的に起こる変化の方向を示すエネルギー量を定義することができよう．そのようなエネルギーは，ドイツの物理学者**ヘルムホルツ**にちなんでヘルムホルツエネルギーとよばれている．

等温定積過程においても ΔS_{tot} に関する（7・1）式が成立する．また，外界のエントロピー変化 ΔS_{surr} は次の式で表される．

$$\Delta S_{surr} = -\frac{q_V}{T} = -\frac{\Delta U}{T}$$

ここで，q_V は定積過程の熱，ΔU は系の内部エネルギー変

化である．$-TS_{tot}$ をヘルムホルツエネルギー（Helmholtz energy）F と定義すると，その変化量は，

$$\Delta F = -T\Delta S_{tot} = \Delta U - T\Delta S$$

となる．等温定積過程で自発的に起こる変化の必要十分条件は，

$$\Delta F < 0$$

であり，平衡状態では $\Delta F = 0$ となる．ギブズエネルギーとヘルムホルツエネルギーの差はエンタルピー H と内部エネルギー U の差であり，$H = U + PV$ より，

$$G - F = PV$$

である．ちなみに，1 mol, 298 K の標準状態では，理想気体の状態方程式より $PV = RT$ であることから，その差は約 2.5 kJ とわずかである．

なお，ΔF は，等温定積過程において系が外界に対して行うことのできる最大仕事量となる．

$$w_{max} = -\Delta F$$

ギブズエネルギー，ヘルムホルツエネルギーともに，この w_{max} が等温過程で仕事として取出し可能な最大値であることから，自由に使えるエネルギーという意味で，**自由エネルギー**（free energy）ともよばれている．

◆ヘルムホルツ(Hermann Ludwig Ferdinand von Helmholtz, 1821～1894)は，ドイツの物理学者，生理学者である．現在の研究分野では生物物理学に相当する．エネルギー保存則の確立に貢献したほか，ギブズとともに化学熱力学の分野で多くの業績を残した．音響学や光学など，さまざまな科学研究において多彩な才能を発揮し，ドイツを代表する科学研究組織であるヘルムホルツ協会にその名を残している．

ギブズ**自由**エネルギー Gibbs free energy

化において，化学変化や状態変化としての仕事に自由に使えるエネルギー量ということになる．そのため，ギブズエネルギーは**ギブズ自由エネルギー**ともよばれる（コラム 7・1 参照）．仕事として使われなかった残りのエネルギーは，熱として外界に放出される．

逆に $\Delta G > 0$ となる非自発的な変化の場合，その値は変化を起こさせるために必要な最低限のエネルギー量と捉えることができる．たとえば $\Delta G = +10$ kJ mol^{-1} の化学反応を考えた場合，この反応を起こすためには理論的に 10 kJ mol^{-1} 以上のエネルギーが必要である．実際にはエネルギー損失が生じるため，ほとんどの場合は理論値としての最小値よりも多くのエネルギーを必要とする．

7・1・2　標準ギブズエネルギー

ギブズエネルギーは温度に依存する値であるため，エンタルピーやエントロ

ピーの場合と同様に，**標準状態**において，**標準ギブズエネルギー変化** ΔG° を定義する．

$$\Delta G^\circ = \Delta H^\circ - T\Delta S^\circ \tag{7・3}$$

（7・3）式から導出される ΔG° を算出すると，任意の化学反応が標準状態（気体はその圧力が 1 bar，溶液はその濃度が 1 mol L^{-1}，固体・液体は純物質）で，正方向・逆方向のどちらへ自発的に進行するかを示すことができる．なお，標準エンタルピー変化 ΔH° および標準エントロピー変化 ΔS° については 5 章と 6 章で述べたとおり，それぞれ化学変化における反応物および生成物の標準生成エンタルピー $\Delta_f H^\circ$，標準モルエントロピー S° を利用して求めればよい．

例題 7・1　次のイオン反応式の標準ギブズエネルギー変化 ΔG° を求めよ．

$$AgCl(s) \longrightarrow Ag^+(aq) + Cl^-(aq)$$

ただし，塩化銀，水溶液中における銀イオン，塩化物イオンの $\Delta_f H^\circ$ はそれぞれ -126.9 kJ mol^{-1}，105.8 kJ mol^{-1}，-167.3 kJ mol^{-1}，また S° はそれぞれ 90.1 J K^{-1} mol^{-1}，73.9 J K^{-1} mol^{-1}，56.5 J K^{-1} mol^{-1} とする．

解答　$\Delta H^\circ = \{1 \text{ mol} \times (105.8 \text{ kJ mol}^{-1}) + 1 \text{ mol} \times (-167.3 \text{ kJ mol}^{-1})\}$
$\qquad\qquad - \{1 \text{ mol} \times (-126.9 \text{ kJ mol}^{-1})\} = +65.4 \text{ kJ}$

$\qquad \Delta S^\circ = \{1 \text{ mol} \times (73.9 \text{ J K}^{-1} \text{ mol}^{-1}) + 1 \text{ mol} \times (56.5 \text{ J K}^{-1} \text{ mol}^{-1})\}$
$\qquad\qquad - \{1 \text{ mol} \times (90.1 \text{ J K}^{-1} \text{ mol}^{-1})\} = +40.3 \text{ J K}^{-1}$

（7・3）式より，
$\qquad \Delta G^\circ = +65.4 \text{ kJ} - (298 \text{ K}) \times (+40.3 \text{ J K}^{-1}) \times (10^{-3} \text{ kJ J}^{-1}) = +53.4 \text{ kJ}$

例題 7・1 の結果より，銀イオンおよび塩化物イオンが水溶液中で標準状態（それぞれの濃度が 1 mol L^{-1}，298 K）にある時，この溶解平衡は右辺から左辺への逆過程が自発的に進み，塩化銀が沈殿することがわかる．塩化銀の溶解度積が小さく，水に対して難溶性であることとよく一致する．

7・1・3　ギブズエネルギーと温度

温度が 298 K 以外の標準状態の場合，温度 T における標準ギブズエネルギー変化 ΔG_T° を（7・3）式から簡便に求めることができる．この式が 298 K 以外の温度でも成立するためには，$\Delta H^\circ, \Delta S^\circ$ の各項が温度に依存しないことが前提となるが，実際にはこれらの値は多少温度により変化するものの，ΔG° に与える影響は限定的であることから，（7・3）式を適用することが可能である．

次に，ギブズエネルギーの符号とその温度依存性について考える．（7・3）式より ΔG° がエンタルピー項 ΔH° とエントロピー項 $-T\Delta S^\circ$ の和であることから，その温度依存性は $\Delta H^\circ, \Delta S^\circ$ の符号に大きく左右される．加えて，ギブズエネルギーは，高温側でより強くエントロピー項の影響を受け，ΔS° の絶対値が大きいほどその影響力は大きくなる．表 7・1 に ΔG° の温度変化に対する応答をまとめた．この表から $\Delta H^\circ, \Delta S^\circ$ の符号が逆の場合は，ΔG° の符号は温度に依存せず，化学変化が自発的に進行する方向は変化しないことがわかる．それに対して $\Delta H^\circ, \Delta S^\circ$ が同符号の場合には，高温側と低温側で ΔG° の符号が反転する．

標準状態 standard state

◆ 熱力学における標準状態は 1 bar（10^5 Pa），25 ℃（298.15 K）の**標準環境温度圧力**（standard ambient temperature and pressure，略称 SATP）として表されることが多い．気体の状態方程式を扱う場合は，1 bar（10^5 Pa），0 ℃（273.15 K）を標準状態（standard temperature and pressure，略称 STP），あるいは 1.01325 bar（1 atm），0 ℃（273.15 K）を標準状態（normal temperature and pressure，略称 NTP）とするのが主流であるので，混乱しないよう注意を要する（4 章参照）．

標準ギブズエネルギー変化 standard Gibbs energy change

◆ 物理変化における物質の状態や化学変化における反応物，生成物などすべてが標準状態にある場合のエンタルピー変化を標準エンタルピー変化 ΔH° という．

表 7・1 エンタルピー，エントロピー，ギブズエネルギーの符号と反応の自発性

	$\Delta H°$	$\Delta S°$	$\Delta G°_{T \neq 298\,K}$	備考
I	−	+	常に負（−）	すべての温度 T で自発的
II	+	−	常に正（+）	すべての温度 T で非自発的
III	+	+	低温で正（+） 高温で負（−）	低温では非自発的 高温では自発的
IV	−	−	低温で負（−） 高温で正（+）	低温では自発的 高温では非自発的

　たとえば，氷の融解を考えてみよう．融解はすべて吸熱過程であることから $\Delta H° > 0$ であり，同時に固体から液体へと乱雑さが増加することから，$\Delta S° > 0$ であることは自明である．これらはともに正の値であり，温度 T の増加に伴って $\Delta G°$ の符号は正から負へと変化する．事実，高温では系のエントロピー項が大きく影響するため，吸熱過程であるにもかかわらず，氷は自発的に融けて水へと変化する（エントロピー支配）．また，低温ではその逆過程である凝固が進み，系のエントロピーを減少させながらも，融解熱の放出を伴いながら水は自発的に凍結する（エンタルピー支配）．そして，その境界温度は両過程が平衡状態となる水の融点（$t = 0\,°C$）に等しい．

$$\mathrm{H_2O\,(s)} \xrightleftharpoons[t<0\,°C]{t>0\,°C} \mathrm{H_2O\,(l)}$$

　水の融点における平衡状態は，氷の融解と水の凝固が可逆的に起こる過程であるが，一見すると変化が停止した静止状態にみえる．しかし，実際は正方向の吸熱過程と逆方向の発熱過程が局所的に同時進行し，移動する熱が相殺されて一定の温度を維持する．このような状態は**動的平衡**状態とよばれる．$\Delta G° = 0$ となる動的平衡状態では，それぞれの過程がどちらかに偏ることのない，釣合のとれた状態といえる．

動的平衡 dynamic equilibrium

例題 7・2　ハーバー–ボッシュ法（Haber-Bosch process）は，工業的なアンモニア合成法であり，次の化学平衡を利用している．

$$\mathrm{N_2(g) + 3H_2(g) \rightleftharpoons 2NH_3(g)}$$

この反応の $\Delta H°$ を −92.4 kJ，$\Delta S°$ を −198.4 J K^{-1} とする時，次の問に答えよ．
(a) この反応によりアンモニアを合成する場合，高温と低温でどちらが有利か．
(b) この反応の $\Delta H°$，$\Delta S°$ が温度に依存しない物理量であると仮定し，27 ℃ と 527 ℃ におけるギブズエネルギー変化 $\Delta G°$ を求めよ．

解答　(a) $\Delta H°$，$\Delta S°$ が同符号の場合，$\Delta G°$ は低温で $\Delta H°$ と同符号（エンタルピー支配）となり，高温で $-T\Delta S°$ と同符号（エントロピー支配）となる．本反応は，$\Delta H° < 0, -T\Delta S° > 0$ であることから，低温で $\Delta G° < 0$（正反応が自発的），高温で $\Delta G° > 0$（逆反応が自発的）となり，低温ほどアンモニア合成に有利である．
(b) (7・3) 式より，

$$\Delta G°_{300} = (-92.4\,\mathrm{kJ}) - (300\,\mathrm{K}) \times (-198.4\,\mathrm{J\,K^{-1}}) \times (10^{-3}\,\mathrm{kJ\,J^{-1}}) = -32.9\,\mathrm{kJ}$$

同様の計算を行うと，$\Delta G°_{800} = 66.3\,\mathrm{kJ}$ と求まる．ゆえに，(b)の結果は，(a)の予測と一致する．

7・2 標準生成ギブズエネルギー

化学反応における標準エンタルピー変化 $\Delta H°$ を求める場合，反応物・生成物の標準生成エンタルピー $\Delta_f H°$ を用いると，計算が容易であった（5 章参照）．同様に，ある化合物をそれぞれの成分元素（$E_1, E_2, \cdots E_i$）から化合する仮想的な反応を想定し，次式に示すように，その化合物が 1 mol 生成する反応の標準ギブズエネルギー変化 $\Delta G°$ について考えてみよう．

$$a E_1 + b E_2 + \cdots i E_i \longrightarrow 1 \text{ mol の化合物}$$

この反応の $\Delta G°$ 値を**標準生成ギブズエネルギー** $\Delta_f G°$ として定義すれば，次のような任意の化学反応における標準ギブズエネルギー変化 $\Delta G°$ を，(7・4) 式より簡便に求めることができる．

$$m_1 R_1 + m_2 R_2 + \cdots m_i R_i \longrightarrow n_1 P_1 + n_2 P_2 + \cdots n_j P_j$$
$$\Delta G° = \sum_j n_j \Delta_f G_j° - \sum_i m_i \Delta_f G_i° \tag{7・4}$$

ただし，n_j は生成系の物質の化学量論係数で，m_i は反応系の物質の化学量論係数である．$\Delta_f H°$ と同様，標準生成ギブズエネルギー $\Delta_f G°$ も標準状態における最安定状態の元素（たとえば気体の Ar や O_2，液体の Hg や Br_2，水銀を除く固体金属など）を基準とするため，定義上それらについては $\Delta_f G° = 0$ となる．

例題 7・3 プロパンの燃焼における標準ギブズエネルギー変化 $\Delta G°$ を，反応物および生成物の標準生成ギブズエネルギー $\Delta_f G°$ より求めよ．

$$C_3 H_8(g) + 5 O_2(g) \longrightarrow 3 CO_2(g) + 4 H_2 O(l)$$

ただし，$\Delta_f G°_{C_3 H_8(g)} = -23.5 \text{ kJ mol}^{-1}$，$\Delta_f G°_{CO_2(g)} = -394.4 \text{ kJ mol}^{-1}$，$\Delta_f G°_{H_2 O(l)} = -237.1$ kJ mol^{-1} とする．

解答 (7・4) 式より，

$$\Delta G° = \{(3 \text{ mol}) \times (-394.4 \text{ kJ mol}^{-1}) + (4 \text{ mol}) \times (-237.1 \text{ kJ mol}^{-1})\}$$
$$- \{(1 \text{ mol}) \times (-23.5 \text{ kJ mol}^{-1}) + (5 \text{ mol}) \times (0 \text{ kJ mol}^{-1})\} = -2108 \text{ kJ}$$

7・3 化学平衡と平衡定数・反応商

7・3・1 化学平衡と平衡定数

次の一般式で表される化学反応が平衡状態にある時，それぞれの反応物，生成物の濃度と係数の間には (7・5) 式の関係が成り立つ．

$$a A + b B \rightleftharpoons c C + d D$$
$$K_c = \frac{[C]^c [D]^d}{[A]^a [B]^b} \tag{7・5}$$

(7・5) 式の右辺は，反応に関与する物質の物質量のみで構成されており，反応がどのように起きているのかを示す反応機構には依存しない．これを**質量作用の法則**または**化学平衡の法則**といい，**グルベルグ**と**ヴォーゲ**により提唱された．K_c は**平衡定数**（濃度平衡定数）とよばれ，温度一定の条件下において常に一定の値を示す定数となる．ただし，平衡定数は温度に依存する関数であるため，厳密には定数ではない．

標準生成ギブズエネルギー standard Gibbs energy of formation

◆ 標準ギブズエネルギー変化 $\Delta G°$ は示量性の状態量であり，得られる生成物の物質量に依存してその値が異なるため，kJ 単位で表す．一方，標準生成ギブズエネルギー $\Delta G°$ は，化合物 1 mol が生成する反応を前提としているため，kJ mol^{-1} 単位で表す．

◆ 原子状の酸素 O やダイヤモンドの炭素 C，液体窒素 $N_2(l)$ など，元素が標準状態において通常の安定状態ではない場合，それらの標準生成ギブズエネルギー $\Delta_f G°$ は 0 ではない．

質量作用の法則 law of mass action

化学平衡の法則 law of chemical equilibrium

グルベルグ Cato Maximilian Guldberg

ヴォーゲ Peter Waage

平衡定数 equilibrium constant

🎓 コラム 7・2　部屋の片付けとギブズエネルギー 🎓

ところで，部屋が散らかるのは自発的な過程として誰しも認識できる "自発変化" である．対照的に，整理整頓を伴う部屋の片付けは一見自発的ではないように思える（強い意志をもって取組まねばならないので！）．しかし，よく考えると，遠くからその様子を眺めて見れば，部屋の片付けも人間が自発的に営んでいる行為と映る．これはどのように考えればよいのであろうか．

散らかった雑誌や服，書類や本が整理整頓されることは，確かに着目する系（部屋の中のアイテム）における "秩序の回復" であり，負のエントロピー変化である．したがって，逆過程である "部屋の散らかり" は，自発的に起こる現象ということになる．さて，部屋の整理整頓を自発的に行うためには，系と外界を合わせた全体のエントロピー変化が正（すなわち，ギブズエネルギー変化 ΔG は負）でなければならない．つまり，整理整頓するためには汗をかいて働けばよいのである．体温上昇に伴う熱の放出（$\Delta H \ll 0$）により周辺を取囲む空気のエントロピーが大きく増大し，その結果，多少部屋のエントロピーが負（$-T\Delta S > 0$）に傾いたとしても，エントロピー変化の総和は正（$\Delta S_{tot} > 0$）となり，部屋の整理整頓も自発的に行えるようになる（$\Delta G = \Delta H - T\Delta S < 0$）．そのためにはご飯をたくさん食べ，グ

ルコースの体内燃焼によってエネルギーを確保せねばならない，という結論に達する．親に "部屋を片付けなさい!!" と言われたから仕方なくそうしているのだ，というのは非科学的であり，全くの気のせいである．

ちなみに，体内で 1 mol のグルコース $C_6H_{12}O_6$ から ATP を合成する場合，ADP のリン酸化の標準ギブズエネルギー変化 $\Delta G°$ は非常に大きな正の値（$\Delta G° = +1178$ kJ）であり，自発的には起こらない．

$$38ADP(aq) + 38HPO_4{}^{2-}(aq) + 76H^+(aq) \longrightarrow$$
$$38ATP(aq) + 38H_2O(l)$$
$$\Delta G° = +1178 \text{ kJ}$$

しかし，この反応をグルコースの呼吸代謝（$\Delta G° = -2870$ kJ）と組合わせると，$\Delta G°$ の総和は約 -1700 kJ となり，自発的に進む条件が整う．これはグルコースの代謝が酸化反応であり，酸化は一般に $\Delta G° < 0$ かつその絶対値が非常に大きいからである．ご飯をしっかり食べる必要性は，この結果からも明らかであろう．

$$C_6H_{12}O_6(aq) + 6O_2(g) \longrightarrow 6CO_2(g) + 6H_2O(l)$$
$$\Delta G° = -2870 \text{ kJ}$$

一方，気体の化学平衡を考える場合，密封された反応容器内での気体の分圧 P_i は，理想気体の状態方程式より，それぞれの濃度 n_i/V に比例する．

$$P_i = \frac{n_i}{V}RT$$

したがって，気相反応における化学平衡ではモル濃度に代わり，それぞれの分圧（$P_A, P_B, \cdots$）を用いた気体の平衡定数（圧平衡定数）K_p として表す．

$$K_p = \frac{(P_C)^c(P_D)^d}{(P_A)^a(P_B)^b} \tag{7・6}$$

圧平衡定数 K_p と濃度平衡定数 K_c の関係は，（7・6）式に理想気体の状態方程式を変形した先の式を代入することで求めることができる．

$$K_p = K_c \times (RT)^{\Delta n_{gas}}$$

ここで，Δn_{gas} は［気体生成物の物質量（$c+d$）］－［気体反応物の物質量（$a+b$）］であり，気体反応物と気体生成物の物質量が等しい場合には $K_p = K_c$ となる．

次に，化学平衡の状態を探るうえで，平衡定数が意味するものを考える．平衡定数が非常に大きな値（$K \gg 1$）の場合，平衡状態では生成物の存在比が優勢となる．たとえば，水素と臭素から臭化水素が発生する気相反応 $H_2(g) + Br_2(g) \rightleftharpoons 2HBr(g)$ の場合，平衡定数 K_p（$= K_c$）は 1.9×10^{19}（298 K）であり，平衡は生成物側に大きく偏っている．一方，平衡定数が非常に小さな値（$K \ll 1$）となる場合は，平衡状態において反応物の存在比が優勢となる．窒素と酸素から

一酸化窒素を生じる反応 $N_2(g)+O_2(g) \rightleftharpoons 2NO(g)$ では，平衡定数 K_p（$=K_c$）が $4.1×10^{-31}$（298 K）であり，平衡は反応物側に大きく偏っている．ここで一つ注意しておきたいことは，平衡定数の大きさはあくまで，平衡状態において反応物側・生成物側のいずれの側が優勢であるか，を示すのみであり，平衡状態に到達するまでの時間については何一つ情報を与えない．瞬時の場合もあれば，何万年，何億年とかかる場合もありうる．なお，反応が起きる速さについては 8 章で説明する．

例題 7・4 バーバー-ボッシュ法のアンモニア合成法における平衡定数 K_c は，300 °C で $9.60\ L^2\,mol^{-2}$ である．この時の K_p を求めよ．

$$N_2(g) + 3H_2(g) \rightleftharpoons 2NH_3(g)$$

解答 $\Delta n_{gas} = (2\ mol) - (1\ mol + 3\ mol) = -2\ mol$ となるので，

$K_p = K_c(RT)^{\Delta n_{gas}} = (9.60\ L^2\,mol^{-2}) × |8.314\ J\,K^{-1}\,mol^{-1} × (300+273)\ K|^{-2}$
$\qquad = 4.23×10^{-7}\ L^2\,J^{-2}$

$1\ J = 1\ m^3\,Pa = 10^3\ L\,Pa$ より，$K_p = 4.23×10^{-13}\ Pa^{-2}(= 4.23×10^{-3}\ bar^{-2})$

7・3・2 不均一系における平衡定数

平衡系に純物質として固体や溶媒が関与する場合の平衡定数の取扱い方を考える．次に示すとおり，固体の塩化鉛が水に溶解する過程と炭酸カルシウムから二酸化炭素が発生する反応を例とする（図 7・2）．

$$PbCl_2(s) \rightleftharpoons Pb^{2+}(aq) + 2Cl^-(aq)$$
$$CaCO_3(s) \rightleftharpoons CaO(s) + CO_2(g)$$

§7・3・1 の (7・5) 式，(7・6) 式に示した平衡定数を取扱う場合，それぞれの式に当てはめるモル濃度，分圧は，それぞれ $1\ mol\,L^{-1}$ を基準値とするモル濃度の比で表し，気体では $1\ bar$（$10^5\ Pa$）を基準値とする圧力の比で表すことにする．そうすることにより平衡定数を無次元の量として扱うことができる．不溶固体や溶媒などの液体の純物質では，反応系内にこれらが残存していても純度が低下せず，相対的な濃度比は一定であることから，そのものの純度を基準として濃度を 1 と置く．そのため，固体である塩化鉛や炭酸カルシウム（石灰石），酸化カルシウム（生石灰）の濃度は平衡定数を算出する式から除外する

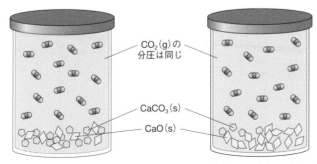

CaCO₃(s) が CaO(s) より多い場合　　　　CaCO₃(s) が CaO(s) より少ない場合

図 7・2　不均一系における化学平衡

ことができ，上の二つの反応の平衡定数はそれぞれ次式のように記述される．

$$K_c = [Pb^{2+}(aq)][Cl^-(aq)]^2$$

$$K_c = [CO_2(g)], \quad K_p = P_{CO_2(g)}$$

例題 7・5 生石灰は石灰石を熱分解して製造する．

$$CaCO_3(s) \rightleftharpoons CaO(s) + CO_2(g)$$

この反応が 1 bar の CO_2 を放出して熱分解するのは，何 ℃ に達した時か答えよ．熱分解付近の温度では，平衡定数 K_p と絶対温度 T の間に次の関係が成り立つものとして考えよ．

$$\log_{10} K_p = 7.282 - \frac{8.500 \times 10^3 \text{ K}}{T}$$

解答　石灰石，生石灰は固体であるため，この反応式の K_p は CO_2 分圧のみに依存する．

$$K_p = P_{CO_2(g)}$$

CO_2 の分圧が 1 bar である時，$\log_{10} K_p = \log_{10} P_{CO_2} = \log_{10}(1) = 0$ であることから，

$$0 = 7.282 - \frac{8.500 \times 10^3 \text{ K}}{T}, \quad T = 1167 \text{ K}$$

よって $t = (1167 - 273)$℃ $= 894$ ℃ となる．

7・3・3　反応商とルシャトリエの原理

平衡状態にある系に対して外部から変化が加わる場合，自然はその加わった変化を打消す方向に反応を進めることで，新たな平衡状態に到達する．これを**ルシャトリエの原理**という．たとえば，平衡系に過剰な反応物または生成物を加えた場合，その瞬間，平衡定数を表す (7・5) 式，(7・6) 式は一時的に成立しなくなる．反応物を加えた場合は (7・5) 式および (7・6) 式の右辺の分母が大きくなるため，右辺全体は平衡定数より小さくなり，平衡定数と等しくなるまで正反応が進行する．また，生成物を加えた場合は同式の右辺の分子が大きくなるため，右辺全体は平衡定数より大きくなり，平衡状態に達するまで逆反応が進行する．このように (7・5) 式，(7・6) 式に，その時の濃度や圧力を代入した値を用いると，平衡状態からどちら側にずれが生じたかを判断しやすい．

ルシャトリエの原理 Le Châtelier's principle

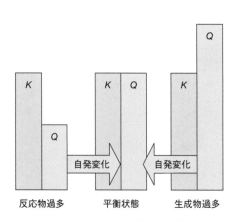

反応物過多　　平衡状態　　生成物過多

図 7・3　反応商と平衡定数の関係

そこで**反応商 Q** という新たな物理量を定義する．反応商とは，反応物と生成物 の任意の状態における濃度あるいは圧力を，平衡定数の式へ代入した値であり， 反応系が非平衡状態にある場合に用いる値である（そのため通常は $Q \neq K$）．反 応商 Q を用いると，ある化学反応が一時的に平衡状態からずれた場合に，その 後，正反応・逆反応のどちらが優先的に起きて再び平衡状態に達するのかを判 断することが容易となる（図 7・3）．すなわち，化学平衡が自発的に移動する 方向を明示することが可能となる．

◆反応商 reaction quotient

- $Q < K$: 反応物過多のため，正反応が自発的に起こり，新たな平衡状態に達 する．反応物の比率は減り，生成物の比率が増える．
- $Q = K$: 反応系は平衡状態のままであり，化学平衡は変化しない．
- $Q > K$: 生成物過多のため，逆反応が自発的に起こり，新たな平衡状態に達 する．反応物の比率が増え，生成物の比率が減る．

例題 7・6　327 °C における下記の反応の平衡定数 K_c は 64.9 である．

$$H_2(g) + I_2(g) \rightleftharpoons 2HI(g)$$

5.00 L の容器に $H_2(g)$, $I_2(g)$, $HI(g)$ をそれぞれ 5.00×10^{-1} mol, 3.00×10^{-1} mol, 2.00 mol を加えて密封した時，正反応・逆反応のどちらが優先して平衡状態に達 するか答えよ．

解答　$H_2(g), I_2(g), HI(g)$ の濃度はそれぞれ，

$$[H_2(g)] = 5.00 \times 10^{-1}\,mol/5.00\,L = 1.00 \times 10^{-1}\,mol\,L^{-1}$$
$$[I_2(g)] = 3.00 \times 10^{-1}\,mol/5.00\,L = 6.00 \times 10^{-2}\,mol\,L^{-1}$$
$$[HI(g)] = 2.00\,mol/5.00\,L = 4.00 \times 10^{-1}\,mol\,L^{-1}$$

である．それらを 1 mol L^{-1} を基準とする濃度比（無次元）として反応商 Q の式 に代入すると，

$$Q = \frac{[HI]^2}{[H_2] \times [I_2]} = \frac{(4.00 \times 10^{-1})^2}{(1.00 \times 10^{-1}) \times (6.00 \times 10^{-2})} = 26.7$$

と求まる．$Q < K_c$ より，反応物過多であるため，新たな平衡状態に達するまで， 正反応が自発的に進行する．

7・4　化学平衡とギブズエネルギー

§7・3・3 で述べた化学平衡に関する知見をもとに，ギブズエネルギーの観 点から化学平衡を捉えなおしてみる．まず，反応商と平衡定数が $Q < K$ の関係 であれば，反応が生成物側へと自発的に進むことになり，正反応のギブズエネ ルギー変化は $\Delta G < 0$ となる．同様に，$Q = K$ では平衡状態であることから $\Delta G = 0$ となり，$Q > K$ の場合は正反応が $\Delta G > 0$ となるため，逆反応が自発的に 進行する．反応商 Q とギブズエネルギー変化 ΔG の関係は（7・7）式で表され る．

◆後述する（7・7）式，（7・8）式より
$$\Delta G = RT\ln \frac{Q}{K}$$
となることから，ΔG の符号は Q と K の大小関係に依存する．

$$\Delta G = \Delta G° + RT \ln Q \qquad (7 \cdot 7)$$

ここで，R は気体定数（kJ K^{-1} mol^{-1}），T は反応温度（K）である．この（7・7） 式の ΔG は，平衡状態とそれ以外の状態（非平衡状態）におけるギブズエネル

◆ 可逆反応における系のギブズエネルギーは，平衡状態において最小値 G_{eq} を与え，平衡状態以外では $G_{Q \neq K} > G_{eq}$ である．

ギーの差であり，可逆反応の正反応に対して反応物過多の非平衡状態では $\Delta G = G_{eq} - G_{Q<K}$，生成物過多の非平衡状態は $\Delta G = G_{Q>K} - G_{eq}$ に相当する．(7・7) 式は，標準状態以外のさまざまな反応条件においても成立する式であり，その点で (7・3) 式や (7・4) 式よりも汎用性が高い．この式を標準状態と平衡状態のそれぞれに当てはめてみると，まず，標準状態では反応物・生成物すべての濃度比，圧力比が 1 であり，(7・7) 式の右辺の第二項は $\ln Q = 0$ として除外されるため，ギブズエネルギー変化が $\Delta G°$ で表されることと一致している．また，平衡状態においては $Q = K$ および $\Delta G = 0$ であることから，

$$\Delta G° = -RT \ln K \qquad (7 \cdot 8)$$

となる．この式を変形すると，

$$K = e^{-\frac{\Delta G°}{RT}}$$

となり，平衡定数 K は標準ギブズエネルギー変化 $\Delta G°$ と温度 T の関数として表される．298 K における可逆反応 $A(g) \rightleftharpoons B(g)$ の $\Delta G°$ と K の関係を表 7・2 に示す．

表 7・2 $A(g) \rightleftharpoons B(g)$ における標準ギブズエネルギー変化 $\Delta G°$ と平衡定数 K (298 K)

$\Delta G°/\text{kJ mol}^{-1}$	K
+200	9.1×10^{-36}
+100	3.0×10^{-18}
+50	1.7×10^{-9}
+10	1.8×10^{-2}
+1.0	6.7×10^{-1}
0	1.0
−1.0	1.5
−10	5.6×10^1
−50	5.8×10^8
−100	3.3×10^{17}
−200	1.1×10^{35}

◆ 標準沸点 (standard boiling point) は圧力 1 bar (10^5 Pa) における沸点と定義されているため，大気圧 1.013×10^5 Pa における通常沸点 (normal boiling point) とは異なるが，その差は小さいので，(7・3) 式や (7・7) 式で求めた標準沸点の概算値を通常沸点と比較することは問題ない．

例題 7・7 物質の標準沸点は，液体の蒸気と気体が 1 bar において平衡状態に達する温度である．四塩化炭素の蒸気圧平衡について，次の問に答えよ．

$$CCl_4(l) \rightleftharpoons CCl_4(g)$$

(a) この平衡が成立している時の標準ギブズエネルギー変化 $\Delta G°$ を求めよ．

(b) 四塩化炭素の標準沸点を求めよ．ただし，上記平衡反応が右向きに進行する時，$\Delta H°$ および $\Delta S°$ の値はそれぞれ 32.6 kJ，95.0 J K^{-1} であるとする．

解答 (a) 平衡状態では $\Delta G = 0$ であり，標準状態では $Q = [CCl_4(g)]/[CCl_4(l)] = 1$ であることから，(7・7) 式を用いて，$\Delta G° = 0$ となる．

(b) 標準沸点では気液平衡状態が成立していることから，(a) より $\Delta G° = 0$．標準沸点を T_{sbp} とすると，(7・3) 式より，

$$\Delta G° = \Delta H° - T_{sbp} \Delta S°$$

$\Delta H°, \Delta S°$ の値と $\Delta G° = 0$ をそれぞれ代入し，

$$0 = (32.6 \text{ kJ}) - T_{sbp}(95.0 \text{ J K}^{-1})$$

よって，$T_{sbp} = (32.6\,\text{kJ})/(95.0\,\text{J K}^{-1}) = 0.343 \times 10^3\,\text{K} = 343\,\text{K} = 70\,^{\circ}\text{C}$ と求まる．四塩化炭素の沸点が 76.5 ℃ であることから，計算で求めた標準沸点は実測値に近い値といえる．

平衡定数は，可逆反応の化学平衡が反応物側あるいは生成物側のどちらにどの程度偏っているかを示す指標である．ただし，平衡定数の大きさは，必ずしも化学平衡に達するまでの時間，すなわち反応速度と関係するわけではない（§7・3・1参照）．化学平衡における正反応および逆反応の反応速度定数をそれぞれ k_1, k_{-1} とする時，平衡定数は次の式で表される．

$$K = \frac{k_1}{k_{-1}}$$

このように，平衡定数は正反応および逆反応の反応速度定数の比であることから，平衡定数が同じであっても，k_1, k_{-1} がともに大きな値の場合もあれば，ともに小さな値の場合もある．前者は活性化エネルギーが小さな化学平衡系に相当し，後者は活性化エネルギーが大きな平衡系に相当する．反応の起こりやすさを表す反応速度定数は，反応の活性化エネルギーにより一義的に定まる物理量であるのに対し，平衡定数は（7・8）式に示すとおり，反応物と生成物のギブズエネルギー差により一義的に定まる物理量である．これらの違いを理解したうえで，平衡定数の意味を解釈する必要がある．

章 末 問 題

問題 7・1 次に示す塩化マグネシウム $MgCl_2$ の溶解は標準状態で自発的に進む反応か答えよ．ただし，塩化マグネシウム，水溶液中におけるマグネシウムイオン，塩化物イオンの $\Delta_f H^{\circ}$ はそれぞれ $-641.8\,\text{kJ mol}^{-1}$, $-454.7\,\text{kJ mol}^{-1}$, $-167.3\,\text{kJ mol}^{-1}$，また S° はそれぞれ $89.5\,\text{J K}^{-1}\,\text{mol}^{-1}$, $-138.1\,\text{J K}^{-1}\,\text{mol}^{-1}$, $56.5\,\text{J K}^{-1}\,\text{mol}^{-1}$ とする．

$$MgCl_2(s) \longrightarrow Mg^{2+}(aq) + 2Cl^{-}(aq)$$

問題 7・2 ポリエチレン $(C_2H_4)_n$ の融点を求めよ．ただし，融解エンタルピー $\Delta_{fus} H$ を $7.7\,\text{kJ mol}^{-1}$，エントロピー変化 ΔS を $19\,\text{J K}^{-1}\,\text{mol}^{-1}$ とする．

$$(C_2H_4)_n(s) \rightleftharpoons (C_2H_4)_n(l)$$

問題 7・3 二硫化炭素 CS_2 は毒性のある，比較的沸点の低い可燃性物質である．次表には 298 K における熱力学データを示した．

$$CS_2(l) \longrightarrow CS_2(g)$$

	$\Delta_f H^{\circ}/\text{kJ mol}^{-1}$	$\Delta_f G^{\circ}/\text{kJ mol}^{-1}$
$CS_2(l)$	89.7	65.3
$CS_2(g)$	117.4	67.2

(a) CS_2 が気化する物理変化の標準エントロピー変化 ΔS° を求めよ．

(b) 二硫化炭素の沸点を予測せよ．

問題 7・4 ハーバー–ボッシュ法におけるアンモニア合成法について次の問に答えよ．ただし，アンモニアの標準生成ギブズエネルギーを $16.6\,\text{kJ mol}^{-1}$ とする．

$$N_2(g) + 3H_2(g) \rightleftharpoons 2NH_3(g)$$

(a) この反応において $N_2(g), H_2(g), NH_3(g)$ の分圧がすべて 1.00 bar である時，298 K におけるギブズエネルギー変化 ΔG を求めよ．

(b) $N_2(g)$ 1.00 bar, $H_2(g)$ 3.00 bar, $NH_3(g)$ 0.500 bar の混合気体がある．この状態

で，アンモニア合成の化学平衡はどちらの側へ進むか．298 K におけるギブズエネルギー変化 ΔG を求めて答えよ．

問題 7・5　次に示す化学反応に関して，次の問に答えよ．

$$H_2(g) + CO_2(g) \rightleftharpoons H_2O(g) + CO(g)$$

(a) この反応が右向きに進む時の標準ギブズエネルギー変化 $\Delta G°$ を求めよ．

(b) この反応の 298 K における圧平衡定数 K_p を求めよ．

(c) H_2, CO_2, H_2O, CO の分圧がそれぞれ 10.0 bar, 20.0 bar, 0.0200 bar, 0.0100 bar である時，298 K におけるギブズエネルギー変化 ΔG を求めよ．また，この反応はどちらの方向へ進むか答えよ．

	$S°$/J K^{-1} mol^{-1}	$\Delta_f H°$/kJ mol^{-1}
$H_2(g)$	130.6	0
$CO_2(g)$	213.6	-393.5
$H_2O(g)$	188.7	-241.8
$CO(g)$	197.6	-110.5

問題 7・6　ある量の五塩化リン PCl_5 を 12 L の容器に入れて 250 ℃ に加熱したところ，次に示す解離反応が起こった．

$$PCl_5(g) \rightleftharpoons PCl_3(g) + Cl_2(g)$$

この温度での平衡状態において，分圧は PCl_5 が 0.751 bar，PCl_3 と Cl_2 はともに 1.145 bar であった．次の問に答えよ．

(a) 250 ℃ におけるこの反応の圧平衡定数 K_p を求めよ．

(b) (a)の結果を利用し，この反応における標準ギブズエネルギー変化 $\Delta G°$ (250 ℃) を求めよ．

(c) 次表の値を用い，この反応における $\Delta G°$ および $\Delta H°$ の計算値 (25 ℃) を求めよ．

(d) (c)で得られた値を用いて，25 ℃ における $\Delta S°$ の値を求めよ．

(e) (c), (d)の結果を利用し，$\Delta G°$ (250 ℃) の予測値を計算せよ．ただし $\Delta H°$, $\Delta S°$ は温度に依存しない値とする．

	$\Delta_f H°$/kJ mol^{-1}	$\Delta_f G°$/kJ mol^{-1}
$PCl_5(g)$	-398.9	-324.6
$PCl_3(g)$	-306.4	-286.3

8 反応速度論

6章で，自然界で起こる変化の方向は熱力学により説明できることを学んだ．また，等温定圧下で起こる化学変化の方向を考えるうえで，ギブズエネルギーが重要であることを7章で学んだ．ΔG は化学反応が起こるか否かを判断するのに非常に有用な指標であるが，たとえば，水素と酸素が反応して水を生成する反応は，$\Delta G < 0$ の反応であり，起こりうる反応であるが，実際には水素と酸素を常温で混ぜただけでは，反応は進行しない．反応を進ませるためには，触媒を用いるか点火する必要がある．すなわち，G は時間の関数ではないため，反応が進み，平衡に達するまでの時間はわからない．それを教えてくれるのは**反応速度論**である．化学反応は，瞬間的に変化が終了（完結）するようなきわめて速いものから，終了するのに何カ月から何年もかかるようなきわめて遅いものまで多様であり，化学反応の速さを適切に制御することは重要である．化学反応は，反応系が非平衡状態から平衡状態へ移る変化の過程に対応する．この変化が見かけ上なくなった時，反応は平衡に達するが，平衡が極端に生成系に偏っている時，その反応は不可逆反応とよばれ，そうでない時は可逆反応とよばれる．化学反応の速さは，物質の濃度，温度，圧力，触媒の有無などの条件によって影響を受ける．反応の速さがこれらの条件により受ける変化を調べると，その反応の機構を明らかにする手がかりが得られ，また，その反応の生成物がどのくらいの時間でどの程度得られるかを予測することができる．

反応速度論 kinetics

8・1 反応速度式

化学反応の速さは，単位時間内の反応物，または生成物の濃度変化によって表される．

$$aA + bB \rightleftharpoons cC + dD$$

上式において，反応開始後，時間 t における反応物 A, B および生成物 C, D の濃度を $[A], [B], [C], [D]$ とすると，反応物は時間とともに減少し，生成物は増加するため，反応速度は，

$$-d[A]/dt, \quad -d[B]/dt, \quad d[C]/dt, \quad d[D]/dt$$

で表され，反応式の化学量論関係から，

$$-\frac{1}{a}\frac{d[A]}{dt} = -\frac{1}{b}\frac{d[B]}{dt} = \frac{1}{c}\frac{d[C]}{dt} = \frac{1}{d}\frac{d[D]}{dt}$$

が導かれる.

速度式 rate equation

速度則 rate law

　　反応速度と反応物の濃度との関係を表す式は, **速度式**または**速度則**とよばれ, 先の反応式に対して, 実験的に得られる速度式は一般に次式で表される.

$$-\frac{d[A]}{dt} = k[A]^x[B]^y$$

速度定数 rate constant

反応次数 reaction order

　この式のkは**速度定数**とよばれ, 等温定圧下では定数である. また, xとyは**反応次数**で, 反応はAについてx次, Bについてy次であり, 全体として$x+y=n$次反応である. $n=1$では一次反応, $n=2$では二次反応とよばれ, nは0 (零次反応) であることも, 整数でないことも, また負の値であることもある. xやyの値は実験によってのみ決定されるものである. 特に注意すべきことは, 反応次数xやyはaやbと一致するとは限らないことである. 反応次数が反応の化学量論係数と一致する場合, その反応は**素反応**である可能性が高い. 実際, 次の例の反応は素反応であり$x=a=2$, $y=b=1$となり, 反応はNOについて2次, O_2について1次の$(2+1)=3$次であり, 実験によらずに反応次数が決まる. また, 反応次数と反応の**分子数**は一致し, $a+b=3$となる.

素反応 elementary reaction

◆ 素反応とは, それ以上細分化できない最も単純な反応のことである.

分子数 molecularity

$$2NO(g) + O_2(g) \longrightarrow 2NO_2(g)$$
$$NO_2 の生成速度 = k[NO]^2[O_2]$$

しかし, 一致しない場合のほうがはるかに多く, この場合, 反応はいくつかの素反応からなる**多段階反応**あるいは**複合反応**であるといわれる. たとえば, 次の反応の速度式は以下のように表され, この反応は三つの素反応からなる多段階反応であることがわかっている.

多段階反応 multistep reaction

複合反応 complex reaction

$$2H_2(g) + 2NO(g) \longrightarrow 2H_2O(g) + N_2(g)$$
$$\frac{d[N_2]}{dt} = k[H_2][NO]^2$$

$$2NO(g) \underset{k_{-1}}{\overset{k_1}{\rightleftharpoons}} N_2O_2(g) \qquad 速い過程$$

$$H_2(g) + N_2O_2(g) \overset{k_2}{\longrightarrow} H_2O(g) + N_2O(g) \qquad 遅い過程(律速段階)$$

$$N_2O(g) + H_2(g) \overset{k_3}{\longrightarrow} 2H_2O(g) + N_2(g) \qquad 速い過程$$

律速段階 rate-determining step

　この反応の場合, 全体の反応速度はこれらの素反応のうち最も遅い素反応 (三つの素反応のうちの2番目の反応) によって決まる. この最も遅い素反応を**律速段階**という. この素反応が律速であるので, 反応全体の速度は次式で表される.

$$\frac{d[N_2]}{dt} = k_2[H_2][N_2O_2]$$

正反応 forward reaction

逆反応 reverse reaction

　　一方, 最初の素反応において, $NO(g)$と$N_2O_2(g)$は平衡状態にあるので, **正反応**の速度 ($=k_1[NO]^2$) と**逆反応**の速度 ($=k_{-1}[N_2O_2]$) は等しい. した

がって，

$$k_1[\mathrm{NO}]^2 = k_{-1}[\mathrm{N_2O_2}]$$

となる．この式を上の反応全体の速度式に代入すると，

$$\frac{\mathrm{d}[\mathrm{N_2}]}{\mathrm{d}t} = k_2[\mathrm{H_2}][\mathrm{N_2O_2}] = \frac{k_1 k_2}{k_{-1}}[\mathrm{H_2}][\mathrm{NO}]^2$$

となる．ここで $k_1 k_2 / k_{-1} = k$ とすると，最初に示した速度式と一致する．

8・2 零 次 反 応

　最も単純な次のような反応を考える．**零次反応**の速度式は (8・1) 式で表され，A の減少速度は A の濃度に無関係である．

$$\mathrm{A} \longrightarrow \mathrm{B}$$

$$-\frac{\mathrm{d}[\mathrm{A}]}{\mathrm{d}t} = k[\mathrm{A}]^0 = k \tag{8・1}$$

この速度式は**微分形速度式**とよばれる．ここで，A の初期濃度（$t = 0$ の時の濃度）を $[\mathrm{A}]_0$，時間 t における濃度を $[\mathrm{A}]$ として，この式を時間 $t = 0$ から t まで積分すると，(8・2) 式が得られる．この速度式は微分形速度式に対し，**積分形速度式**とよばれる．

$$[\mathrm{A}] = -kt + [\mathrm{A}]_0 \tag{8・2}$$

この式は，A の濃度は時間とともに直線的に（一次関数的に）減少し，その傾きから k が求められることを示している（図8・1）．

零次反応 zero-order reaction
微分形速度式 differential rate law
積分形速度式 integrated rate law

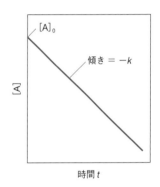

図 8・1　零次反応の反応物の時間変化

8・3 一 次 反 応

　一次反応の微分形速度式は (8・3) 式で表される．

$$-\frac{\mathrm{d}[\mathrm{A}]}{\mathrm{d}t} = k[\mathrm{A}] \tag{8・3}$$

この式を $t = 0$ から t まで積分すると，(8・4) 式または (8・5) 式が得られる．

$$\ln\frac{[\mathrm{A}]_0}{[\mathrm{A}]} = kt \tag{8・4}$$

$$\ln[\mathrm{A}] = \ln[\mathrm{A}]_0 - kt \tag{8・5}$$

この式は，濃度の自然対数と時間 t との間には直線関係（一次の線形性）があり，速度定数 k はその直線の傾き（$-k$）から求められることを示している（図8・2）．この式を書き換えると，

$$[\mathrm{A}] = [\mathrm{A}]_0 \mathrm{e}^{-kt}$$

となり，図8・3のように A の濃度は時間の経過に伴い，指数関数的に減少することがわかる．

　反応物 A の初期濃度 $[\mathrm{A}]_0$ が半分に減少するまでの時間 t は，**半減期** $t_{1/2}$ とよ

一次反応 first-order reaction

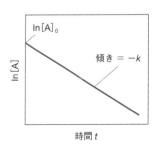

図 8・2　一次反応の $\ln[\mathrm{A}]$ の時間変化

半減期 half-life

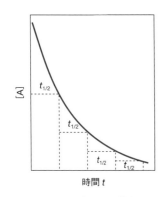

図 8・3 一次反応の濃度と
半減期の関係

◆ 大気上層で，宇宙線に含まれる中性子が窒素の原子核と衝突し，次の反応により絶えず ^{14}C が生成する。

$$^{14}_{7}N + ^{1}_{0}n \longrightarrow ^{14}_{6}C + ^{1}_{1}H$$

生成した ^{14}C は大気中の酸素と反応して $^{14}CO_2$ となる．$^{14}CO_2$ は光合成により植物中に取込まれるが，植物が枯れたり動物により摂取されると，$^{14}CO_2$ の供給は途絶えるため，減少しはじめる。

ばれる．$[A] = [A]_0/2$ の時，$t = t_{1/2}$ を（8・4）式に代入すると，

$$\ln\frac{[A]_0}{[A]} = \ln\frac{[A]_0}{[A]_0/2} = \ln 2 = kt_{1/2}$$

したがって，半減期は，

$$t_{1/2} = \frac{\ln 2}{k} = \frac{0.693}{k}$$

となる．この式は，速度定数 k が求められれば $t_{1/2}$ がわかり，また，逆に $t_{1/2}$ が求められれば k が求められることを示している．言い換えれば，一次反応では半減期は反応物の濃度 $[A]$ に無関係であるから，図 8・3 に示すように，任意の時間 t における A の濃度を $[A]_0$ として $t_{1/2}$ を求めることができる．

化学反応の速度は温度や圧力などの違いによって異なるが，放射性元素の壊変速度は温度や圧力の影響を受けず一次反応として表されることから，年代測定に利用されている．たとえば，大気中の ^{14}C 含有量は古代から現代まで一定とみなされ，生きている生物体内の ^{14}C 量は一定であるが，生命活動が停止すると，その量は 5730 年の半減期で指数関数的に減衰する．したがって，古代遺跡から発掘された遺物中の植物や動物中の ^{14}C 量を測定すれば，次のようにしてその量からその生物が生きていた年代を決定することができる．

活動中の生物体内の ^{14}C の数（一定）を N_0，発掘された遺物中の ^{14}C の数を N，^{14}C の半減期（5730 年）を $t_{1/2}$ とすると，$t_{1/2}, 2t_{1/2}, 3t_{1/2}, \cdots n\,t_{1/2}$ 経過後には ^{14}C の数は $N_0/2, N_0/2^2, N_0/2^3, \cdots N_0/2^n$ となるため，時間 t 経過後の ^{14}C の数 N は，$t = n\,t_{1/2}$ とおくと，

$$N = N_0 \left(\frac{1}{2}\right)^{t/t_{1/2}}$$

となる．この式の自然対数をとると，

$$\ln N = \ln N_0 - \frac{\ln 2}{t_{1/2}}t$$

$\ln 2/t_{1/2} = \lambda$ とすると，

$$\ln N = \ln N_0 - \lambda t$$

壊変定数 decay constant

この式は，（8・5）式と同一であり，N_0 と λ は既知であるので，N を測定すれば年代 t を求めることができる．なお λ は**壊変定数**とよばれる．

例題 8・1　^{14}C の放射壊変の半減期は 5730 年である．ある考古学資料に含まれる木材の ^{14}C を測定したところ，生木の 72% であった．この木材の推定年齢を計算せよ．

解答　先ほどの半減期の式より，

$$\ln\frac{N}{N_0} = -\frac{\ln 2}{t_{1/2}}t$$

したがって，

$$t = \frac{t_{1/2}}{\ln 2} \times \ln\frac{N_0}{N} = \frac{5730}{0.693} \times \ln\left(\frac{1}{0.72}\right) = 2720 \text{ 年}$$

8・4 二次反応

二次反応の微分形速度式は (8・6) 式で表される.

二次反応 second-order reaction

$$-\frac{d[A]}{dt} = k[A]^2 \tag{8・6}$$

この式を $t = 0$ から t まで積分すると,

$$\frac{1}{[A]} - \frac{1}{[A]_0} = kt \tag{8・7}$$

となり, $1/[A]$ と t は直線関係にあるため, その直線の傾きから k を求めることができる (図8・4).

より一般的な二次反応は, 次式で表される.

$$A + B \longrightarrow C$$

この反応において, 反応が A について一次, B について一次の時, 速度式は (8・8) 式で表される.

$$-\frac{d[A]}{dt} = -\frac{d[B]}{dt} = k[A][B] \tag{8・8}$$

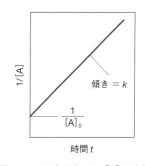

図 8・4　二次反応の $1/[A]$ の時間変化

ここで, A の初期濃度を $[A]_0$, B の初期濃度を $[B]_0$ とすると, $[A]_0 = [B]_0$ の時, 速度式は (8・6) 式, (8・7) 式で与えられるが, $[A]_0 \neq [B]_0$ の時は, 次のように速度式は複雑になる.

反応開始後, 時間 t が経過した時, 反応物 A が濃度 x だけ減少したとすると, $[A] = [A]_0 - x$, $[B] = [B]_0 - x$ となるので,

$$-\frac{d([A]_0 - x)}{dt} = -\frac{d([B]_0 - x)}{dt} = \frac{dx}{dt} = k([A]_0 - x)([B]_0 - x)$$

変形すると,

$$\frac{dx}{([A]_0 - x)([B]_0 - x)} = \frac{1}{[A]_0 - [B]_0}\left(\frac{1}{[B]_0 - x} - \frac{1}{[A]_0 - x}\right)dx = k\,dt$$

この式を $t = 0$ から t まで積分すると, 次式が得られる.

$$\frac{1}{[A]_0 - [B]_0}\ln\frac{[B]_0([A]_0 - x)}{[A]_0([B]_0 - x)} = kt \qquad ([A]_0 \neq [B]_0)$$

このように, 二次反応の速度定数を求めるためには, $[A]_0$ と $[B]_0$ の両方の値が既知である必要がある.

A に対して大過剰の B を反応させた場合 ($[A]_0 \ll [B]_0$), A が全部反応したとしても B の濃度は実質的に変化しないので, 反応は [A] について一次となるため速度式は (8・3) 式で表され, 擬一次反応といわれる.

8・5　速度定数の単位

ここで速度定数に着目してみる. 二次反応の微分形速度式 (8・8) 式において,

$$（反応速度の単位）＝（二次反応の速度定数の単位）（濃度の単位）^2$$

である. 化学反応の速度は, 単位時間当たりの濃度変化で表されるので, 時間を秒(s), 濃度をモル濃度 (mol L^{-1}) とすると, 反応速度の単位は mol L^{-1} s^{-1} となる. したがって,

$$
\begin{aligned}
（二次反応の速度定数の単位）&＝（反応速度の単位）/（濃度の単位）^2\\
&＝(\mathrm{mol\,L^{-1}\,s^{-1}})/(\mathrm{mol\,L^{-1}})^2\\
&＝(\mathrm{L\,mol^{-1}\,s^{-1}})
\end{aligned}
$$

となる. 同様に, 零次反応, 一次反応の速度定数の単位は, (8・1) 式, (8・3) 式より, それぞれ mol L^{-1} s^{-1}, s^{-1} であり, 反応次数により速度定数の単位は異なる.

8・6 初 速 度 法

初速度 initial rate

§8・2 で述べた A→B の反応の速度式は一般に (8・9) 式で表される. 何らかの方法で $t＝0$ の時の速度, すなわち**初速度** v_0 が求められれば, 初速度は (8・10) 式で表されるので, A の初期濃度 $[\mathrm{A}]_0$ を変えて初速度を測定すれば, A に関する反応次数 n と速度定数 k を求めることができる.

$$-\frac{\mathrm{d}[\mathrm{A}]}{\mathrm{d}t}＝k[\mathrm{A}]^n \tag{8・9}$$

$$v_0＝\lim_{t\to0}\left(-\frac{\mathrm{d}[\mathrm{A}]}{\mathrm{d}t}\right)＝k[\mathrm{A}]_0^n \tag{8・10}$$

例題 8・2 A→B の反応について, 表のデータが得られた. この反応の次数 n と速度定数 k を求めよ.

回	$[\mathrm{A}]_0/\mathrm{mol\,L^{-1}}$	$v_0/\mathrm{mol\,L^{-1}\,s^{-1}}$
1	0.10	0.015
2	0.20	0.060
3	0.40	0.240

解答 初期濃度 0.10 mol L^{-1} と 0.40 mol L^{-1} の時の初速度のデータを用いると, (8・10) 式より,

$$0.240＝k(0.40)^n,\quad 0.015＝k(0.10)^n$$

の 2 式が成り立つ. ここで k を消去するようにして式を整理すると,

$$0.240/0.015＝(0.40/0.10)^n,\quad n＝2$$

と求まる. 初期濃度 0.20 mol L^{-1} の時のデータより,

$$0.060＝k(0.20)^2,\quad k＝1.5\ \mathrm{L\,mol^{-1}\,s^{-1}}$$

8・7 反応速度と温度: アレニウスの式

化学反応の速度は温度が高くなると速くなり, 温度が低くなれば遅くなる.

これは，温度が高いほど速度定数が大きくなり，温度が低いほど速度定数が小さくなるからである．

19 世紀末，スウェーデンの化学者**アレニウス**は，速度定数 k の温度変化を表す経験的な式を提案した．

アレニウス Svante August Arrhenius

$$\frac{\mathrm{d}\ln k}{\mathrm{d}T} = \frac{E_a}{RT^2} \qquad (8 \cdot 11)$$

ここで，T は絶対温度，R は気体定数，E_a は反応物が生成物に変化する時に越えなければならないエネルギー障壁で，**活性化エネルギー**といわれる．この式が一般的に**アレニウスの式**とよばれる．E_a が温度によって変わらず，定数であると仮定し，(8・11) 式を積分すると (8・12) 式が得られる．

活性化エネルギー activation energy
アレニウスの式 Arrhenius equation

$$k = Ae^{-E_a/RT} \qquad (8 \cdot 12)$$

ここで，A は**頻度因子**とよばれる定数で，反応に関係する分子の衝突頻度と，衝突分子が反応の起こる配置をとる確率を含み，温度によらずにほぼ一定の値である．(8・12) 式の対数をとると，

頻度因子 frequency factor

$$\ln k = \ln A - \frac{E_a}{RT}$$

となる．したがって，異なる温度 T_1 と T_2 で速度定数 k_1, k_2 を測定すれば，

$$\ln k_1 = \ln A - \frac{E_a}{RT_1}$$

$$\ln k_2 = \ln A - \frac{E_a}{RT_2}$$

であるから，E_a は次の式から計算することができる．

$$\ln\frac{k_1}{k_2} = \frac{E_a}{R}\left(\frac{1}{T_2} - \frac{1}{T_1}\right)$$

この式を用いて，温度を 25℃ から 35℃ まで 10℃ 上げた時，速度定数の値が 2 倍になる時の活性化エネルギーを計算してみると，

$$\ln\frac{1}{2} = \frac{E_a}{8.314}\left(\frac{1}{308.15} - \frac{1}{298.15}\right)$$

より，$E_a = 52.9\,\mathrm{kJ\,mol^{-1}}$ となる．

しかし，E_a を精度よく求めるためには，速度定数には測定誤差があるため，より多くの異なる温度で k を測定して $\ln k$ を $1/T$ に対してプロット（アレニウスプロット，図 8・5）し，その直線の傾きから E_a を求めるほうがよい．

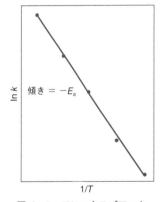

図 8・5 アレニウスプロット

8・8 反応速度の理論

8・8・1 衝突モデルと配向因子

次のような気相反応を考えてみる．

$$\mathrm{NOCl(g) + NOCl(g) \longrightarrow 2NO(g) + Cl_2(g)}$$

衝突モデルは，反応が起こるためには分子が衝突し，衝突エネルギーがある臨界値以上になる必要があるということに基づいている．温度が高いほど，また反応物の濃度が高いほど，反応物間の**衝突頻度** Z が高くなるため反応速度は速くなる．しかし，ほとんどの反応では，実際に起こる衝突のうち非常にわずかな割合でしか反応は起こらない．たとえば，1秒当たり 10^9 回衝突しても反応は1回起こるか起こらないかである．これは，反応が起こるためには分子が特定の向き（**配向因子** p）をとる必要があるためである．上式の反応においては，2分子の塩化ニトロシル NOCl が，塩素間で結合を生成する方向で衝突する必要がある．

衝突モデルにより単位時間に衝突する分子の数を計算することや，気体分子のもつエネルギーの分布を考えることにより，理論的に速度定数の式を導くと次式が得られる．

$$k = pZe^{-E_a/RT}$$

この式をアレニウスの式〔(8・12)式〕と比較すると，pZ は頻度因子 A に相当することがわかる．

8・8・2 活性錯合体理論

活性錯合体理論は**遷移状態理論**，また**絶対反応速度論**ともよばれ，速度定数 k の絶対値を理論的に求めるため，**アイリング**らによって導かれた理論である．

$$A + B \underset{}{\overset{K_C^{\ddagger}}{\rightleftharpoons}} C^{\ddagger} \longrightarrow P$$

この反応式を用いてその概略を述べることにする．

反応物質 A と B が反応経路に沿って生成物 P に変化していく過程で，ポテンシャルエネルギーが極大の状態を経て反応が進むと考え，この状態を遷移状態，その時の反応物の集合体 $C^{\ddagger}$ を**活性錯合体**とよぶ（図8・6）．この理論では，反応物 A, B と $C^{\ddagger}$ とが平衡状態にあることが前提となっている．

この反応の速度は，障壁の頂点にある $C^{\ddagger}$ の濃度と障壁を通過する頻度との積に等しい．統計力学計算によると，障壁を通過する頻度は，反応の種類に関係なく（$k_B T/h$）で与えられる．ここで h はプランク定数である．したがって，生成物 P の生成速度は，

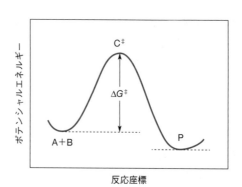

図 8・6　反応の進行に伴うエネルギー変化

衝突頻度 collision frequency

配向因子 orientation factor

遷移状態理論 transition state theory
絶対反応速度論 absolute rate theory
アイリング Henry Eyring

活性錯合体 activated complex

$$\frac{\mathrm{d}[P]}{\mathrm{d}t} = \kappa \frac{k_B T}{h} [C^\ddagger] \qquad (8\cdot13)$$

となる．ここで，κは**透過係数**で多くの場合，$\kappa \approx 1$とみなされる．反応物 A, B と活性錯合体 $C^\ddagger$ との平衡定数を $K_C^\ddagger$ とすると，

透過係数 transmission coefficient

$$\frac{[C^\ddagger]}{[A][B]} = K_C^\ddagger$$

この式を（8・13）式に代入すると，

$$\frac{\mathrm{d}[P]}{\mathrm{d}t} = \kappa \frac{k_B T}{h} K_C^\ddagger [A][B]$$

となる．一方，この反応が二次反応であるとすると，

$$\frac{\mathrm{d}[P]}{\mathrm{d}t} = k[A][B]$$

であるので，以上の式より，速度定数 k は次式で与えられる．

$$k = \kappa \frac{k_B T}{h} K_C^\ddagger \qquad (8\cdot14)$$

標準ギブズエネルギー変化 $\Delta G°$ と平衡定数の関係（$\Delta G° = -RT \ln K$），また，$\Delta G°$ と $\Delta H°$，$\Delta S°$ との関係（$\Delta G° = \Delta H° - T\Delta S°$）を A, B と $C^\ddagger$ の平衡に適用すると，

活性化ギブズエネルギー Gibbs energy of activation

$$\Delta G^\ddagger = -RT \ln K_C^\ddagger$$
$$\Delta G^\ddagger = \Delta H^\ddagger - T\Delta S^\ddagger$$

活性化エンタルピー enthalpy of activation

となる．$\Delta G^\ddagger$, $\Delta H^\ddagger$, $\Delta S^\ddagger$はそれぞれ，**活性化ギブズエネルギー**，**活性化エンタルピー**，**活性化エントロピー**とよばれる．

活性化エントロピー entropy of activation

🎓 コラム 8・1　活性化エネルギー E_a と活性化ギブズエネルギー $\Delta G^\ddagger$ 🎓

アレニウスの活性化エネルギー E_a とアイリングの活性化ギブズエネルギー $\Delta G^\ddagger$（$\Delta G^\ddagger = \Delta H^\ddagger - T\Delta S^\ddagger$）の間にはどのような関係があるのかを考えてみる．

（8・14）式の両辺の対数をとり，温度で微分すると，

$$\frac{\mathrm{d}\ln k}{\mathrm{d}T} = \frac{1}{T} + \frac{\mathrm{d}\ln K_C^\ddagger}{\mathrm{d}T} = \frac{1}{T} + \frac{\Delta H^\ddagger}{RT^2}$$

となる．この式をアレニウスの式（8・11）式と比較すると，

$$E_a = \Delta H^\ddagger + RT$$

となる．すなわち，アレニウスの活性化エネルギーは活性化エンタルピー $\Delta H^\ddagger$ を含むことがわかる．この式は，液体や固体の反応の場合のみに当てはまる．気体の反応の場合には，定圧下で $\Delta H^\ddagger = \Delta U^\ddagger + P\Delta V^\ddagger$ において $\Delta V^\ddagger$ が無視できないため，理想気体の状態方程式（$PV = nRT$）を用いると，

$$\Delta H^\ddagger = \Delta U^\ddagger + P\Delta V^\ddagger = \Delta U^\ddagger + \Delta n^\ddagger RT$$

となる．ここで $\Delta n^\ddagger$ は遷移状態と原系との分子数の差である．アレニウスの式と比較すると，理想気体の反応では，

$$\frac{\mathrm{d}\ln k}{\mathrm{d}T} = \frac{\Delta H^\ddagger - (\Delta n^\ddagger - 1)RT}{RT^2}$$

となるため，

$$E_a = \Delta H^\ddagger - (\Delta n^\ddagger - 1)RT$$

となる．この式と（8・15）式より，

$$k = \kappa \frac{k_B T}{h} e^{(RT - E_a)/RT} e^{\Delta S^\ddagger/R} = \frac{e k_B T}{h} e^{-E_a/RT} e^{\Delta S^\ddagger/R}$$

となり，この式をアレニウスの式と比較すると，アレニウスの頻度因子 A は，活性化エントロピー $\Delta S^\ddagger$ を含むことがわかる．

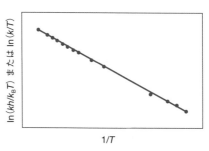

図 8・7 アイリングプロット

上の二つの式を（8・14）式に代入すると，次の式が得られる．

$$k = \kappa \frac{k_B T}{h} e^{-\Delta G^{\ddagger}/RT} = \kappa \frac{k_B T}{h} e^{-\Delta H^{\ddagger}/RT} e^{\Delta S^{\ddagger}/R} \qquad (8 \cdot 15)$$

この式において，$\kappa = 1$ として両辺の対数をとり，変形すると次式が得られる．

$$\ln \frac{kh}{k_B T} = \frac{-\Delta H^{\ddagger}}{RT} + \frac{\Delta S^{\ddagger}}{R}$$

$\ln(kh/k_B T)$ または $\ln(k/T)$ を $1/T$ に対してプロット（アイリングプロット，図 8・7）すれば，その直線の傾きと切片からそれぞれ活性化エンタルピー $\Delta H^{\ddagger}$ と活性化エントロピー $\Delta S^{\ddagger}$ の値が求められる．

8・9 触媒反応と酵素反応

触媒 catalyst

反応速度を変化させ，それ自身反応中に消費されない物質を**触媒**という．その作用は，活性化エネルギーの低い新しい反応経路をつくり出すことである．したがって無触媒反応に比べて触媒反応では，正反応・逆反応ともに速くなるため平衡に到達する時間は短くなるが平衡の位置は変わらない．

酵素 enzyme
触媒作用 catalysis, catalytic action

生体内ではさまざまな化学反応が起こっているが，それらの反応は異なる**酵素**によって**触媒作用**を受けている．したがって，酵素は生体内における化学反応の触媒ということができるが，その本体は分子量が 1 万から 100 万のタンパク質である．触媒作用に直接関与しているのは，そのタンパク質中の一部で活性中心とよばれる．酵素によって触媒作用を受ける物質は**基質**とよばれるが，酵素には種々の化合物から基質を選び出し，それを何に変化させるかが決まっている．これを**基質特異性**という．

基質 substrate

基質特異性 substrate specificity

酵素反応は一般に次の式で表される．

$$E + S \underset{k_{-1}}{\overset{k_1}{\rightleftharpoons}} ES \overset{k_2}{\longrightarrow} P + E$$

ここで，E は酵素，S は基質，ES は酵素-基質複合体，P は生成物を表す．酵素の初期濃度を $[E]_0$ とすると，上の式に対する初速度 v_0 は，（8・16）式の形で表されることがわかっている．

$$v_0 = \frac{d[P]}{dt} = \frac{B[E]_0[S]}{A + [S]} \qquad (8 \cdot 16)$$

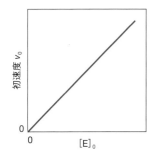

図 8・8　初速度 v_0 と酵素の初期濃度 $[E]_0$ との関係

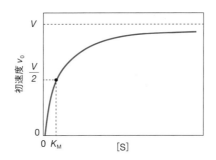

図 8・9　初速度 v_0 と基質の初期濃度 $[S]$ との関係

ここでA, Bは定数である.

　この式は，$[S]$ が一定の時，v_0 は酵素の初期濃度 $[E]_0$ に比例することを示す（図 8・8）．一方で，$[E]_0$ が一定の時，基質の濃度 $[S]$ が A に比べて小さい場合（$[S] \ll A$）には v_0 は $[S]$ に比例して増大するが，$[S]$ が大きくなるに従い v_0 の増加の割合は減り，$[S] \gg A$ では v_0 は一定値 B $[E]_0$ に漸近する（図 8・9）.

　この酵素反応において，反応物 E, S と複合体 ES が速い平衡状態（迅速平衡，またこの平衡定数を K_1 とする）にあり，ES が生成物 P と酵素 E に分解する過程が律速であるとすると，$K_1 = [ES]/[E][S]$, $[E]_0 = [E]+[ES]$ であるので，

$$[ES] = \frac{K_1[E]_0[S]}{1 + K_1[S]}$$

となる．したがって，

$$v_0 = \frac{d[P]}{dt} = k_2[ES] = \frac{K_1 k_2 [E]_0 [S]}{1 + K_1[S]} = \frac{k_2[E]_0[S]}{K_M + [S]} = \frac{V[S]}{K_M + [S]}$$

ここで，$K_M = 1/K_1$, $V = k_2[E]_0$ である．この式はミカエリス–メンテンの式といわれ，V は最大速度であり，K_M はミカエリス定数で，$V/2$ における基質の濃度を表す.

ミカエリス–メンテンの式 Michaelis-Menten equation

　しかし，この酵素反応において，迅速平衡，律速という仮定が常に成り立つという保証はない．ブリッグスとホールデンは，より多くの反応系に適用できる速度式を導いた．ES が反応性に富んでいて（$k_1 \ll k_{-1}+k_2$），酵素濃度は基質の濃度に比べ圧倒的に低いため，$d[ES]/dt \ll -d[S]/dt$, $d[ES]/dt \ll d[P]/dt$ が成り立ち，$d[ES]/dt = 0$ とおいて差し支えない．すなわち，ES が定常状態にあるとみなせる．したがって，

ブリッグス George Edward Briggs

ホールデン John Burdon Sanderson Haldane

定常状態 steady state

$$\frac{d[ES]}{dt} = k_1[E][S] - (k_{-1}+k_2)[ES] = 0$$

この式と $[E]_0 = [E]+[ES]$ の関係を用いると，次式が得られる.

$$v_0 = \frac{d[P]}{dt} = k_2[ES] = \frac{k_2[E]_0[S]}{(k_{-1}+k_2)/k_1 + [S]}$$

この式は，$k_{-1} \gg k_2$ であれば，ミカエリス–メンテンの式と一致する．すなわ

定常状態法 steady-state method, steady-state treatment

ち，**定常状態法**は迅速平衡法を特殊な場合として含んでおり，より一般的な方法である．

章 末 問 題

問題 8・1 次の気相反応の初速度を異なる条件のもとで測定したところ，次の表のような結果が得られた．(a) この反応の速度式を求めよ．(b) この反応の速度定数を計算せよ．

$$NO_2(g) + CO(g) \longrightarrow NO(g) + CO_2(g)$$

$[NO_2]_0/(mol\,L^{-1})$	$[CO]_0/(mol\,L^{-1})$	$v_0/mol\,L^{-1}\,s^{-1}$
0.10	0.10	0.0021
0.20	0.10	0.0082
0.20	0.20	0.0083
0.40	0.10	0.033

問題 8・2 金属触媒の表面で起こる反応の多くは零次反応である．たとえば，加熱されたタングステン上でのアンモニアの分解反応は零次反応である．ある実験において，770 秒間にアンモニアの分圧が $2.1 \times 10^4\,Pa$ から $1.0 \times 10^4\,Pa$ まで減少した．
(a) この反応の速度定数を求めよ．
(b) アンモニアがすべて消失するのに要する時間を求めよ．

問題 8・3 SO_2Cl_2 の SO_2 と Cl_2 への分解反応は，SO_2Cl_2 の濃度に関して一次であり，その速度定数はある温度において，$1.42 \times 10^{-4}\,s^{-1}$ である．
(a) この反応の半減期を求めよ．
(b) SO_2Cl_2 の濃度が最初の濃度の 25% に減少するのに要する時間を計算せよ．
(c) SO_2Cl_2 の初期濃度が $1.00\,mol\,L^{-1}$ の時，その濃度が $0.78\,mol\,L^{-1}$ に減少するのに要する時間を計算せよ．
(d) SO_2Cl_2 の初期濃度が $1.50\,mol\,L^{-1}$ の時，5.00×10^2 秒後に残っている SO_2Cl_2 の濃度を計算せよ．

問題 8・4 次の反応は，A について一次，B について一次である．25℃ において，A の濃度 $[A]_0$ に対して B の濃度 $[B]_0$ が大過剰の擬一次条件（$[A]_0 \ll [B]_0$）で反応を行ったところ，反応は 35 分間で 30% 進行した．(a) 擬一次反応の速度定数を計算せよ．(b) 5 時間後には何%の A が残っているか計算せよ．

問題 8・5 人体の放射線被曝を考えるうえで重要な放射性核種に ^{90}Sr がある．^{90}Sr は β 線を放出して壊変し，半減期は 28.79 年である．この核種が $1.00\,\mu g$ だけ人体に取込まれた場合，代謝によっては排出されないとして，19 年後(a)，75 年後(b)に体内に残存している ^{90}Sr の量を計算せよ．

問題 8・6 ある二次反応について，各温度で下表のようなデータが得られた．
(a) 活性化エネルギー E_a を計算せよ．(b) 頻度因子 A を計算せよ．

温度/K	速度定数/L mol^{-1} s^{-1}
90	0.00357
100	0.0773
110	0.956
120	7.781

問題 8・7 ある食品は 25℃ で保存した時，4℃ で保存した時の 40 倍の速さで腐

敗する．この腐敗の活性化エネルギーを計算せよ．

問題 8・8　ある反応の速度定数は，219 K で 7.69 L mol^{-1} s^{-1}, 344 K で 3.36×10^4 L mol^{-1} s^{-1} である．(a) この反応の活性化エネルギーを求めよ．(b) 275 K における この反応の速度定数を求めよ．

9 溶液と液体

溶液 solution

溶質 solute

溶媒 solvent

原子や分子が多数集まった集合体は，温度や圧力が変化した時，気体・液体・固体の3種類の状態をとる．これを物質の三態という．液体に気体や固体，あるいは他の液体が溶解してできた均一な混合物を**溶液**という．溶解した物質は**溶質**といい，溶質を溶解している液体を**溶媒**という．溶質が液体の場合には，通常多いほうの成分を溶媒とする．少量の塩化ナトリウムの結晶を水に加えると，撹拌しなくとも自然に溶解してやがて均一な食塩水になる．この自然に起こる溶解には，6章で述べたエントロピーが関与している．一方，塩化ナトリウムを食用油に加えた場合には，いくら時間をおいても一向に溶解しない．本章では，このような違いが生じる理由を考える．

9・1 物質の三態と状態変化

気体は密度がきわめて小さく，個々の気体粒子（原子，分子，イオン）間の距離が大きく，無秩序に運動している．対照的に，液体や固体の粒子は互いに接近しているため**凝縮相**とよばれ，密度が大きく，粒子間に相互作用が働いている．液体の粒子は，固体のように決まった位置に固定されていないため，液体には流動性がある．物質が気体・液体・固体のどの状態をとるかは，粒子の運動エネルギー(i)と粒子間の静電的引力によるポテンシャルエネルギー(ii)の大小によって決まる．室温で気体の物質は，(i)のエネルギーのほうが(ii)のエネルギーよりもはるかに大きく（(i) ≫ (ii)），室温で固体の物質はその逆（(i) ≪ (ii)）である．一方，室温で液体の物質は(i)と(ii)が同程度である．

凝縮相 condensed phase

物質の状態は，温度や圧力の値によって変化するが，それらに応じて物質の状態がどのように変化するのかを表した図を**状態図**という．図9・1に水の状態図を示す．**蒸発曲線**上では，どの温度と圧力においても液体状態と気体状態が共存し，平衡状態にある．たとえば，1.013×10^5 Pa（1気圧）下で100℃においては，水と水蒸気が平衡で共存する．また，**昇華曲線**上では氷と水蒸気が共存し，**融解曲線**上では氷と水が共存する．これら三つの曲線が交わった点は**三重点**とよばれ，この点においては，水蒸気，水，氷が共存する（0.0098℃，611.7 Pa）．一方，**臨界点**よりも高い温度と圧力においては，液体（水）と気体（水蒸気）の区別がなくなり，液体と気体の両方の性質をもつ**超臨界流体**（コラム9・

状態図 phase diagram，相図ともいう．

蒸発曲線 evaporation curve，蒸気圧曲線 vapor pressure curve ともいう．

昇華曲線 sublimation curve

融解曲線 fusion curve

三重点 triple point

臨界点 critical point

超臨界流体 supercritical fluid

🎓 コラム 9・1　超臨界流体 🎓

n-ヘプタンを密閉容器に入れ 25 °C に保った時, n-ヘプタンの蒸気圧は 6.8×10^4 Pa である. 温度が上昇すると n-ヘプタンは蒸発し, 密閉容器内の圧力は上昇する. 100 °C では 5.6×10^5 Pa に, 190 °C では 2.9×10^6 Pa になる. 温度と圧力が上昇すると, 密閉容器内の気体の密度は急速に高くなると同時に, 温度上昇につれ液体の密度は急速に低くなっていく. そして, 197 °C に達すると液体の n-ヘプタンと気体の n-ヘプタンの境界がなくなり, 超臨界流体となる. この時の温度は**臨界温度** (critical temperature, T_c) とよばれ, T_c より高い温度では圧力に関係なく液体は存在しない. また, この時の圧力は**臨界圧力** (critical pressure, P_c) とよばれる.

気体と液体の密度は大きく異なるが, 超臨界流体は温度と圧力を制御することにより, 密度を気体のようにきわめて低い状態から液体のように高い状態まで連続的に変化させることができる. すなわち, 分子間距離を連続的に変化させることができる. 液体の溶媒としての性質を決める主要因子は分子間力であり, その大きさは分子間距離に大きく依存する. したがって, 超臨界流体の溶媒としての性質は温度や圧力により自在に制御可能である. このことを利用して, 超臨界二酸化炭素によりコーヒー豆や紅茶の葉からカフェインのみを抽出し, 香成分を残す技術が開発され,

カフェインレスのコーヒーや紅茶がつくられている. また, ホップエキスの抽出やフレーバーの抽出にも用いられている. 従来, これらの抽出には, 有害な酢酸エチルやジクロロメタンといった有機溶媒が用いられてきたが, それらが食品中へ残留するため問題になることがある. それに対し, 二酸化炭素には毒性はなく, 超臨界二酸化炭素は圧力を P_c よりも低くすれば気体となるため, 容易にコーヒー豆や紅茶の葉から除去されるという利点がある.

超臨界水 ($T_c = 374$ °C, $P_c = 2.21 \times 10^7$ Pa) もユニークな性質をもっている. たとえば, 水のイオン積 ($K_w = [\mathrm{H^+}][\mathrm{OH^-}]$) は 1.013×10^5 Pa, 25 °C においては約 10^{-14} であり約 300 °C までは徐々に増加するが, T_c を超えると急激に減少し, 400 °C では約 10^{-23} と非常に小さい値になる. また, 水は誘電率の大きな溶媒 (1.013×10^5 Pa, 25 °C において 78.54) であるが, 誘電率の大きな溶媒は容易に分極を生じてイオンや極性分子を安定化するため, 塩や極性分子をよく溶かす. 超臨界水の誘電率は 2〜3 と非常に小さいため, 食塩のような電解質はほとんど溶解せず, 極性の小さな多くの有機化合物を溶解する. さらに, ほとんどの有機化合物は, 超臨界水酸化反応という高温高圧の水中での反応により, 秒単位の短時間でほぼ 100% 分解し, 二酸化炭素を生成する.

---

1 参照) となる.

図 9・1 において, 1.013×10^5 Pa, −25 °C の氷を圧力を一定に保って加熱していく時, 温度が上昇して融解曲線に達すると, 氷の融解がはじまり, 加熱し続けても氷が完全に消失するまで温度は 0 °C に保たれる. 氷が完全に融解すると水の温度は上昇しはじめ, 蒸発曲線に達すると, 水の沸騰がはじまり水が完全に消失するまで温度は 100 °C に保たれる. また, 25 °C において, 水にかかる圧力を 1.013×10^5 Pa から下げていき, 蒸発曲線に達すると, 水の蒸発がはじ

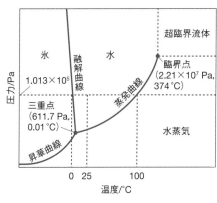

図 9・1　水の状態図

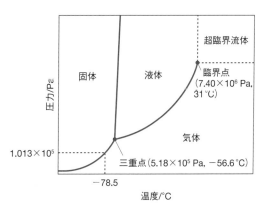

図 9・2　二酸化炭素の状態図

まり，水が完全に消失するまで圧力は一定に保たれる．その後圧力は下がり続ける．

図9・2は二酸化炭素の状態図である．図9・1の水の状態図とのおもな違いは，融解曲線の傾きである．二酸化炭素の融解曲線は，他の多くの物質と同様に，正の傾きをもっている．すなわち二酸化炭素の融点は圧力の増加とともに上昇する．また，三重点の圧力（5.18×10^5 Pa）は 1.013×10^5 Pa より高いため，二酸化炭素は 1.013×10^5 Pa のもとでは液体として存在せず，固体状態の二酸化炭素（ドライアイス）は直接気体となる．このように，ドライアイスは 1.013×10^5 Pa のもとで -78.5℃で昇華する．これに対し，水の融解曲線は例外的に負に傾いているため，氷の融点は圧力の増加とともに低下する．これは，氷のほうが水よりも密度が低いためである．三重点の圧力（611.7 Pa）よりも低い圧力においては，氷は加熱により昇華する．食品や飲料のフリーズドライはこのことを利用している．食品や飲料を低温で凍結し，三重点の圧力以下で温めると水は昇華するため脱水される．

9・2　分子間力と溶解エンタルピー

ファンデルワールス力 van der Waals force

分子間力 intermolecular force

溶液中に存在するあらゆる分子は，**ファンデルワールス力**（瞬間的に生じる電荷の偏りによるクローン力），水素結合，イオン–双極子力といった静電気的な力（**分子間力**）により，他の分子と相互作用する．

図9・3において，溶媒を球，溶質を楕円で表す．物質が溶媒に溶けるか否かは，溶質–溶質相互作用(a)，溶媒–溶媒相互作用(b)，溶質–溶媒相互作用(c)の相対的な大きさによって決まる．相互作用(c)が相互作用(a)と(b)の和よりも大きい〔(c) > (a)+(b)〕か同程度〔(c) ≈ (a)+(b)〕の場合には，物質は溶媒に溶けて溶液となるが，(c) < (a)+(b)の場合には，(c)と(a)+(b)の相対的大きさにより溶ける場合も溶けない場合もある（図9・3）．

イオン性固体を水に溶かした場合，たとえば水酸化ナトリウム NaOH の固体を水に溶かすと強く発熱するが，硝酸アンモニウム NH_4NO_3 の場合はかなり冷たくなる．すなわち NaOH の溶解過程は**発熱**であり，NH_4NO_3 の溶解過程は**吸熱**である．これに対し，塩化ナトリウム NaCl を水に溶かした時には，わずかに冷たくなるだけである．

発熱 exothermic

吸熱 endothermic

このような違いを理解するために，溶質が溶媒に溶ける一般的な場合として，その溶解過程を先ほどの相互作用 (a), (b), (c) に対応した次の三つの過程に

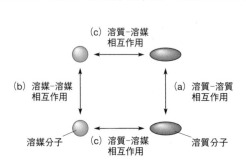

図 9・3　分子間相互作用

分けて，それぞれの過程のエンタルピー変化を考えてみる.

(A) 溶質がその構成粒子に分かれる過程: 個々の構成粒子に分けるためには，粒子を結びつけている力(a)に打ち勝つエネルギーが必要であるため，この過程は吸熱 ($\Delta H_{solute} > 0$) である.

(B) 溶媒がその構成粒子に分かれて溶質を収容するためのスペースをつくる過程: 溶媒粒子間に働く力(b)に打ち勝つエネルギーを必要とするため，この過程も吸熱 ($\Delta H_{solvent} > 0$) である.

(C) 溶質粒子と溶媒粒子が混合する過程: 溶質粒子が溶媒粒子と分子間力により相互作用(c)するため，この過程は発熱 ($\Delta H_{mix} < 0$) である.

したがって，溶解過程のエンタルピー変化（**溶解エンタルピー**）ΔH_{soln} は，

溶解エンタルピー enthalpy of solution

$$\Delta H_{soln} = \Delta H_{solute} + \Delta H_{solvent} + \Delta H_{mix}$$
$$\text{吸熱} \qquad \text{吸熱} \qquad \text{発熱}$$

となり，ΔH_{soln} の符号は相互作用 (a) と (b) による吸熱過程 (A)，(B) と相互作用 (c) による発熱過程 (C) の相対的なエンタルピー変化の大きさによって次の 3 通りが考えられる.

(I) $|\Delta H_{solute} + \Delta H_{solvent}| \approx |\Delta H_{mix}|$ の時 ($\Delta H_{soln} \approx 0$)，混合によりエントロピーが増大するため溶質は溶解する.

(II) $|\Delta H_{solute} + \Delta H_{solvent}| < |\Delta H_{mix}|$ の時 ($\Delta H_{soln} < 0$)，混合によるエントロピーの増大に加えて，発熱により系のエネルギーが減少するため，溶質の溶解はより起こりやすい.

(III) $|\Delta H_{solute} + \Delta H_{solvent}| > |\Delta H_{mix}|$ の時 ($\Delta H_{soln} > 0$)，ΔH_{soln} がそれほど大きくなければ，混合によるエントロピーの増大のために溶質は溶解するが，ΔH_{soln} がかなり大きくなると溶解しない.

　NaCl が食用油に溶けないのは，(III) の過程の分子間力による発熱が起こらないためであり，水と油が混ざらないのはこの理由による. また，常温で液体の炭化水素である n-ペンタンと n-ヘプタンは，あらゆる割合で混ざり合う. n-ペンタン（溶質）の n-ヘプタン溶液を考えると，ともに無極性であるため分散力しか働かない. したがって (a)〜(c) の相互作用の大きさは同程度であるため，(I) の場合に該当し，エントロピーの増大により自発的に混合が起こる. このように，物質が溶媒に溶けるか否かを判断するには，エンタルピー変化以外に，エントロピー変化 (ΔS) も考慮し，ギブズエネルギー変化 ($\Delta G = \Delta H - T\Delta S$) が負になるか否かを考える必要がある (7 章).

　(I)〜(III) の考え方を，前述の NaOH, NH$_4$NO$_3$, NaCl などの電解質（イオン性固体）が水に溶ける場合に適用するためには，多少の修正が必要である. これらの電解質の水溶液の場合には，$\Delta H_{solvent}$ と ΔH_{mix} を合わせた水和エンタルピー $\Delta H_{hydration}$ を考える. 水和エンタルピーとは，1 mol の気体の溶質イオンを水に加えた時に起こるエンタルピー変化である. 他の水分子と三次元的に水素結合を形成している水中にイオンが入ると，イオンのまわりの水素結合が切れ，水分子はイオンの電荷により強く引きつけられるため（イオン–双極子相互作用），イオンの水和エンタルピー $\Delta H_{hydration}$ は常に大きな負の値である. したがっ

て，溶解エンタルピーは次の式で与えられる．

$$\Delta H_{soln} = \Delta H_{solute} + \Delta H_{hydration}$$
吸熱　　　　　発熱

格子エネルギー lattice energy

ここでイオン性固体の場合，ΔH_{solute} は**格子エネルギー** $\Delta H_{lattice}$ の符号を変えたものに等しい（$\Delta H_{solute} = -\Delta H_{lattice}$）．

したがって，イオン性固体が水に溶けた時，発熱か吸熱かは，上式の右辺の2項の相対的な大きさに依存し，次の3通りが考えられる．

(i) $|\Delta H_{solute}| \approx |\Delta H_{hydration}|$ の時（$\Delta H_{soln} \approx 0$），イオン性固体が水に溶けても熱の出入りはほとんどない．たとえば，$NaCl(s)$（$\Delta H_{soln} = +3.88\ kJ\ mol^{-1}$），$NaF$(s)（$\Delta H_{soln} = +0.91\ kJ\ mol^{-1}$）があげられる．

(ii) $|\Delta H_{solute}| < |\Delta H_{hydration}|$ の時（$\Delta H_{soln} < 0$），溶質をその構成イオンに分離する時に必要なエネルギーは，イオンが水和する時に放出されるエネルギーよりも小さいため，イオン性固体が水に溶けると発熱する．たとえば，$NaOH(s)$ 以外に，$LiBr(s)$（$\Delta H_{soln} = -48.78\ kJ\ mol^{-1}$），$KOH(s)$（$\Delta H_{soln} = -57.56\ kJ\ mol^{-1}$），$MgSO_4(s)$（$\Delta H_{soln} = -91.2\ kJ\ mol^{-1}$）などがあげられる．

(iii) $|\Delta H_{solute}| > |\Delta H_{hydration}|$ の時（$\Delta H_{soln} > 0$），イオン性固体は水に溶けないこともある．もし溶ける場合には，溶解すると熱が吸収され，吸熱となる．たとえば，$NH_4NO_3(s)$（$\Delta H_{soln} = +25.67\ kJ\ mol^{-1}$），$AgNO_3(s)$（$\Delta H_{soln} = +36.91\ kJ\ mol^{-1}$）があげられる．

(i) や (ii) の場合でもイオン性固体が水に溶けるのは，溶解に伴ってエントロピー（ΔS_{soln}）が増大し，ギブズエネルギー変化（$\Delta G_{soln} = \Delta H_{soln} - T\Delta S_{soln}$）が負になるためである（7章）．

9・3　溶解平衡と溶解度に影響を及ぼす因子

$NaCl$ の結晶を水に溶かす場合を考える．$NaCl(s)$ を水に加えると，徐々に溶けはじめて $Na^+(aq)$ と $Cl^-(aq)$ となる．やがてそれ以上溶解しなくなり，溶解平衡に達する．より詳しくみてみると，溶解が進むにつれて $Na^+(aq)$ と $Cl^-(aq)$ がもとの $NaCl(s)$ に戻る再結晶化が進行しはじめる．

$$NaCl(s) \rightleftharpoons Na^+(aq) + Cl^-(aq)$$

動的平衡 dynamic equilibrium

飽和溶液 saturated solution

不飽和溶液 unsaturated solution

過飽和溶液 supersaturated solution

溶解が進行して $Na^+(aq)$ と $Cl^-(aq)$ の濃度が高くなり，溶解の速度と再結晶化の速度が等しくなった時，平衡状態に達する（**動的平衡**）．溶解した溶質が固体の溶質（溶解してない溶質）と動的平衡状態にある溶液は**飽和溶液**とよばれる．これに対し，飽和に達していない溶液，すなわち溶解した溶質の量（濃度）が平衡状態にある溶質の量よりも少ない溶液は**不飽和溶液**とよばれる．溶解した溶質の量が平衡状態にある溶質の量を超えても結晶が析出しないことがある．このような溶液は**過飽和溶液**とよばれる．過飽和溶液は不安定で飽和溶液に戻る傾向が強い．たとえば，酢酸ナトリウム三水和物の結晶を加熱すると水溶液になるが，この水溶液をもとの温度になるまで放冷しても結晶は析出しない．しかし，この溶液に酢酸ナトリウムの小結晶を加えたり，容器の壁をガラス棒

でこすったりすると，発熱を伴ってゆっくりと放射状に結晶が析出する．

9・3・1 固体の溶解度の温度変化

溶解度とは，ある量の液体に溶解しうる物質の量のことで，温度が一定であれば一定値となる．固体の水への溶解度は一般に温度によって大きく変わる．図9・4のように，溶解度は通常温度が高いほど大きいが，硫酸セリウム $Ce_2(SO_4)_3$ のように，温度が高いほど溶解度が低下する場合もある．

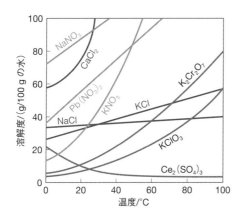

図 9・4 塩の水に対する溶解度の温度変化

9・3・2 気体の水への溶解度に及ぼす温度と圧力の影響

炭酸水は，水に炭酸ガス CO_2 を強制的に溶かし込んだものであるが，多くの液体は空気中に放置すると窒素や酸素や二酸化炭素などが溶込む．たとえば，水道水を空気中に放置すると，二酸化炭素が溶込むため弱酸性になり，湖水や海水には空気中の酸素が溶込んでいるため魚が生育できる．一方，ヒトの血液には窒素や酸素や二酸化炭素が溶込んでいる．このような気体の液体への溶解度は，温度や圧力の影響を大きく受ける．

温度の影響　容器に水を入れて加熱すると，しだいに器壁に小さな泡が生成してくる．この泡は水に溶けていた空気（おもに窒素と酸素）である．加熱を続けると沸騰し，大きな水蒸気の泡が水中のいたるところから発生しはじめる．しばらく沸騰を続ければ水に溶けていた空気は完全に追い出される．これは，気体の水への溶解度が温度とともに減少するからである．またこのことは，温度が高いほど（冷たくないほど）ビールや炭酸飲料の泡の発生が激しいことにより実感できる．

圧力の影響　気体の水への溶解度は圧力によっても大きく変わり，圧力が高いほど溶解度は高い．このことを式で表すと，

$$S_{gas} = k_H P_{gas}$$

となり，**ヘンリーの法則**とよばれる．S_{gas} は気体の溶解度，k_H は比例定数，P_{gas} は気体の分圧である．このように気体の溶解度は，気体の圧力に比例する．各

ヘンリーの法則 Henry's law

気体が水に溶解する時の比例定数を表9・1に示す.

表 9・1 水に対する気体の k_H（298 K）

気体	$k_H/mol\,L^{-1}\,Pa^{-1}$
O_2	1.3×10^2
N_2	6.2×10
CO_2	3.4×10^3
NH_3	5.9×10^6
He	3.7×10

出典: N. J. Tro, "Chemistry: A Molecular Approach, 4E", Pearson (2017).

> **例題 9・1** あるペットボトルの炭酸水の CO_2 の濃度は，25℃（298 K）において 0.12 mol L^{-1} である．このペットボトル中の気体部分 CO_2 の圧力は何 Pa か.
> **解答** $S_{gas} = (3.4 \times 10^{-1})P_{gas}$ より，$P_{gas} = 3.5 \times 10^5$ Pa

9・4 溶液の濃度

濃度 concentration

◆ モル数と物質量は同義であるが本書では物質量を使用する.

濃度を表す方法には，次のようなものがある．実験操作等では質量百分率や体積百分率が用いられる場合もあるが，化学的にはモル濃度，質量モル濃度，モル分率を使って濃度を表すほうが重要である．また，極微量の成分の濃度を表すためには ppm や ppb がしばしば用いられる.

モル濃度 molarity

◆ 一般にモル濃度という場合，容量モル濃度を意味する.

質量モル濃度 molality

モル分率 mole fraction

質量百分率 percentage by mass

体積百分率 percentage by volume

百万分率 parts per million, ppm

◆ 本来 ppm は 100 万分の 1 を意味するが，濃度の単位として質量百万分率を意味する場合がある.

十億分率 parts per billion, ppb

- **モル濃度**（mol L^{-1}）：溶液 1 L 中に含まれる溶質の物質量
- **質量モル濃度**（mol kg^{-1}）：溶媒 1 kg 中に含まれる溶質の物質量
- **モル分率**：（溶質の物質量）/（溶質の物質量＋溶媒の物質量）
- **質量百分率**〔wt％または％（w/w）〕：溶液 100 g 中に含まれる溶質の質量（g）
- **体積百分率**〔vol％または％（v/v）〕：混合前の溶質と溶媒の体積の和を 100 mL とした時の溶質の体積
- **百万分率**（ppm）：溶液 1 kg 中に含まれる溶質の質量（mg, 1 ppm ＝ 1 mg kg^{-1}）
- **十億分率**（ppb）：溶液 1 kg 中に含まれる溶質の質量（μg, 1 ppb ＝ 1 μg kg^{-1}）

溶液の体積は温度により変化するため，モル濃度は温度により変化するが，質量は温度により変化しないため，質量モル濃度は温度変化のある状態で溶液を取扱う場合に用いられる．希薄水溶液においては，密度が水の密度に近いためモル濃度と質量モル濃度はほぼ等しい.

> **例題 9・2** 6.56 wt％のグルコースの水溶液の密度は 1.03 g mL^{-1} である．この水溶液のモル濃度(a)，質量モル濃度(b)，モル分率(c)を計算せよ.
> **解答**
> (a) $\dfrac{(6.56/100) \times 1000 \times 1.03}{180.2} = 0.375$ mol L^{-1}
> (b) $0.375 \times \dfrac{1000}{1000 \times 1.03 - 0.375 \times 180.2} = 0.390$ mol kg^{-1}

$$(c) \quad \frac{(6.56/180.2)}{|(100-6.56)/18.02| + (6.56/180.2)} = 6.97 \times 10^{-3}$$

9・5 束 一 性

理想気体においては，気体の種類によらず気体の状態方程式が成り立つ（4章）. 同様に，溶液が希薄な場合には溶質の種類によらず，溶質の粒子（分子またはイオン）の数と溶媒の種類のみに依存するいくつかの性質がある. たとえば，蒸気圧降下，凝固点降下，沸点上昇，浸透圧などで，そのような性質は**束一的性質**とよばれる. このような性質は，溶質の量が一定であれば種類が異なっても希薄溶液中の溶媒は，純溶媒とほとんど変わらないために現れる. しかし，溶液の濃度が高くなり，溶質の量が増加すると，溶質−溶媒相互作用が大きくなり，その相互作用に溶質の性質が現れはじめる. そのため，溶液中の溶媒の性質と純溶媒の性質との間に差が生じ，溶質依存性が現れる.

束一的性質 colligative property

9・5・1 蒸 気 圧 降 下

溶液の蒸気圧は純溶媒の蒸気圧よりも低い. 言い換えると，溶媒に**不揮発性**の溶質を溶解すると**蒸気圧降下**が起こる. これは，§9・3で述べた動的平衡で説明できる. 溶媒と溶媒の蒸気の間に動的平衡が成り立っている時，溶媒の蒸発の速度と蒸気の凝縮の速度は等しい. この状態に不揮発性の溶質が添加されると，溶質粒子は溶媒の蒸発を妨げるため，溶媒の蒸発の速度が減少する. これに呼応して蒸気の凝縮の速度も遅くなり，新たな平衡状態に達するため蒸気圧が降下する.

不揮発性 nonvolatile

蒸気圧降下 vapor pressure depression

溶液の蒸気圧が純溶媒の蒸気圧より低いことは，混合によるエントロピーの増大によっても説明できる. 濃度の高い溶液は濃度の低い溶液から溶媒を引きつけるため，不揮発性溶質を含む溶液にそれと同じ溶媒を加えると，撹拌しなくても混合溶液は時間とともにしだいに薄まり，自然に均一な溶液になる. 図9・5のように，二つのビーカーに同じ溶媒を入れ，片方には不揮発性の溶質を加えるとやがて均一な溶液になる. その後，両方のビーカーを密閉容器中に入れて静置すると，時間経過とともに純溶媒の入ったビーカーから溶媒分子が自然に蒸発して気体となり，この気体はもう一つのビーカーの溶液中に入って溶液を希釈する. そのため，純溶媒の液量は減少し，溶液の液量は増加する. このことは，溶液の蒸気圧が溶媒の蒸気圧よりも低いことを示す. すなわち，純

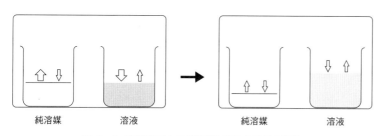

純溶媒　　溶液　　　　純溶媒　　溶液

図 9・5　密閉容器中の純溶媒と溶液の液量の変化

溶媒が蒸発するとともに，密閉容器内の蒸気圧は上昇し，その圧力は溶液の蒸気圧を超えるため，溶媒蒸気は溶液中に凝縮する．この溶媒の蒸発‐凝縮は純溶媒のビーカーが空になるまでつづく．

9・5・2　不揮発性の溶質を含む溶液の蒸気圧

不揮発性の溶質を含む溶液の蒸気圧 P_{soln} は次の式で表される．

$$P_{soln} = X_{solvent} P^{\circ}_{solvent}$$

ラウールの法則 Raoult's law

$X_{solvent}$ は溶媒のモル分率，$P^{\circ}_{solvent}$ は純溶媒の蒸気圧であり，この関係は**ラウールの法則**とよばれる．

蒸気圧降下 ΔP は，純溶媒と溶液の蒸気圧の差であるので，

$$\Delta P = P^{\circ}_{solvent} - P_{soln}$$

となる．また，溶媒のモル分率は溶質のモル分率を用いると，

$$X_{solvent} = 1 - X_{solute}$$

であるので，最初の式は，

$$P_{soln} = (1 - X_{solute})P^{\circ}_{solvent}$$

と書き換えられる．したがって，蒸気圧降下は次の式で与えられる．

$$\Delta P = X_{solute} P^{\circ}_{solvent}$$

この式は，蒸気圧降下は溶質のモル分率に比例することを示している．

9・5・3　揮発性の溶質を含む溶液の蒸気圧

揮発性 volatile

理想溶液 ideal solution

溶質が**揮発性**の場合は，溶質の蒸気圧も考慮する必要がある．揮発性溶質を含む溶液は，理想的なふるまいをする場合（**理想溶液**）と，非理想的なふるまいをする場合とがある．理想溶液では，溶質‐溶媒相互作用は，溶質‐溶質相互作用とも溶媒‐溶媒相互作用とも等しい（図 9・6a）．そのため，溶質についても溶媒についても溶液の全組成にわたってラウールの法則が成り立つ．液体 A（溶質）と液体 B（溶媒）からなる理想溶液の場合は，したがって，それぞれの分圧は，

$$P_A = X_A P^{\circ}_A \qquad P_B = X_B P^{\circ}_B$$

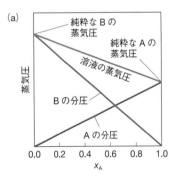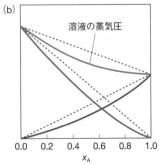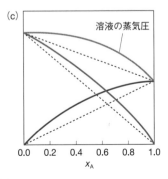

図 9・6　理想溶液（**a**）と非理想溶液（**b**），（**c**）

となり，全圧 P_{tot} は次の式で与えられる.

$$P_{tot} = P_A + P_B$$

　溶質-溶媒相互作用が溶媒-溶媒相互作用よりも大きい場合と小さい場合には，溶液は理想的でなくなり，**非理想溶液**とよばれる.非理想溶液であっても，溶液が十分に希薄な場合には理想溶液として振舞う（理想希薄溶液）.

非理想溶液 non-ideal solution

　溶質-溶媒相互作用が溶媒-溶媒相互作用よりも大きい場合（図9・6b）には，溶質は溶媒の蒸発を抑制するため，溶液の蒸気圧はラウールの法則から予測されるよりも小さくなり，溶質-溶媒相互作用が溶媒-溶媒相互作用よりも小さい場合（図9・6c）には逆に大きくなる.

例題 9・3　アセトン CH_3COCH_3 2.43 g と二硫化炭素 CS_2 3.95 g を混合した溶液の 35℃ における蒸気圧 $P_{tot}(exp)$ は 465 mmHg である.この溶液が理想溶液であるとした時の蒸気圧 $P_{tot}(ideal)$ を求めよ.ただし，35℃ における純アセトンと純二硫化炭素の蒸気圧は，それぞれ 332 mmHg, 515 mmHg である.もしこの溶液が理想溶液でないならば，アセトン-CS_2 の相互作用は，アセトン-アセトン相互作用や CS_2-CS_2 相互作用よりも大きいか小さいか.

解答

アセトンの物質量：$\dfrac{2.43}{58.08} = 0.0418$ mol

CS_2 の物質量：$\dfrac{3.95}{76.15} = 0.0519$ mol

アセトンのモル分率：$x_{アセトン} = \dfrac{n_{アセトン}}{n_{アセトン} + n_{CS_2}} = 0.446$

CS_2 のモル分率：$x_{CS_2} = 1 - 0.446 = 0.554$

アセトンの分圧：$P_{アセトン} = x_{アセトン}P°_{アセトン} = 0.446 \times 332 = 148$ mmHg

CS_2 の分圧：$P_{CS_2} = x_{CS_2}P°_{CS_2} = 0.554 \times 515 = 285$ mmHg

よって $P_{tot}(ideal) = 285 + 148 = 433$ mmHg となる.ゆえに $P_{tot}(ideal) < P_{tot}(exp)$ であり，これは図9・4(c) に相当するため，アセトン-CS_2 の相互作用は，アセトン-アセトン相互作用や CS_2-CS_2 相互作用よりも大きい.

9・6　凝固点降下と沸点上昇

　いずれの温度においても，溶媒に不揮発性溶質を溶かすと蒸気圧降下が起こることは§9・5・1で述べた.図9・7は純溶媒の状態図であり，純溶媒の昇華曲線，融解曲線，蒸気圧曲線は濃赤で示されている.溶液の蒸気圧は純溶媒の蒸気圧よりも常に低いため，溶液の融解曲線と蒸発曲線は薄赤の曲線のようになる.したがって，融解曲線は溶液のほうが低い温度で，蒸発曲線は溶液のほうが高い温度で 1.013×10^5 Pa の水平線と交わる.すなわち，凝固点は降下し，沸点は上昇する.

　凝固点降下 ΔT_f は次の式で表される.

凝固点降下 freezing-point depression

$$\Delta T_f = mk_f$$

ΔT_f は，K で表した溶液と純溶媒の凝固点の差で，m は質量モル濃度（mol kg^{-1}），k_f は溶媒の**モル凝固点降下定数**で，水では $k_f = 1.86$ K kg mol^{-1} である.

モル凝固点降下定数 molal freezing-point-depression constant

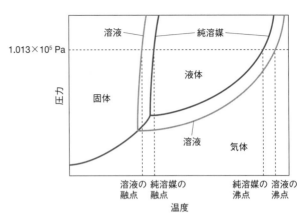

図 9・7　溶質による凝固点降下と沸点上昇

水が凍る時，水の結晶構造は溶媒粒子を排斥する傾向がある．たとえば，海水が部分的に凍った時，氷はもとの海水より含まれる塩分は少ない．

沸点上昇 boiling-point elevation

沸点上昇 ΔT_b は次の式で表される．

$$\Delta T_b = m k_b$$

モル沸点上昇定数 molal boiling-point-elevation constant

ΔT_b は，K で表した溶液と純溶媒の沸点の差で，m は質量モル濃度，k_b は溶媒の**モル沸点上昇定数**で，水では $k_b = 0.512 \text{ K kg mol}^{-1}$ である．

9・7　浸透圧

浸透 osmosis

浸透とは，濃度の低い溶液から濃度の高い溶液へ溶媒が移動する現象である．混合によるエントロピーの増大により，濃度の高い溶液は低い溶液から溶媒を引きつける．したがって，濃い溶液と薄い溶液を，溶質粒子は通さず溶媒粒子

半透膜 semipermeable membrane
浸透圧 osmotic pressure

のみ通過させるような**半透膜**で隔てておくと，濃い溶液側に溶媒粒子が移動（浸透）しようという力が働く．この浸透しようとする圧力を**浸透圧** $\overset{\text{バイ}}{\Pi}$ という．希薄溶液の浸透圧は，溶質や溶媒の種類には関係なく，溶液のモル濃度 c と絶対温度 T に比例する．これはファントホッフの法則といい，次の式で表される．

$$\Pi = cRT$$

体積 V の溶液に n mol の溶質が溶けているとすると，$c = n/V$ であるため，この式は次の式で表される．

$$\Pi V = nRT$$

9・8　強電解質溶液の束一性

§9・5で，束一性は溶解している粒子の種類にはよらず，粒子の数に依存する性質であることを述べた．**非電解質**であるスクロースの 0.10 mol kg^{-1} の水溶

非電解質 nonelectrolyte
強電解質 strong electrolyte

液の凝固点降下は，$\Delta T_f = 0.186 \text{ K}$ である．これに対し，NaCl は**強電解質**であるため，その 0.10 mol kg 水溶液の場合には 0.20 mol kg^{-1} 分の凝固点降下（$\Delta T_f = 0.372 \text{ K}$）が期待される．しかし，実際 0.10 mol kg^{-1} の NaCl 水溶液の凝固

点降下は $\Delta T_f = 0.348\,\mathrm{K}$, $0.010\,\mathrm{mol\,kg^{-1}}$ では $\Delta T_f = 0.0361\,\mathrm{K}$ である．このことは，$\mathrm{Na^+(aq)}$ と $\mathrm{Cl^-(aq)}$ の一部が $\mathrm{Na^+(aq)}$, $\mathrm{Cl^-(aq)}$ のような非解離の**イオン対**を形成し，一つの粒子として振舞っていることを示唆する．

イオン対 ion pair

$$\mathrm{NaCl(s)} + x\mathrm{H_2O} \longrightarrow \underset{m(1-\alpha)}{\mathrm{Na^+(aq)}, \mathrm{Cl^-(aq)}} \rightleftharpoons \underset{m\alpha}{\mathrm{Na^+(aq)}} + \underset{m\alpha}{\mathrm{Cl^-(aq)}}$$

NaCl の質量モル濃度を m，イオン対の解離度を α とすると，粒子の総濃度は，$m(1-\alpha) + m\alpha + m\alpha = m(1+\alpha)$ となる．したがって，$0.10\,\mathrm{kg\,mol^{-1}}$ と $0.010\,\mathrm{kg\,mol^{-1}}$ の NaCl 水溶液中では，それぞれ約 13%，6% がイオン対として存在していることになる．

章 末 問 題

問題 9・1　30℃ における純水の蒸気圧は $4.24 \times 10^3\,\mathrm{Pa}$ である．この温度において 135 mL の水に 24.5 g のグリセリン $\mathrm{C_3H_8O_3}$ を加えた水溶液の蒸気圧を計算せよ．ただし，グリセリンは不揮発性とし，水の密度は $1.00\,\mathrm{g\,mL^{-1}}$ とする．

問題 9・2　不揮発性の溶質を含む水溶液の沸点は 375.3 K である．この水溶液の 338 K における蒸気圧を求めよ．ただし，338 K における純水の蒸気圧は $2.50 \times 10^4\,\mathrm{Pa}$ である．

問題 9・3　互いに異性体であるイソプロピルアルコール $\mathrm{(CH_3)_2CHOH}$ とプロピルアルコール $\mathrm{CH_3CH_2CH_2OH}$ を質量比 2:1 で含む溶液の蒸気圧は，313 K において $1.11 \times 10^4\,\mathrm{Pa}$ であり，質量比 1:2 で含む溶液の蒸気圧は，313 K において $9.02 \times 10^3\,\mathrm{Pa}$ である．この温度におけるそれぞれの純アルコールの蒸気圧を計算せよ．また，異性体により蒸気圧が異なる理由を述べよ．

問題 9・4　25℃ において，炭素，水素，酸素からなる化合物 A 2.10 g を溶媒 B に溶かして全量を 175.0 mL とした．この溶液の浸透圧を測定したところ，$1.96 \times 10^6\,\mathrm{Pa}$ であった．また，化合物 A 24.02 g を完全燃焼させたところ，28.16 g の $\mathrm{CO_2}$ と 8.64 g の $\mathrm{H_2O}$ が生成した．化合物 A の分子式を決定せよ．

問題 9・5　亜硝酸は弱酸であり，水溶液中で一部が解離している．

$$\mathrm{HNO_2} \rightleftharpoons \mathrm{NO_2^-} + \mathrm{H^+}$$

7.050 g の $\mathrm{HNO_2}$ を水 1.000 kg に溶かして凝固点を測定したところ，$-0.2929℃$ であった．この水溶液中では何% の $\mathrm{HNO_2}$ が解離しているか計算せよ．ただし，水のモル凝固点降下定数 $k_f = 1.86\,\mathrm{K\,kg\,mol^{-1}}$ とする．

10 固体と結晶構造

　原子や分子が，二量体，三量体と凝集し，そのサイズが大きくなるとエネルギー的に安定化される．気体状の原子や分子は，凝集によるエネルギーの安定化が運動エネルギーよりも大きいと液体となり，さらに低温になると固体となる．固体内部での原子，分子，イオンの配列は，結合様式や物質の種類によりさまざまである．また，同一物質の固体であっても温度や圧力によりその配列が変化する．そして，固体の反応性や性質は，固体内での物質の配列により大きく異なる．したがって，固体の化学的特性を理解するためには，固体の内部の構造とその特性について理解を深める必要がある．

10・1 結晶と構造

結晶 crystal

単位格子 unit cell

　固体内部において，物質が周期的・立体的に配列した状態を**結晶**とよぶ．したがって結晶の構造は，微小な配列の三次元的な繰返しとして理解することができる．この配列の最小単位を**単位格子**とよぶ．単位格子は，三つの単位格子軸 a, b, c と，その辺の長さ a, b, c，また軸間の角度 α, β, γ によって定義される（図 10・1）．固体構造を理解するためには，単位格子についての知見が不可欠であり，固体の属する結晶系と単位格子がわかれば，その固体が示す特性を理解する手がかりとなる．

　表 10・1 に，七つの結晶系（立方，六方，三方，正方，斜方，単斜，三斜）と単位格子（単純格子，体心格子，面心格子，底心格子）を示す．単位格子は14種類に分類され，これらを**ブラベ格子**とよぶ．すべての結晶は，これらの格

ブラベ格子 Bravais lattice

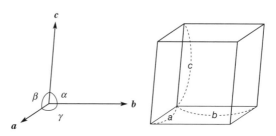

図 10・1　単位格子における結晶軸 (a, b, c)，辺の長さ (a, b, c) と軸間角度 (α, β, γ)

表 10・1　七つの結晶系とブラベ格子[†]			
	単純格子	体心格子	面心格子	底心格子

	単純格子	体心格子	面心格子	底心格子
立方晶系 $a = b = c$ $\alpha = \beta = \gamma = 90°$				
六方晶系 $a = b \neq c$ $\alpha = \beta = 90°$ $\gamma = 120°$				
三方晶系 $a = b = c$ $\alpha = \beta = \gamma \neq 90°$				
正方晶系 $a = b \neq c$ $\alpha = \beta = \gamma = 90°$				
斜方晶系 $a \neq b \neq c$ $\alpha = \beta = \gamma = 90°$				
単斜晶系 $a \neq b \neq c$ $\alpha = \gamma = 90°$ $\beta \neq 90°$				
三斜晶系 $a \neq b \neq c$ $\alpha \neq \beta \neq \gamma \neq 90°$				

†　本表の a, b, c, および α, β, γ は図 10・1 の定義に従う.

子のいずれかに属する.

- **単純格子**では，八つの頂点に格子点がある.
- **体心格子**では，八つの頂点とその中心に格子点がある.
- **面心格子**では，八つの頂点と六つの面の中心に格子点がある.
- **底心格子**では，八つの頂点と二つの相対する面の中心に格子点がある.

　面心立方格子では単位格子は単純立方格子であり，八つの頂点と各面の中心に格子点がある（図 10・2 左）．面心立方格子である金属として，Cu, Ag, Au, Ni, Pd, Pt などがあげられる．これらの金属では，各原子の配位数は 12 であり，

単純格子 primitive lattice, 略称 P

体心格子 body-centered lattice, 略称 I

面心格子 face-centered lattice, 略称 F

底心格子 side-centered lattice, 略称 C

面心立方格子 face-centered cubic lattice, 略称 fcc

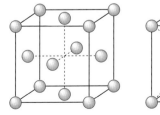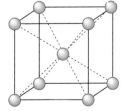

図 10・2　面心立方格子(左)と体心立方格子(右)の模式図

🎓 コラム 10・1 格子定数の決定法 🎓

結晶格子内の格子を含む任意の面を結晶面とよぶ. 結晶面が結晶軸 a, b, c と交差する座標を, 格子定数 a, b, c を単位として表すことで結晶面の指数を決定することができる. この時, 各軸における原点から交差点までの長さを格子定数の倍数として表し, それらの逆数の三つの最小の整数として (hkl) で表す. これを面指数 (ミラー指数) とよぶ. たとえば, (100) 面は, yz 面が x 軸と座標 a で交差す

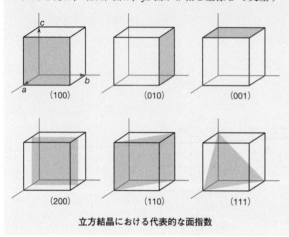

ることを示す. また (111) 面は, 面と結晶軸の交差座標が a 軸で a, b 軸で b, c 軸で c であり, それぞれ格子定数と一致することを示す. (200) 面は, (100) 面に平行で a 軸と $a/2$ で交差することを示す. 立方結晶の六つの面は, (100), (010), (001), $(\bar{1}00)$, $(0\bar{1}0)$, $(00\bar{1})$ である. ここで数字の上のマイナスの記号は, 面と結晶軸が負の座標で交わることを示す. 重要な面の指数を図に示す. 結晶では, これらの結晶面が周期的に繰返される構造となっている.

立方晶系では, (hkl) 面の面間の距離 d は, 次の式で求めることができる.

$$d = \frac{a}{\sqrt{h^2+k^2+l^2}}$$

ここで a は格子定数である. この式から, 面指数が大きくなると面間距離 d が小さくなることがわかる. 面間距離は, X線構造解析により実験的に決定することができる. たとえば, 面心立方格子である金の結晶に波長 154 pm の X 線を, 入射角 19.0° で照射した時, (111) 面の回折が観測される. ブラッグの条件 $(2d\sin\theta = \lambda)$ を使うと, $d = 237$ pm と求まる. 立方晶系での d と a との関係から $a = \sqrt{3}\,d = 410$ pm と格子定数が求まる.

立方結晶における代表的な面指数

(100)　(010)　(001)
(200)　(110)　(111)

単位格子内部の原子数は 4 である.

体心立方格子 body-centered cubic lattice, 略称 bcc

体心立方格子では単位格子は単純立方格子であり, 八つの頂点とその中心に格子点がある (図10・2右). 体心立方格子である金属として, Li, Na, K, Rb, Ba などがあげられる. これらの金属では, 各原子の配位数は 8 であり, 単位格子内部の原子数は 2 である.

例題 10・1 金属における面心立方格子(a) と体心立方格子(b)の原子の充塡率を求めよ.

解答 (a) 格子面の対角線上の長さは, 原子の半径 r の 4 倍に等しいことから, 格子の長さを a とすると, $4r = \sqrt{2}\,a$ であり, 格子内に 4 個の原子が存在するから, 単位格子内での原子の充塡率は,

$$充塡率 = \frac{4}{3}\pi r^3 \times \frac{4}{a^3} \times 100 \approx 74\,\%$$

(b) 立方体 (単位格子) の頂点から引いた中心を通る対角線の長さは, 原子の半径 r の 4 倍に等しいことから, 格子の長さを a とすると, $(4r)^2 = a^2 + (\sqrt{2}\,a)^2$ であり, 格子内に 2 個の原子が存在するから, 単位格子内での原子の充塡率は,

$$充塡率 = \frac{4}{3}\pi r^3 \times \frac{2}{a^3} \times 100 \approx 68\,\%$$

10・2 結晶の種類

結晶は, その立体構造や構成物質の化学的特性により分類することができる.

ここでは，結晶内部での化学結合に基づいて結晶を分類する．これまでに，化学結合として，共有結合，イオン結合，金属結合などを学んだ．多くの結晶は，これらの結合様式の違いに基づき分類することができる．

10・2・1　共有結合結晶

ダイヤモンドやシリコンは，すべての原子が四つの方向性をもつ共有結合により三次元的（立体的）に連続的につながる結晶構造である．これらの**共有結合結晶**は，その立体的な化学結合の特徴から非常に硬い結晶となる．また，それらの固体の融点も非常に高い（図 10・3 左）．炭素の同素体の一つであるグラファイト（黒鉛）は，炭素原子が三つの共有結合により二次元的に広がった網目状シートを形成し，それらが層状に重なった構造をもつ（図10・3右）．グラファイトでは，層を構成する炭素原子の一つの p 軌道電子が，層間の結合と層内の電子の移動に関与するため，高い電気伝導性と幅広い波長域での光吸収を示す．層間の結合はあまり強くないために，結晶全体としては柔らかいが，化学的に安定で融点は非常に高い．またグラファイト結晶では，結晶面に沿って開裂しやすい特徴（劈開という）をもつ．このような特徴を利用して，グラファイトの単分子膜（グラフェン）は，粘着テープを用いた機械的剥離法により作製することができる．グラフェンは化学気相成長法を用いても作製することができる．

共有結合結晶 covalent crystal

◆ グラフェンは薄いために透明度（光の透過率）が高い．また，高い電気伝導性と柔軟性を示す．これらの特徴から，フレキシブルエレクトロニクス，電池材料への応用が期待されている．さらに，面内方向に高い引っ張り強度があることから，他の材料と混合することで材料の強度向上の目的に使用されている．

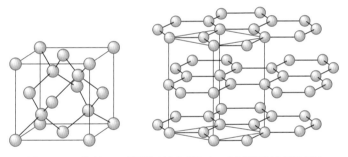

図 10・3　ダイヤモンド構造（左）とグラファイト構造（右）の模式図

10・2・2　イオン結晶

NaCl，CsCl のようなイオン結合からなる結晶は，**イオン結晶**とよばれる．Na と Cl イオン間のクーロン引力による結合が強く，結晶化により非常に大きなエネルギー安定化を受ける．図 10・4 に，NaCl におけるポテンシャルエネルギーの Na^+－Cl^- イオン間距離（R）依存性を示す．ポテンシャルエネルギーは，R_e において最小値を示し，それよりも大きなイオン間距離においてポテンシャルエネルギーは緩やかに上昇する．そして，距離が十分に大きくなるとポテンシャルエネルギーは一定となる．$R > R_e$ におけるポテンシャルエネルギーの安定化は，Na^+ と Cl^- のクーロン引力に起因する．その大きさは，イオン間の距離が R である時，$-e^2/4\pi\varepsilon_0 R$ である．ここで e は電荷，ε_0 は真空中の誘電率である．一方，$R < R_e$ におけるポテンシャルエネルギーの上昇は，Na^+ と Cl^- がさらに近づいて，互いの電子雲が重なりはじめると，核間および電子間のクーロン反

イオン結晶 ionic crystal

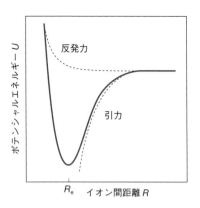

図 10・4 NaCl におけるポテンシャルエネルギーの Na$^+$ と Cl$^-$ のイオン間距離 R 依存性

発力が大きくなることに起因する. 電子は原子に局在しており, その存在確率は距離とともに指数関数的に減少する. したがって, 反発力の大きさは, イオン間の距離が R である時, $a \exp(-R/\rho)$ となる. ここで, a と ρ は定数である. このように, ポテンシャルエネルギーは, 引力と反発力の釣合によって決まる. イオン間距離 R_e は, 平衡状態での結合距離となる.

イオン結晶は, 融点が高く, 非常に硬いがもろい. 結晶内部でのイオンの位置の変化により, カチオン間, アニオン間に大きなクーロン反発力が誘起されるため, 劈開されやすい特徴を示す. 代表的な結晶構造として, NaCl 型, CsCl 型 (図 10・5), ZnS 型などがある. これらの結晶構造は, カチオンとアニオンのイオン半径の比で決まる (例題 10・2 参照).

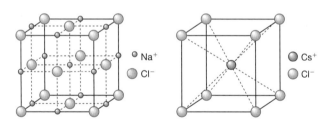

図 10・5 NaCl 型(左)と CsCl 型(右)の結晶構造の模式図

格子エネルギー lattice energy

結晶中のイオンを気体状の孤立したイオンにばらばらにするのに要するエネルギーを **格子エネルギー** とよぶ. イオン結晶中のイオン対と気体状の孤立したイオン対では, 結合エネルギーや結合距離が異なる. たとえば, NaCl 結晶中の Na$^+$ と Cl$^-$ の距離は, 孤立した NaCl 分子よりも結合距離が長い. これは結晶中の Na$^+$ が単一の Cl$^-$ とのみ相互作用するのではなく, 複数の Cl$^-$ と相互作用するためである. また, 結晶中で Na$^+$ は, 最近接距離 R_0 にある 6 個の Cl$^-$ に加えて, $\sqrt{2}\,R_0$ の距離にある 12 個の Na$^+$, またさらにそれよりも離れた距離に存在する Na$^+$ と Cl$^-$ の影響を受けることになる. その結果, クーロンポテンシャルは,

$$U_C = -\frac{N_A e^2}{4\pi\varepsilon_0 R_0}\left(6 - \frac{12}{\sqrt{2}} + \cdots\right)$$

で表される. ここで N_A はアボガドロ定数である. 格子エネルギーは, このクーロンポテンシャルと原子核間の反発力に由来するポテンシャルエネルギーを用いて求めることができる. 一般に, 格子エネルギーは, 定数 A を用いて, 次の式で示される. 定数 A は**マーデルング定数**とよばれ, 結晶構造に依存する定数である.

マーデルング定数 Madelung constant

$$U_{latt} = -N_A \frac{Ae^2}{4\pi\varepsilon_0 R_0}\left(1 - \frac{\rho}{R_0}\right)$$

NaCl 型結晶では, $A = 1.748$, CsCl 型結晶では, $A = 1.763$ である. 格子エネルギーは図 10・6 に示す, 原子→イオン→結晶→固体と気体→原子の循環過程 (ボルン–ハーバーサイクル) におけるそれぞれの熱力学量を用いて決定することもできる (表 10・2).

◆ ボルン–ハーバーサイクルとは, 格子エネルギーを実験的に決定する手法として, ボルンとハーバーにより独立に提案された循環過程(図 10・6)のこと.

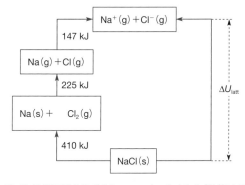

図 10・6 NaCl 結晶に対するボルン–ハーバーサイクル(数値は状態間のエネルギー差, 単位は kJ mol^{-1}). 格子エネルギー ΔU_{latt}(右の過程)は, 左の段階的過程のエネルギー和(782 kJ mol^{-1})と等しい.

表 10・2 結晶の格子エネルギー (298 K)

結晶	U_{latt}/kJ mol^{-1}
NaF	918
NaCl	782
NaBr	749
NaI	701

出典: "バーロー物理化学 下 (第5版)" 藤代亮一訳, 東京化学同人 (1990).

10・2・3 分 子 結 晶

分子間力により分子が規則的に集合・配列した結晶を**分子結晶**とよぶ. 分子間力は, 共有結合やイオン結合に比べて非常に弱いために, 結晶化によるエネルギーの安定化はあまりない. したがって, 一般に融点が低く, 昇華しやすい特徴を示す. 分子内に局在する電子は移動ができないため, 分子結晶は電気を通さない場合が多い. 代表的な分子結晶としては, ドライアイス CO_2 やヨウ素 I_2 があげられる.

分子結晶 molecular crystal

◆ アルゴンなどの貴ガス原子の結晶も分子結晶である.

10・2・4 金属結晶

金属結合に関与する電子は，一つの原子に局在することなく，複数の原子にまたがって自由に移動できるため，**自由電子**とよばれる．自由電子は，複数の原子に共有されることで金属結合を形成する．このような結合の特徴から，**金属結晶では結合の方向性がなく，原子が最密，最大配位する構造をとりやすい**．また，結合の方向性がないことから，固体は変形しても部分的に結合を保つことができる特徴がある．金属結晶が延性や展性を示すのも結合の方向性や特徴と関係があり，圧力をかけて延ばすことにより金が 100 nm 程度の厚みの薄膜となるのはこのような結合様式に起因する．金属結晶は，体心立方格子，面心立方格子，六方最密充塡構造をとる場合が多い．金属結合の強さは，固体の融解熱から求めることができる．また，融解熱と融点には正の相関がある．図 10・7 からわかるように，アルカリ金属では，原子番号の増大とともに融点が小さくなるが，それ以外の金属では，原子番号と融点に明確な相関はなく複雑に変化する．これは，金属結合の強さは，電子密度，格子の大きさ，金属半径などにより変化するためである．

自由電子 free electron

金属結晶 metallic crystal

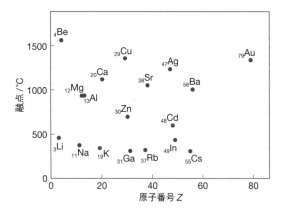

図 10・7 代表的な金属の融点と原子番号との相関

例題 10・2 NaCl と CsCl のイオン結晶は，ともにカチオンとアニオンが 1:1 でイオン結合する結晶であるが，その構造は違う．その理由を説明せよ．

解答 カチオンに隣接することができるアニオンの数は，幾何学的にカチオン r^+ とアニオン r^- の半径の比(r^-/r^+)に依存し，これにより結晶構造が決まる．たとえば，カチオン 1 個にアニオン 8 個が隣接することができる半径比 r^-/r^+ は，1.37 より小さい必要がある．一方，カチオン 1 個に 6 個のアニオンが隣接することができる半径比 r^-/r^+ は，2.42 より小さい必要がある．$r_{Cl^-}/r_{Na^+} = 1.89$，$r_{Cl^-}/r_{Cs^+} = 1.07$ であるので，NaCl では，Na^+ のまわりに 6 個の Cl^- が隣接する．一方，CsCl では，Cs^+ のまわりに 8 個の Cl^- が隣接することになる．したがって，NaCl 結晶では岩塩型構造（図 10・5 左），CsCl 結晶ではセシウム型構造（図 10・5 右）をとる．

10・3 固体と電気的性質

固体の化学的特性は，それを構成する原子や分子の化学的特性とは異なる．これは，原子，分子，またイオンが集合配列することで物質のエネルギー構造

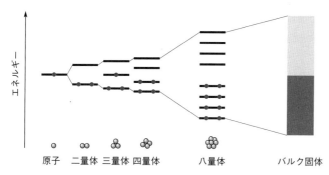

図 10・8　原子数と軌道エネルギー準位の模式図

が変化するためである．一例として，原子，二量体，三量体，さらに大きな集合体からバルク固体に至る軌道のエネルギー準位の模式図を図 10・8 に示す．孤立した原子では，エネルギー準位が離散化しているが，二量体，三量体では電子軌道間の相互作用により，エネルギー準位が複雑化する．さらに，集合体のサイズが大きくなるとエネルギー準位がさらに複雑化し，その間隔が狭くなる．固体では，隣接するエネルギー準位間の間隔は無視できるほど狭くなり，連続的なバンドとなる．**バンド**には，電子により完全に占有されるバンド（充満帯）と一部が占有されるバンド，そして非占有のバンド（空乏帯）に分かれる．Li 固体では，1s バンドは電子で完全に占有される．一方，2s バンドは電子で完全に占有されない．その結果，2s バンド内の電子は，特定の原子に局在するのではなく，複数の原子に非局在化することが可能である．したがって，リチウム固体内の電子は，複数の原子間を障壁なく移動する自由電子的なふるまいを示す．このような性質から，リチウムは金属に分類される．また，電子の伝導にかかわるバンドは**伝導帯**とよばれ，固体では，物質の種類や格子構造により，このバンドの形状と電子分布が異なる．したがって，物質により化学的，また電気的な特性が異なる．

　金属では，自由電子の特性に由来した特徴的な電子的，また光学的特性を示す．金属固体の両端に電圧を印加すると，自由電子は正極側に移動し，負極側からは電子が金属に注入される．したがって，金属では電流が流れる．金属において電気抵抗が小さいのは，電子が自由電子として振舞うからであり，そのふるまいが制限されると電流が流れにくくなり，電気抵抗が大きくなる．温度

バンド band

伝導帯 conduction band

金属 metal

🎓 コラム 10・2　自由電子と反射率 🎓

　空気中で金属表面に垂直に光を入射した時の反射率 R は，次式で表される．

$$R = \frac{(1-n)^2 + k^2}{(1+n)^2 + k^2}$$

ここで n と k は，それぞれ屈折率の実部と虚部である．屈折率 N には実部 n と虚部 k があり，一般に $N = n + ik$ で表される．透明な物質では，虚部が無視できるが，不透明な（光吸収がある）物質では，虚部が無視できない．

　たとえば，水の屈折率は，実部のみで表され $N = 1.33$ となるが，金の屈折率（波長 617 nm）は，実部と虚部を使って，$N = 0.21 + 3.27\,i$ となる．金属の屈折率は，自由電子密度と密接に関係し，金属では虚部の値が大きい．このため金属では反射率が高くなる．

を高くした場合に電気抵抗が大きくなるのは，金属格子の揺らぎが大きくなり，自由電子の運動が制限を受けるためであり，結果として電子の流れが悪くなる．

　金属のもう一つの特徴として，反射率が高いことがあげられ，しばしば金属は反射材として利用される．この金属の高い反射率も自由電子の特性と関係がある．理想的な自由電子のふるまいをする完全導体の表面では，光は金属内部に入り込むことができない．つまり，入射した光は，すべて反射されることになる．このように，自由電子の存在により金属の高い反射率や金属光沢が説明される．金は特徴的な色を示すが，これは波長 520 nm よりも短波長側で光を吸収し，反射率が低下することに起因する．同じ貴金属である銀では，この吸収がより短波長側（< 370 nm）で起こるために，可視光域（波長 380〜780 nm）全域にわたり高い反射率を示し，結果として白みがかった金属光沢を示す．

　半導体や絶縁体では，金属と異なる電気伝導性，熱伝導性，光学特性を示す．これらの違いは，物質のエネルギー構造を用いて理解できる．図 10・9 に金属，半導体，絶縁体のエネルギーバンドの模式図を示す．バンドには，電子ですべて充満されたバンド（充満帯），一部が占有されたバンド，全く占有されていないバンド（空乏帯）がある．また，電子が占有することがないエネルギー領域（禁止帯）が存在する．絶縁体と半導体では，絶対零度において充満帯と空乏帯があり，これらのバンドの間に禁止帯がある．この禁止帯の幅 E_g をエネルギーギャップまたはバンドギャップとよぶ．また，結晶の構成原子の価電子からなる充満帯を，特に**価電子帯**とよぶ．

価電子帯 valence band

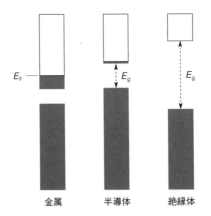

図 10・9　金属，半導体，絶縁体のエネルギーバンドの模式図．色付部分は，電子が占有していることを示す．絶縁体における色付部は充満帯，白抜部は空乏帯を示す（E_F: フェルミエネルギー，E_g: バンドギャップ）．

　金属では，充満帯とバンドの一部が電子で占有されたバンドがある．バンドの一部が電子に占有されると，電子は自由に動くことができる．自由電子密度は，金属の諸特性と関係している．フェルミエネルギー E_F は，絶対零度において電子が占有する最高の準位のエネルギーである．フェルミエネルギーは，自由電子密度と関係があり，密度とともに大きくなる．フェルミエネルギー近傍での電子の分布は，フェルミ−ディラックの分布に従い，また金属の電子比熱は，フェルミエネルギー近傍の電子の分布と関係する．前にも述べたとおり，

表 10・3　半導体と絶縁体のバンドギャップ E_g（300 K）

半導体	$E_g/\mathrm{eV}^\dagger$	絶縁体	$E_g/\mathrm{eV}^\dagger$
GaN	3.44	SiO_2	9
GaAs	1.43	NaCl	8.0
Si	1.11	KBr	7.3
Ge	0.66	ダイヤモンド	5.47

†　1 eV = 1.602×10⁻¹⁹ J, 1 mol 当たり 96.48 kJ に相当.
出典：C. J. H. Wort, R. S. Balmer, *Materialstoday*, **11**, 22（2008）.
"キッテル固体物理学入門（第 8 版）"宇野良清ほか訳，丸善出版
（2005）. E. Vella, et al., *Phys. Rev. B*, **83**, 174201（2011）. T. Timusk
and W. Martienssen, *Phys. Rev.*, **128**, 1656（1962）.

金属の光学特性も自由電子密度と深く関係しており，金属の特性は，伝導帯の電子の特性と密接に関係している.

　半導体では，バンドギャップが比較的小さいため（表 10・3），熱励起により充満帯から空乏帯に電子を励起することができる. その結果，バンドの一部が電子で満たされているか，バンドの一部に空きができる. そして空乏帯に励起された電子は，電気伝導性を示す. したがって半導体では高温になるほど電気を流しやすくなる. 半導体では，電気伝導に電子とホール（正孔）の両方がかかわり，これらはキャリアとよばれる. キャリアは光励起によってもつくられ，伝導帯に電子が，価電子帯にホールがつくられる. 半導体には，直接遷移型半導体と間接遷移型半導体がある. 前者は，価電子帯から伝導帯へ直接光吸収により励起することができる. 一方，間接遷移型半導体では，価電子帯から伝導帯へ電子が励起される際に，格子などの振動励起を介して光吸収が起こる. GaNや GaAs は直接遷移型半導体，Si や Ge は間接遷移型半導体である.

半導体 semiconductor

　絶縁体では，充満帯と空乏帯が存在する. 固体中の電子は，バンドを完全に占有しているために電子が移動するスペースがない（パウリの排他原理により他の状態に移行することができない）ために，電場が印加されても動くことができず，電流が流れない. また絶縁体では，バンド間のエネルギーギャップが大きいために（表 10・3），可視光により電子を充満帯から空乏帯に励起することができない. ガラスやプラスチックなど多くの絶縁体が透明であるのは，このようにバンドギャップが大きく，可視光を吸収しないためである.

絶縁体 insulator

例題 10・3　長さ 1 m，断面積 1 mm² の金属ワイヤーの両端に 0.1 V の電圧を印加した場合に流れる電流の大きさを求めよ. ただし，金属の電気伝導率は，10⁶ S m⁻¹ であるものとする.

解答　電気伝導率 σ の逆数は，電気抵抗率 ρ である. 電気抵抗 R はワイヤの長さ l に比例し，その断面積 S に反比例するので，$R = \rho l/S = l/\sigma S$ である. オームの法則より，電流 I は電圧 V に比例し，抵抗 R に反比例する. つまり，$I = V/R = V\sigma S/l$ となる. $V = 0.1$ V, $l = 1$ m, $S = 1$ mm², $\sigma = 10^6$ S m⁻¹ であるので，単位に注意して計算すると $I = 0.1$ A である. 同様の条件で，電気伝導率 10⁻⁸ S m⁻¹ の絶縁体ワイヤに流れる電流の大きさを計算すると $I = 10^{-15}$ A である. 金属と絶縁体の電気伝導率の違いからもわかるとおり，両者の電気特性にはきわめて大きな違いがある.

◆S（ジーメンス）= Ω⁻¹

10・4　量子ドットとコロイド

　目に見える大きさの（バルク）固体を分割し小さくしていくと，微粒子となり，最終的に単一の分子や原子となる．では，どのくらいの大きさまでが，固体であるとみなすことができるだろうか．その境界は明瞭ではないが，微粒子のエネルギー構造が固体のバンド構造と近似的に等しくなる最小の微粒子を最小の固体と考えると，金属では大きさ数ナノメートルが固体の微小極限である．大きさが数ナノメートルから数百ナノメートルの微粒子は，そのエネルギー構造は固体のバンド構造と一致するが，光に対する特異な応答やブラウン運動のために，バルク固体にはない特徴的な特性を示す．これらのサイズの微粒子は，**コロイド粒子**とよばれる．コロイド粒子は，液体や気体に混合，分散することができ，粒子が分散された状態を**コロイド**とよぶ．

　コロイド粒子を分散させた溶液に（レーザー）光を照射すると，その光路が明瞭に観察される．この現象は**チンダル現象**とよばれる（図10・10）．これは，コロイドが光を強く散乱する特徴を示すためである．また，観測される光路が揺らいでいるように見えるのは，コロイドがブラウン運動しているためである．このように，コロイドはバルク固体とは違った性質を示す．

　代表的なコロイドとしては，牛乳，煙，石鹸水，ゼリーなどがあげられる．また，ステンドグラスや切子などの着色ガラスの着色剤として使用されている金や銀などの微粒子もコロイドである．金や銀のコロイドでは，光照射により粒子内部の自由電子の集団運動が励起される．これを**プラズモン**とよぶ．プラズモンの吸収波長は，粒子の形状やサイズにより大きく変化するために，さまざまに呈色し，さらに粒子の周囲の環境によりその呈色は変化する．これらの特徴を活かしたテレビやパソコンのディスプレー，また病理診断・治療への応用が進んでいる．

　コロイドよりも小さいナノメートルサイズ以下の粒子は，**量子ドット**とよばれる．量子ドットは，バルク固体とは電子状態が異なり，エネルギー準位が一部離散化している．このため，その特性としては分子と近い．量子ドットのバンドギャップはサイズの減少とともに増大する．この効果は**量子サイズ効果**とよばれる．量子ドットのサイズを精密に変化させると吸収波長と発光波長を精緻に制御することができる．半導体，金属，炭素などを構成要素とする量子ドットは化学合成することができ，これを固体として得ることができる．良好な発光特性を示す量子ドットは，テレビやパソコンのディスプレー，また生体イメージングなどに活用されている．

コロイド粒子 colloidal particle

コロイド colloid

チンダル現象 Tyndall effect

◆ 昼間に空が青いのは，大気中に存在する粒子により青色の光が強く散乱されるからであり，夕方に空が赤くなるのは，赤色の散乱された光が眼に届くためである．昼間と夕方で空の色が違うのは，太陽光の地表に対する入射角度の違いにより，光の散乱される方向が光の波長により違うためである．このように，光の散乱は，光の波長や光の入射角度により変化する．

図 10・10　金コロイド溶液におけるチンダル現象

プラズモン plasmon

量子ドット quantum dot

量子サイズ効果 quantum size effect

10・5　非晶質固体

　これまで固体内で物質が規則的に配列している固体，つまり結晶の構造と化学的特性について述べてきた．一方で，固体の内部では物質の配列が不規則である場合がある．この時，物質は**非晶質固体**とよばれる（図10・11）．一般に，非晶質固体は，結晶性固体と比べて柔らかく，その化学的特性は，結晶性固体とは類似しているが完全には一致しない．また非晶質固体中では，物質の配列が

非晶質固体 amorphous, アモルファスともいう．

◆ 結晶でもなくアモルファスでもない固体で，原子や分子の配列に一定の規則性（長距離並進秩序）があるものの，結晶のような周期性が認められない固体を準結晶という．シュヒトマンは，Al_6Mn 急冷合金中に，はじめて準結晶を見いだし，この発見の功績により，2011 年にノーベル化学賞を受賞した．

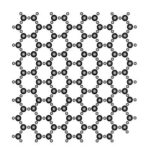 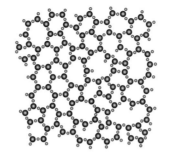

図 10・11 結晶(左)と非晶質固体(右)の原子配列の模式図

不規則であるため,不均一性が大きく,化学的特性が結晶と比べて不明瞭である.

　非晶質固体の一例として,煤があげられる.煤では,ダイヤモンドと比べて機械的強度はかなり小さい.また,黒鉛のように電気伝導性を示さない.これらの違いは,固体内での原子の配列や結合が無秩序であることに起因する.

　ガラスも代表的な非晶質固体の一つである.石英ガラスは,石英結晶 SiO_2 を 1800℃ 以上で加熱融解し,冷却すると得られる.石英結晶では,Si と O が規則的な配列構造をとるが,石英ガラスではその規則性が失われ結晶構造をもたない.ガラスは明確な融点をもたず,ある温度範囲で軟化する軟化点を示す.

◆石英ガラスは,光ファイバーや紫外用光学部品に使われる.窓ガラスや容器のガラスに使われるのは,ソーダガラスである.これは,ソーダ灰 Na_2CO_3,石灰石 $CaCO_3$,硅砂 SiO_2 を混合してつくられる.ソーダガラスは,石英ガラスに比べて軟化点が低い.通常のガラス材料にホウ砂 $Na_2B_4O_7 \cdot 10H_2O$ を混合してつくられるのは,ホウケイ酸ガラスである.これは耐熱性,耐薬品性にすぐれていることから,理化学器具や医療器具によく使われる.

10・6 結晶の分析法

　固体が結晶であるか,非晶質であるかを見た目で判断することは困難である.これを分析する手法として,**X 線回折法,中性子回折法,ラマン分光法**などがある.X 線回折では,結晶に入射した X 線が結晶中の原子により散乱される.図 10・12 に示すように等間隔(距離 d)で並んでいる結晶面に対し,角度 θ で X 線を入射すると,X 線はそれぞれの結晶面で反射される.隣接する結晶面で反射された X 線の行路差が X 線の波長 λ の整数倍($2d \sin \theta = n\lambda$)に一致すると,結晶面で反射(回折)される X 線が観測面で強め合い回折として観測され

X 線回折法 X-ray diffraction

中性子回折法 neutron diffraction

ラマン分光法 Raman spectroscopy

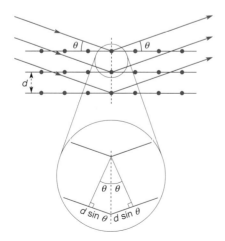

図 10・12 **X 線回折法**.結晶面による X 線反射の模式図.θ:入射角,d:結晶面間の距離,隣接する結晶面で反射される X 線の位相差:$2d \sin \theta$.

る．これを**ブラッグの法則**とよぶ．結晶面間の距離のばらつきが大きく，結晶性が低い（非晶質である）場合には，ブラッグの条件が満たされず回折が観測されない．したがって，回折光強度の強弱により結晶性を評価することができる．

　ラマン分光法では，物質の振動に関する知見を得ることができる．結晶性が高い場合に，振動バンドの線幅が細く観測される一方，結晶性が低い（非晶質である）場合には，観測されるバンドの線幅が広がる．したがって，ラマンバンドの線形の解析から，固体の結晶性を評価することができる．ラマン分光法は固体物質の特性の理解や状態の解析にも有効である．たとえば，カーボンナノチューブでは，グラファイトで観測されるバンドと欠陥に由来するバンドが観測され，これらのバンド比の比較から試料の結晶性の評価が行なわれている．

章 末 問 題

問題 10・1　銀の密度は，10.5 g cm^{-3} である．格子定数を計算せよ．

問題 10・2　共有結合結晶，イオン結晶，分子結晶，金属結晶に関して，結合，融点，電気伝導性などの特性をまとめた表を作成せよ．

問題 10・3　1.0 g の金から厚み 100 nm の金薄膜をつくる．薄膜の面積を求めよ．ただし，金の密度を 19.3 g cm^{-3} とする．

問題 10・4　石英ガラスと氷は，それぞれ結晶か非晶質固体か理由とともに答えよ．

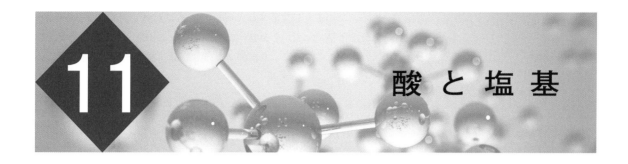

11 酸 と 塩 基

酸や塩基は身近なところにみられる化学物質であり，酸と塩基の反応である中和反応は，化学において最も基本的な反応の一つである．中和反応を使った酸塩基滴定は基本的な分析手段として用いられている．また，溶液の pH は種々の化学反応に重要な影響を及ぼすことが多く，反応中に pH を変化させないようにするために緩衝液がよく用いられる．特に生体内の反応などではこの緩衝作用が重要である．本章ではまず酸・塩基の定義がどのように拡張されてきたか，ついで酸・塩基の強さと酸解離定数や pH との関係，塩の加水分解，緩衝液，酸塩基滴定曲線などについて学ぶ．

11・1 酸・塩基の定義

11・1・1 アレニウスの定義

酸と塩基の古典的な概念は**アレニウス**によってまとめられ，それによると酸は水溶液中において解離し，**プロトン** H^+ を生じる物質であり，塩基は水溶液中において解離して**水酸化物イオン** OH^- を生じる物質である．酸を HA，塩基を MOH とすれば，これらは水溶液中で次のように解離する．

アレニウス Svante August Arrhenius

プロトン proton

水酸化物イオン hydroxide ion

$$HA \rightleftharpoons H^+ + A^- \qquad (11 \cdot 1)$$
$$MOH \rightleftharpoons M^+ + OH^- \qquad (11 \cdot 2)$$

酸と塩基を反応させると H^+ と OH^- から H_2O が生成し，残りから塩 MA が生成する．また，塩基には MOH の形の化合物だけではなく，H_2O と反応して OH^- を生成するアンモニアのようなものも含まれる．

$$NH_3 + H_2O \rightleftharpoons NH_4^+ + OH^- \qquad (11 \cdot 3)$$

11・1・2 ブレンステッド-ローリーの定義

アレニウスの定義では水溶液中での酸・塩基の定義しかできなかったが，気相や他の溶媒でも酸・塩基を定義できるように，**ブレンステッド**と**ローリー**は独立に酸・塩基の拡張した定義を考え出した．ブレンステッド-ローリーの定義では，酸はアレニウスの定義と同様に H^+ を放出できる物質（プロトン供与体）と定義され，塩基は逆に H^+ を受取ることができる物質（プロトン受容体）

ブレンステッド Johannes Nicolaus Brønsted

ローリー Thomas Martin Lowry

と定義される．このように定義すると（11・1）式において HA は酸であるが，逆反応を考えると A^- は H^+ を受取って HA となることから，塩基と定義される．このように H^+ の脱着により関係づけられる酸・塩基を互いに**共役**しているという．

共役 conjugation

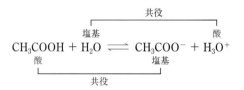

$$\overset{\text{塩基}}{CH_3COOH} + \overset{\text{酸}}{H_2O} \rightleftharpoons \overset{\text{酸}}{CH_3COO^-} + \overset{\text{塩基}}{H_3O^+}$$

共役塩基 conjugate base
共役酸 conjugate acid

上式において CH_3COOH は酸であり，CH_3COO^- はその**共役塩基**である．また，H_2O は H^+ を受取っていることから塩基であり，H_3O^+ はその**共役酸**である．また，（11・3）式の反応では NH_3 は塩基であり NH_4^+ はその共役酸であり，H_2O は酸であり，OH^- はその共役塩基である．

$$\overset{\text{塩基}}{NH_3} + \overset{\text{酸}}{H_2O} \rightleftharpoons \overset{\text{酸}}{NH_4^+} + \overset{\text{塩基}}{OH^-}$$

両式をみると H_2O は酸としても塩基としても働くことがわかる．H_2O の共役塩基は OH^- であり，共役酸は H_3O^+ である．ここで現れてきた H_3O^+ は H^+ が水和した形のイオンで，オキソニウムイオンあるいはヒドロニウムイオンとよばれている．実際には水溶液中では H^+ の形では存在しておらず，オキソニウムイオンの形で存在している．

11・1・3 ルイスの定義

ルイス Gilbert Newton Lewis

酸・塩基の定義をさらに拡張したものが**ルイス**による定義である．ルイスの定義では酸は電子対受容体と定義され，塩基は電子対供与体と定義される．ブレンステッド-ローリーの定義では H^+ の移動をもとにして定義されるが，H^+ は電子受容体とみなすことができるため，ルイスの定義では H^+ そのものがルイス酸として定義される．このためブレンステッド-ローリーの酸・塩基は，ルイスの酸・塩基の特殊な場合と考えることができる．ブレンステッド-ローリーの定義では酸や塩基として考えられなかった化学種も，ルイスの酸・塩基の定義では酸や塩基として考えることができる場合がある．たとえば，

$$BF_3 + F^- \rightleftharpoons BF_4^-$$

電子対 electron pair

という反応において，BF_3 は F^- の**電子対**を受取っているためルイス酸と考えられる．しかし，H をもたないため H^+ を放出することができず，ブレンステッド-ローリーの定義では酸として取扱うことはできない．一方，この反応では，F^- がルイス塩基として働いている．

また，ルイスの定義によると金属錯体における配位結合の形成も酸塩基反応と考えることができる．たとえば，アンモニアはプロトンに電子対を供与してアンモニウムイオンとなるが，同様に金属イオン M^+ に配位して金属錯体を形

成することができる（§3・7参照）．この場合，金属イオンが**ルイス酸**であり，配位子が**ルイス塩基**となる．

ルイス酸 Lewis acid
ルイス塩基 Lewis base

$$H^+ + NH_3 \rightleftharpoons NH_4^+$$
$$M^{n+} + mNH_3 \rightleftharpoons [M(NH_3)_m]^{n+}$$

ルイス酸 ルイス塩基

11・2 水の電離と pH

極度に精製された純水でもわずかながら電気伝導性を示すことから，ごく少量の H_2O 分子が H^+ と OH^- に解離していると考えられた．

$$H_2O \rightleftharpoons H^+ + OH^- \tag{11・4}$$

この時の電離平衡定数 K は $[H^+][OH^-]/[H_2O]$ であるが，$[H_2O]$ はほぼ一定と考えられるので，電離平衡定数の代わりに次式のように定義される**水のイオン積** K_w を用いることができる．

水のイオン積 ion product constant of water

$$K_w = [H^+][OH^-] \tag{11・5}$$

詳細な測定によると25℃で $K_w = 1.0\times10^{-14}(mol\ L^{-1})^2$ であることがわかっており，このイオン積は酸性や塩基性溶液中でも一定である．

H^+ 濃度をわかりやすく表示するために $[H^+]$ の常用対数に負号をつけたものを pH と定義し，酸性度の尺度として用いている．

$$pH = -\log_{10}[H^+] \tag{11・6}$$

また，塩基性水溶液を取扱う場合に，pH の代わりに塩基性の程度を表すものとして $[OH^-]$ の常用対数に負号をつけた pOH が用いられることがある．

$$pOH = -\log_{10}[OH^-]$$

(11・5) 式の関係があるため，$pOH = pK_w - pH$（ただし $pK_w = -\log_{10}[K_w]$）となり，25℃では $14-pH$ とすることができる．

例題 11・1 純水(a)，$0.010\ mol\ L^{-1}$ 塩酸(b)，および $0.010\ mol\ L^{-1}$ 水酸化ナトリウム水溶液(c)の 25℃ での pH を求めよ．
解答 (a) 純水では $[H^+]$ と $[OH^-]$ が等しいことから pH は $-\log_{10}(1.0\times10^{-7})$ $= 7.0$ となる．
(b) $0.010\ mol\ L^{-1}$ の塩酸は強酸であるから完全解離しているため，$[H^+] = 1.0\times10^{-2}$ であり pH は $-\log_{10}(1.0\times10^{-2}) = 2.0$ となる．
(c) $0.010\ mol\ L^{-1}$ の水酸化ナトリウム水溶液も完全解離しているため，$[OH^-] = 1.0\times10^{-2}$ であるから $[H^+] = K_w/1.0\times10^{-2}$ となり，pH は $-\log_{10}(1.0\times10^{-12}) = 12.0$ となる．

11・3 酸・塩基の解離と pK_a

ブレンステッド酸 HA を H_2O に溶解させると次の平衡が成り立ち，その平衡定数 K_a は**酸解離定数**とよばれる．

酸解離定数 acid dissociation constant

表 11・1　酸・塩基の酸解離定数および塩基解離定数 (298 K)

化合物	分子式		$K_a/\text{mol L}^{-1}$	pK_a	化合物	分子式		$K_a/\text{mol L}^{-1}$	pK_a
酸					リン酸	H_3PO_4	K_{a1}	7.5×10^{-3}	2.12
塩酸	HCl		—	<0			K_{a2}	6.2×10^{-8}	7.21
硝酸	HNO_3		—	<0			K_{a3}	4.8×10^{-13}	12.32
ギ酸	HCOOH		1.77×10^{-4}	3.75	化合物	分子式		$K_b/\text{mol L}^{-1}$	pK_b
酢酸	CH_3COOH		1.75×10^{-5}	4.76	塩基				
モノクロロ酢酸	$CH_2ClCOOH$		1.40×10^{-3}	2.86	アンモニア	NH_3		1.8×10^{-5}	4.74
安息香酸	C_6H_5COOH		6.30×10^{-5}	4.20	メチルアミン	CH_3NH_2		4.38×10^{-4}	3.36
炭酸	H_2CO_3	K_{a1}	4.3×10^{-7}	6.37	ジメチルアミン	$(CH_3)_2NH$		5.12×10^{-4}	3.29
		K_{a2}	5.6×10^{-11}	10.25	トリメチルアミン	$(CH_3)_3N$		5.27×10^{-5}	4.28
硫化水素酸	H_2S	K_{a1}	5.7×10^{-8}	7.24	アニリン	$C_6H_5NH_2$		3.83×10^{-10}	9.24
		K_{a2}	1.2×10^{-15}	14.92					

出典: 高橋博彰ほか, “現代の基礎化学”, 朝倉書店 (1989).

$$HA \rightleftharpoons H^+ + A^- \qquad K_a = \frac{[H^+][A^-]}{[HA]} \qquad (11 \cdot 7)$$

　酸解離定数は値が大きいほど H^+ を解離しやすく, 強い酸となることから, 酸の強さの指標として使われる. 通常 K_a の常用対数に負号をつけた pK_a $= -\log_{10}K_a$ を酸の強さの指標とすることが多い. たとえば, 酢酸の K_a は $1.75\times10^{-5}\,\text{mol L}^{-1}$, シアン化水素酸の K_a は $7.2\times10^{-10}\,\text{mol L}^{-1}$ であり, 桁が大きく異なっている. このような数値を比較する時は 10 の指数部のみの比較ではなく, 数値部分も考慮された常用対数を使ったほうが正確に扱える. また, 強酸以外の K_a は 1 より小さく, ほとんどの酸で $\log_{10}K_a$ は負になってしまうので, pK_a の定義において負号がつけられている. pK_a の値が大きいほど弱酸であり, 小さいほど強酸である. 表 11・1 に種々の酸の pK_a 値を示した. ここで強酸は水溶液中では完全解離するため (H_3O^+ より強い酸は H_2O に H^+ を供与するため), $pK_a < 0$ となる. 強酸とは異なり弱酸 HA は完全には解離しないため pH は強酸よりも大きくなる. 酸解離定数 K_a をもつ弱酸の濃度 $C\,\text{mol L}^{-1}$ の溶液の pH を考える. もともとの弱酸のうち解離して A^- になっているものの割合を解離度 α とすると, 各化学種の濃度および K_a は次のようになる.

$$\underset{C(1-\alpha)}{HA} \rightleftharpoons \underset{C\alpha}{H^+} + \underset{C\alpha}{A^-} \qquad K_a = \frac{[H^+][A^-]}{[HA]} = \frac{(C\alpha)^2}{C(1-\alpha)}$$

α が 1 より十分小さい時 (通常 $C > 100\,K_a$ の時) は $1-\alpha$ が 1 に近似でき,

$$\alpha = \sqrt{\frac{K_a}{C}}, \qquad [H^+] = C\alpha = \sqrt{CK_a}$$

$$pH = -\log_{10}\sqrt{CK_a} = \frac{1}{2}(pK_a - \log_{10}C) \qquad (11 \cdot 8)$$

となる.

例題 11・2　$0.020\,\text{mol L}^{-1}$ 酢酸水溶液の pH を求めよ (酢酸の $pK_a = 4.76$).

解答　酢酸は弱酸であるから (11・8) 式に濃度と pK_a を代入して pH $= 1/2\times(pK_a-\log_{10}C) = 1/2\times(4.76+1.70) = 3.23$ となる.

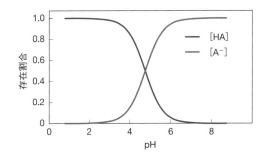

図 11・1　酢酸とその共役塩基の存在割合の pH による変化

　溶液の pH と酸塩基対の濃度および pK_a との関係を考える.(11・7) 式の両辺の対数に負号をつけ移項すると,

$$pK_a = pH - \log_{10}\frac{[A^-]}{[HA]} \quad あるいは \quad pH = pK_a + \log_{10}\frac{[A^-]}{[HA]} \quad (11・9)$$

となる. この式は**ヘンダーソン-ハッセルバルヒの式**とよばれており, 溶液中の酸とその共役塩基の濃度比と溶液の pH の関係を表す式である. 酸の半分が解離した溶液では $\log_{10}([A^-]/[HA]) = 0$ となることから溶液の pH が酸の pK_a と同じになる. 酢酸 (pK_a = 4.76) を例にとって, 酸 (CH_3COOH) と共役塩基 (CH_3COO^-) の存在割合を溶液の pH に対してプロットした図を図 11・1 に示す. 二つの曲線の交点では $[CH_3COO^-] = [CH_3COOH]$ であるから, この時の pH が酸の pK_a と同じになる. また, pH が pK_a から 1 pH 単位ずれた pH = 3.76 や 5.76 では $[CH_3COO^-]/[CH_3COOH]$ 比がそれぞれ 1:10, 10:1 となっている.

　酸のなかには二つ以上の H^+ が解離するものもある. H^+ が一つ解離する HA 型の酸を一塩基酸とよび, 二つ解離する H_2A 型の酸を二塩基酸, 三つ解離する H_3A 型の酸を三塩基酸とよぶ. また, 二つ以上の H^+ が解離する酸をまとめて多塩基酸とよぶ. たとえばリン酸は三塩基酸であり 3 段階の酸解離が起こり, それぞれに酸解離を考えることができる.

$$H_3PO_4 \rightleftharpoons H^+ + H_2PO_4^- \quad K_{a1} = \frac{[H^+][H_2PO_4^-]}{[H_3PO_4]} = 7.5\times10^{-3} \text{ mol L}^{-1}$$

$$H_2PO_4^- \rightleftharpoons H^+ + HPO_4^{2-} \quad K_{a2} = \frac{[H^+][HPO_4^{2-}]}{[H_2PO_4^-]} = 6.2\times10^{-8} \text{ mol L}^{-1}$$

$$HPO_4^{2-} \rightleftharpoons H^+ + PO_4^{3-} \quad K_{a3} = \frac{[H^+][PO_4^{3-}]}{[HPO_4^{2-}]} = 4.8\times10^{-13} \text{ mol L}^{-1}$$

　各酸解離定数がわかっていると上記の三つの式を使って, 各 pH におけるリン酸由来の四つの化学種の存在割合を計算できる. 図 11・2 にそのプロットを示す. 各曲線の交点のところの pH が pK_a に対応している. 各段階の pK_a の差が 5 以上 (K_a の比が 10^5 以上) あるため, ほとんどすべての領域においていずれかの 2 成分のみ ("H_3PO_4 と $H_2PO_4^-$" や "HPO_4^{2-} と PO_4^{3-}" など) が存在していると近似できる.

　塩基の強さに関しても, 酸と同様に塩基解離定数を考えることができる. ブ

ヘンダーソン-ハッセルバルヒの式
Henderson–Hasselbalch equation

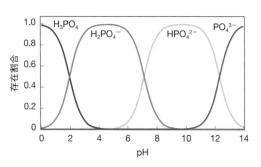

図 11・2 リン酸の各解離状態の存在割合の pH による変化

塩基解離定数 base dissociation constant

レンステッド塩基 B を H_2O に溶解させると次の平衡が成り立ち，その平衡定数 K_b は**塩基解離定数**とよばれ，値が大きいほど強い塩基となる．

$$B + H_2O \rightleftharpoons HB^+ + OH^- \qquad K_b = \frac{[HB^+][OH^-]}{[B]}$$

この K_b は B の共役酸である HB^+ の $K_a = [H^+][B]/[HB^+]$ と水のイオン積 K_w から求めることができる．

$$K_a K_b = [H^+][OH^-] = K_w \qquad K_b = K_w/K_a$$

また K_b も K_a の場合と同様に，その常用対数に負号をつけた $pK_b = -\log_{10}K_b$ を塩基の強さの指標として用いる．

　表 11・1 には塩基解離定数も示した．pK_b が小さいほど強い塩基である．また，塩基にも多段階で解離を起こすものがあり，一酸塩基，二酸塩基などとよばれる．

　酸の強さにはどのような要因が影響するのかを考えてみる．H をもつ分子の H−A 結合が H に δ+，A に δ− の極性をもつ場合に酸として働く．C−H 結合のように極性をもたない場合や水素化物（たとえば NaH）などのように逆の極性（H に δ−，Na に δ+）をもつ場合などは酸として働かない．また，酸の強度は H−A 結合の結合エネルギーが小さいほど強酸である．たとえばハロゲン化水素酸は一般的には強酸であるが，HF は H−F 結合の結合エネルギーが他のハロゲン化水素酸よりも大きいため弱酸となっている．

ポーリング Linus Carl Pauling

ポーリング則 Pauling's rule

　また，H^+ が解離した共役塩基が安定なほど解離しやすく強い酸となることも知られている．たとえばカルボン酸では置換基として電子求引性基をもち，その数が多いほど強い酸になる．酢酸の pK_a が 4.76 に対して，モノクロロ酢酸，ジクロロ酢酸，トリクロロ酢酸の pK_a がそれぞれ 2.86，1.48，0.7 と Cl の置換数が大きいほど強い酸になっている．これは電子求引性基が共役塩基のカルボキシル基上の負電荷を安定化させるためと考えられている（欄外の図参照）．

　ポーリングは硫酸，硝酸，リン酸などのオキソ酸〔中心原子 E にオキソ基＝O またはヒドロキシ基 −OH が結合した $EO_m(OH)_n$ 型の酸〕の酸解離定数にある種の経験的な法則を見いだした（**ポーリング則**）．一つ目は多塩基酸の逐次の pK_a が約 10^5 倍ずつ異なるというもので，前述のリン酸も三塩基酸のオキソ酸であり，約 10^5 倍ずつ異っていることがわかる（表 11・1 参照）．これは H^+ が付加することにより負電荷が減少することがおもな原因と考えられている．さら

O$^-$ の電子が Cl に引かれる

に，ポーリングは他のオキソ酸を含めて $EO_m(OH)_n$ 型のオキソ酸の pK_a がおよそ $8-5m$ になるとしている．これは経験則であり，元素の違いにより多少のずれはあるものの，いくつかの例外を除き ± 1 程度誤差で成り立っている．たとえば $HClO_3(m=2)$，$HClO_2(m=1)$，$HClO(m=0)$ の pK_a はそれぞれ $-1, 2,$ 7.2 である．

11・4   塩 の 加 水 分 解

塩化ナトリウムなどの強酸と強塩基から得られる塩の水溶液は中性である．しかし，酢酸ナトリウムなどの弱酸と強塩基から得られる塩の水溶液は塩基性であり，塩化アンモニウムなどの強酸と弱塩基から生じる塩の水溶液は酸性である．これは，塩が H_2O と反応して H^+ あるいは OH^- を生成するためである．たとえば酢酸ナトリウムの場合，塩が解離して生じる CH_3COO^- と H_2O の間に，次のような反応が進行し，OH^- が生成するため溶液は塩基性を示す．

$$CH_3COO^- + H_2O \rightleftharpoons CH_3COOH + OH^-$$

このような反応を一般に**加水分解**という．この反応は可逆反応であり平衡定数 K_h を**加水分解定数**とよぶ．この平衡定数は本質的に CH_3COO^- の塩基解離定数と同じである．よって酢酸の K_a と水のイオン積 K_w から $K_h = K_w/K_a$ と計算される．酢酸ナトリウムが加水分解する時，等しい量の CH_3COOH と OH^- が生成する．酢酸ナトリウムの初濃度を C，加水分解された酢酸ナトリウムの割合を h とすれば，

加水分解 hydrolysis

加水分解定数 hydrolysis constant

$$[CH_3COOH] = [OH^-] = C \times h$$
$$[CH_3COO^-] = C(1-h)$$

であるから，

$$K_h = \frac{[CH_3COOH][OH^-]}{[CH_3COO^-]} = \frac{Ch^2}{1-h}$$

となり，$h \ll 1$ と近似できる場合，

$$h \approx \sqrt{\frac{K_h}{C}} = \sqrt{\frac{K_w}{CK_a}}$$

となる．また $[OH^-]$ と $[H^+]$ は，

$$[OH^-] = Ch \approx \sqrt{\frac{K_w C}{K_a}}, \quad [H^+] = \frac{K_w}{[OH^-]} \approx \sqrt{\frac{K_w K_a}{C}}$$

となり，したがって，

$$pH = 7 + \frac{1}{2}(pK_a + \log_{10} C) \tag{11・10}$$

と近似できる．

同様に強酸と弱塩基の塩である塩化アンモニウムの水溶液の pH も，NH_3 の塩基解離定数を K_b とすれば以下のようになる．

$$pH = 7 - \frac{1}{2}(pK_b + \log_{10} C) \tag{11・11}$$

　　このような加水分解は遷移金属イオンの塩でもみられる. たとえば, 塩化
鉄(III)の水溶液は, 強い酸性を示すことが知られている. 鉄(III)イオンは水溶
液中で六つの H_2O 分子と結合し, $[Fe(H_2O)_6]^{3+}$ として存在しているが, 結合
している H_2O の一つが H^+ を解離して OH^- となった $[Fe(H_2O)_5(OH)]^{2+}$ が生
成するためである. 遷移金属イオンと結合した H_2O は, 金属イオンに部分的に
負電荷を供与するため, わずかに正電荷を帯び, H^+ を解離しやすくなってい
るからである. このような加水分解は他の遷移金属イオンにもみられ, その傾
向は中心金属イオンの正電荷が大きいほど, またそのイオン半径が小さくなる
ほど強い酸となる. このことは, 金属イオンの正電荷が大きいほど, また金属
イオンと H_2O の結合距離が短いほど H_2O の電子がより強く引きつけられ, そ
の結果 H^+ が解離しやすくなったと考えられる.

例題 11・3　$0.020\ mol\ L^{-1}$ 酢酸ナトリウム水溶液の pH を求めよ (酢酸の $pK_a =$
4.76).
解答　酢酸ナトリウムは弱酸と強塩基との塩であるから(11・10)式に濃度と pK_a
を代入して pH = 7+1/2×(4.76−1.70) = 8.53 となる.

11・5　緩 衝 液

緩衝液 buffer

　　緩衝液は溶液が希釈された時や少量の酸または塩基が加えられた時に pH が
大きく変化しないような溶液であり, 弱酸とその共役塩基あるいは弱塩基とそ
の共役酸の定まった比による混合溶液から構成される. 一例として酢酸–酢酸
ナトリウム緩衝液について考えてみる. ヘンダーソン–ハッセルバルヒの式
〔(11・9) 式〕から pH は以下のようになる.

$$pH\ =\ pK_a + \log_{10} \frac{[CH_3COO^-]}{[CH_3COOH]} \tag{11・12}$$

酢酸は弱酸であるためほとんど解離しておらず, $[CH_3COOH]$ は近似的に加え
た酢酸の全濃度 C_H に等しいと考えられる. 一方, 酢酸ナトリウムは完全に解
離していると考えられるので, $[CH_3COO^-]$ は加えた酢酸ナトリウムの全濃度
C_{Na} に等しいと考えられる. したがって混合溶液の $[H^+]$ および pH は,

$$[H^+] = K_a \times \frac{[CH_3COOH]}{[CH_3COO^-]} = K_a \times \frac{C_H}{C_{Na}} \quad pH = pK_a + \log_{10} \frac{C_{Na}}{C_H} \tag{11・13}$$

となる. この溶液の pH は CH_3COOH や CH_3COO^- の濃度ではなく, それらの
濃度比のみによって決定されるため, 溶液が希釈された場合でも濃度比は変わ
らず, pH は変化しない. また, この溶液に少量の強酸が加えられた場合でも
$H^+ + CH_3COO^- \rightarrow CH_3COOH$ の反応が右に進み, 添加された H^+ がほぼ
CH_3COOH に変化する. 加えた酸の量が緩衝液の濃度に比べて少量の時, $C_{Na}/$
C_H 比は大きく変化しないと考えられるため, pH はほぼ一定に保たれる. 等モ
ル混合による緩衝液の pH はその弱酸の pK_a に等しい. 酸や塩基の添加量に対
する pH の変化量は図 11・1 から考えることができる. この図で縦軸は
CH_3COOH あるいは CH_3COO^- の存在割合であり, 存在割合が 0.5 付近では pH

と各化学種の存在割合（添加した酸や塩基の量に依存）はほぼ直線関係にある．この傾きが急なほどpH変化に対する存在割合の変化が大きくなる，すなわち，存在割合の変化（添加した酸や塩基の量）に対してはpHの変化量が少ないと考えられることから（図11・1参照），pH＝pK_aの付近の緩衝能力が最も高いことがわかる．また，（一塩基酸の）緩衝液として有効なpH範囲は，$pK_a \pm 1$程度と考えられる．表11・2に緩衝液の例を示す．

表 11・2　緩衝液の例	
化合物	pH 範囲
⬡COOH／COOH ＋ ⬡COOH／COOK	1.8～3.8
$CH_3COOH + CH_3COONa$	3.8～5.8
$NaH_2PO_4 + Na_2HPO_4$	6.2～8.2
$NaHCO_3 + Na_2CO_3$	9.3～11.3

出典：“化学便覧 基礎編（改訂5版）”，日本化学会編，丸善（2004）．

例題 11・4　(a) 0.100 mol L^{-1}酢酸水溶液 100 mL と 0.100 mol L^{-1}酢酸ナトリウム水溶液 200 mL を混合して得られる緩衝液の pH を求めよ（酢酸の $pK_a = 4.76$）．
(b) 上記の緩衝液に 0.100 mol L^{-1}の塩酸を 10 mL 加えた時の pH を求めよ．
解答　(a) 緩衝液の pH は酢酸と酢酸ナトリウムの濃度比と（11・13）式から計算できる．この緩衝液の酢酸ナトリウムと酢酸の比は 2：1 だから，
$$pH = pK_a + \log_{10}(C_{Na}/C_H) = 4.76 + \log_{10} 2 = 5.06$$
(b) 加えた塩酸はすべて酢酸イオンと反応し酢酸を生成する．もともと溶液には酢酸が 0.0100 mol，酢酸イオンが 0.0200 mol 存在し，加えた HCl は 0.0010 mol なので，混合後の溶液には酢酸が 0.0110 mol，酢酸イオンが 0.0190 mol 存在する．体積は同じなのでモル比が濃度比と等しくなる．この濃度比と pK_a を（11・12）式に代入して，
$$pH = pK_a + \log_{10}([CH_3COO^-]/[CH_3COOH]) = 4.76 + 0.24 = 5.00$$

11・6　酸塩基滴定と滴定曲線

11・6・1　酸塩基滴定

　酸塩基滴定とは濃度未知の酸（あるいは塩基）に濃度既知の塩基（あるいは酸）を少しずつ加えていく操作のことであり，酸と塩基が化学量論的に等しくなる**当量点**を求め，未知の濃度を決定できる．§11・6・2で述べるように，当量点では大きく pH が変化するため，この pH 領域付近で大きな色変化を示す酸塩基指示薬を用いて滴定を行えば，当量点を決定することができる．たとえば，塩酸と水酸化ナトリウム水溶液のような一塩基酸と一酸塩基による滴定では，当量点での混合溶液には酸と塩基の物質量は等しくなる．すなわち，

酸の濃度 × 酸の体積 ＝ 塩基の濃度 × 塩基の体積

となる．具体的には，濃度未知の水酸化ナトリウム水溶液 c mL を a mol L^{-1} の塩酸を用いて滴定を行った場合，c' mL 滴下した時に当量点に達したとすると，

当量点 equivalence point

水酸化ナトリウム水溶液の濃度 b mol L^{-1} は,

$$b = \frac{c'}{c} \times a$$

として求めることができる.

例題 11・5　次の滴定に関する問に答えよ.（a）濃度未知の水酸化ナトリウム水溶液 5.00 mL を 0.200 mol L^{-1} の塩酸を用いて滴定したところ，6.40 mL 加えたところで当量点に達した. 水酸化ナトリウム水溶液の濃度を計算せよ.

（b）濃度未知の硫酸 5.00 mL を 0.200 mol L^{-1} の水酸化ナトリウム水溶液を用いて滴定したところ，9.40 mL 加えたところで当量点に達した. 希硫酸の濃度を計算せよ.

解答　(a) $\dfrac{6.40}{5.00} \times 0.200 = 0.256$ mol L^{-1}

(b) 硫酸 H_2SO_4 は二塩基酸なので水酸化ナトリウム NaOH と 1：2 の比で中和することを考えに入れて,

$$\frac{9.40}{5.00} \times \frac{1}{2} \times 0.200 = 0.188 \text{ mol L}^{-1}$$

11・6・2　強酸-強塩基の滴定曲線

pH 滴定曲線 pH titration curve

当量点の決定のみを目的とする場合は，指示薬を用いればよいが，pH メーターを用いると **pH 滴定曲線**を描くことができ，このグラフから当量点を求める以外にも，弱酸（弱塩基）の pK_a を求めたりすることができる. pH 滴定曲線はこれまで述べてきた式を用いて計算することができる.

強塩基を用いて強酸を滴定する場合の滴定曲線を図 11・3 に示す. この図では 0.1 mol L^{-1} の強酸（一塩基酸）を強塩基（一酸塩基）で滴定した時の塩基の当量数に対する pH を示している. ただし，この図では簡単のため，塩基を加えることの体積変化を無視して描かれている. 滴定開始点の pH は強酸の濃度から計算できる. 強酸は完全解離しているため 0.1 mol L^{-1} では pH 1 である. 次に中和点の少し手前までの pH を考える. 強酸と強塩基の反応であるから，加えた塩基はすべて反応して塩となるため，残った酸の濃度から上と同様に求めることができる. はじめは徐々に pH が増加し，当量点付近で急激に増加する

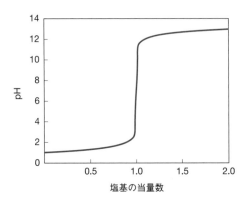

図 11・3　強塩基による強酸の滴定における滴定曲線

$y = -\log_{10}(a-x)$ 型の曲線となる．次に当量点での pH を考える．当量点では酸と塩基が完全に中和しているため，強酸と強塩基から得られる塩の水溶液となり，この塩は pH に影響を与えないため pH 7 となる．最後に当量点以降であるが，この領域では中和により生成した塩は pH に影響を与えないため，余剰の強塩基の濃度から計算される．この曲線は当量点を中心として当量点までの曲線と点対称の形になっている．

◆実際の滴定曲線では，加えた塩基の体積が無視できないため点対称からずれる．

11・6・3　弱酸-強塩基の滴定曲線

　強塩基を用いて弱酸を滴定する場合は図 11・3 と似ているが少し異なった滴定曲線となる．図 11・4 に $pK_a = 5$ の弱酸（一塩基酸）を強塩基（一酸塩基）で滴定した時の滴定曲線を示す．滴定開始点の pH は弱酸の濃度から計算でき，$pK_a = 5$ の弱酸 $0.1\ \mathrm{mol\ L^{-1}}$ の pH は（11・8）式により pH 3 と求まる．次に中和点の少し手前までの pH を考える．弱酸と強塩基の混合溶液であるから緩衝液の pH と同様にヘンダーソン-ハッセルバルヒの式〔(11・9) 式〕を用いて計算することができる．式から明らかなように半当量点（当量点の塩基の半分の量を加えたところ）での pH が弱酸の pK_a に等しくなる．また，強酸-強塩基の滴定曲線（図 11・3）と比べると，この付近の傾きがやや大きくなっている．次に当量点での pH を考える．当量点では酸と塩基が完全に中和しているため，弱酸と強塩基から得られる塩の水溶液となり，(11・10) 式から計算できる．最後に当量点以降であるが，この領域では中和により生成した塩の解離は無視できることから，強酸-強塩基の滴定曲線と同様になる．全体的に強酸-強塩基の滴定曲線と比べると，当量点付近の pH 変化の量が小さくなり，その傾きも強酸-強塩基の滴定曲線と比べるとやや緩やかになっている．その傾向は pK_a が大きい弱酸ほど顕著であり，また，当量点が不明瞭になる．pH 指示薬を用いて滴定を行う場合は，この当量点付近の pH 変化領域に合うように pH 指示薬を選択する必要がある．

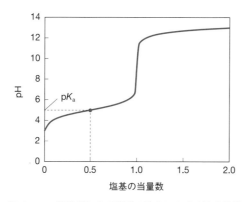

図 11・4　強塩基による弱酸の滴定における滴定曲線

11・6・4　多塩基酸の滴定曲線

　二塩基酸 H_2A（$pK_{a1} = 2$, $pK_{a2} = 6$）$0.1\ \mathrm{mol\ L^{-1}}$ を強塩基で滴定した時の滴定曲線を図 11・5 に示す．二塩基酸の場合は 2 段階の当量点がみられる．この

場合もヘンダーソン–ハッセルバルヒの式〔(11・9) 式〕から 0.5 当量, 1.5 当量を加えたところの pH がそれぞれ pK_{a1}, pK_{a2} に等しくなる. また, 第一当量点付近での pH 変化の量は pK_{a1} と pK_{a2} の差に依存し, 二つの pK_a の差が小さくなるほど当量点が不明瞭になる.

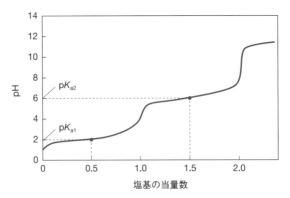

図 11・5　強塩基による二塩基酸の滴定における滴定曲線

11・7　HSAB 則

　ルイス酸となるものが H^+ だけではなく種々の金属イオンが該当するため, ルイス塩基との相互作用の強さの傾向は一つの尺度で表すことがむずかしく, "相性" のようなものが存在する. たとえばハロゲン化物イオンとの相互作用の強さを比較すると, Sc^{3+} や Al^{3+} などの金属イオンは H^+ と同様に $I^- < Br^- < Cl^- < F^-$ の順に相互作用が強くなるのに対して, Hg^{2+} や Pb^{2+} などの金属イオンは逆に $F^- < Cl^- < Br^- < I^-$ の順に相互作用が強くなる. **ピアソン**は前者に分類される金属イオンを "硬い酸", 後者に分類される金属イオンを "軟らかい酸" とした. このように分類するとハロゲン化物イオン以外の塩基についても, "硬い酸" に対しては $R_3P < R_2S, R_3N < R_2O$ の順に強く相互作用し, "軟らかい酸" については逆の傾向にあることがわかった. "硬い" と分類される酸に対して強く相互作用する塩基には共通のものが多く, また, "軟らかい" と分類される酸と強く相互作用する塩基にも共通のものが多い. そこで前者を "硬い塩基", 後者を "軟らかい塩基" と分類した. このように分類すると "硬い酸" は "硬い塩基" と, "軟らかい酸" は "軟らかい塩基" と強く相互作用する. 表 11・3 に代表

ピアソン Ralph Gottfrid Pearson

表 11・3　ルイス酸・塩基の HSAB による分類		
硬　い	中　間	軟らかい
酸　$H^+, Li^+, Na^+, K^+,$ $Be^{2+}, Mg^{2+}, Ca^{2+}, Al^{3+},$ $Sc^{3+}, Ga^{3+}, La^{3+}, Cr^{3+},$ $Fe^{3+}, Ti^{4+}, Zr^{4+}, Sn^{4+}, BF_3$	$Fe^{2+}, Co^{2+}, Ni^{2+},$ $Cu^{2+}, Zn^{2+}, Pb^{2+},$ $Sn^{2+}, Bi^{3+}, Rh^{3+}, NO^+$	$Cu^+, Ag^+, Au^+, Tl^+,$ $Hg_2^{2+}, Pd^{2+}, Cd^{2+},$ $Pt^{2+}, Hg^{2+}, Pt^{4+}, Tl^{3+}$
塩基　$H_2O, OH^-, F^-, SO_4^{2-},$ $PO_4^{3-}, CH_3COO^-, Cl^-,$ $CO_3^{2-}, ClO_4^-, NO_3^-,$ ROH, RO^-, NH_3, RNH_2	$C_6H_5NH_2, Br^-, C_5H_5N,$ N_3^-, NO_2^-, SO_3^-	$R_2S, RSH, RS^-, I^-,$ $SCN^-, R_3P, R_3As,$ CO, H^-, R^-, CN^-

的なものの分類を示す. "硬い" と分類される酸や塩基は比較的サイズが小さく, 高原子価の分極しにくい酸や塩基であり, 一方, "軟らかい" と分類されるものは比較的サイズが大きく, 比較的低原子価の分極しやすい酸や塩基である. これらのことから, "硬い酸–塩基" 間の相互作用は単純な静電的相互作用によるイオン結合が主とした相互作用であるのに対して, "軟らかい酸–塩基" 間の相互作用には共有結合の寄与が大きくなっていると考えられている. このような硬い酸・塩基および軟らかい酸・塩基の分類は **HSAB 則** とよばれる経験的な概念ではあるが広く一致していることから受け入れられている.

HSAB 則 hard and soft acid and base rule

章 末 問 題

問題 11・1　次の酸・塩基の水溶液の pH を計算せよ.
(a) $0.020 \ mol \ L^{-1}$ HCl 水溶液,　(b) $0.050 \ mol \ L^{-1}$ HCOOH 水溶液,　(c) $0.0010 \ mol \ L^{-1}$ Ca(OH)$_2$ 水溶液,　(d) $0.010 \ mol \ L^{-1}$ NH$_3$ 水溶液

問題 11・2　次の塩の水溶液の pH を計算せよ.
(a) $0.010 \ mol \ L^{-1}$ C$_6$H$_5$COONa 水溶液,　(b) $0.010 \ mol \ L^{-1}$ NaHCO$_3$ 水溶液,
(c) $0.010 \ mol \ L^{-1}$ NH$_4$Cl 水溶液

問題 11・3　$0.010 \ mol \ L^{-1}$ NaH$_2$PO$_4$ 水溶液 100 mL と $0.010 \ mol \ L^{-1}$ Na$_2$HPO$_4$ 水溶液 200 mL を混合して緩衝液をつくった. この緩衝液の pH を計算せよ. また, この緩衝液に $0.10 \ mol \ L^{-1}$ HCl 水溶液 5 mL を加えた時の pH を計算せよ.

問題 11・4　$0.10 \ mol \ L^{-1}$ CH$_3$COONa 水溶液と $0.10 \ mol \ L^{-1}$ CH$_3$COOH 水溶液を混合して pH 4.5 の緩衝液 1 L をつくるにはそれぞれ何 mL ずつ混ぜ合わせればよいか計算せよ.

問題 11・5　NaOH と Na$_2$CO$_3$ の混合水溶液 10.0 mL に少量のフェノールフタレイン（変色域 8.3〜10.0）を加えて $0.10 \ mol \ L^{-1}$ HCl で滴定したところ, 10.0 mL 加えたところで変色した. その後, この溶液にメチルオレンジ（変色域 3.1〜4.4）を加えてさらに HCl を滴下したところ, 3.5 mL 加えたところで変色した. もとの混合水溶液中の NaOH と Na$_2$CO$_3$ の濃度はそれぞれ何 mol L^{-1} か計算せよ.

12 酸化と還元

酸化 oxidation

還元 reduction

電池 cell

"鉄が錆びる", "硬貨が黒ずむ" など, 酸化はわれわれにとって最もなじみのある反応である. **酸化**とは, もともとは酸素と化合する過程であり, 酸素を除いて元に還る過程が**還元**である. しかし, より広い意味で, 酸化とは電子を放出する (相手に与える) ことであり, 還元はその逆で, 電子を受け入れる (相手から奪う) ことである. これらは, 電子の移動 (授受) 過程であり, 酸化と還元は必ず同時に起こることから, reduction と oxidation より, redox (レドックス) という造語が生まれた. 本章では, 物質中における各原子の酸化数を理解したうえで, 酸化還元反応式の作り方について学ぶ. 次に, 物質の酸化還元反応を利用して電気を取出す**電池**の基本的原理を説明し, 最後に種々の実用電池を紹介する.

12・1 酸化還元反応

酸化数 oxidation number

酸化還元反応を理解するうえで, **酸化数**をみきわめることが重要である. 物質によっては, 酸化数がわかりにくい場合があるが, 原子の酸化数は, 以下の規則によって決定される.

1. 分子中の原子の酸化数の総和は, 中性の分子では 0, 多原子イオンでは, そのイオンの価数と同じ.
2. 単体の原子の酸化数は 0. 単原子イオンの酸化数は, イオンの価数と同じ.
3. 1 族元素の酸化数は +1, 2 族元素の酸化数は +2.
4. ハロゲン元素の酸化数は基本的に −1 (例外: 塩化ヨウ素 ICl では, 電気陰性度から塩素が −1 でヨウ素が +1).
5. 酸素の酸化数は基本的に −2 (例外: 過酸化水素 H_2O_2 では水素が +1 で酸素は −1, 二フッ化酸素 OF_2 では酸素が +2 で, フッ素が −1).
6. 水素の酸化数は, 非金属との結合では +1, 金属との結合では −1.

例題 12・1 以下の化合物中のそれぞれの原子の酸化数を求めよ.
(a) H_2S, (b) SO_3, (c) $HClO$, (d) $HClO_4$, (e) CaH_2
解答 (a) H_2S, (b) SO_3, (c) $HClO$, (d) $HClO_4$, (e) CaH_2
    +1 −2   +6 −2   +1 +1 −2   +1 +7 −2   +2 −1

次に具体的な反応として，銅が塩素と反応して，塩化銅(II)を生じる反応を考える．上記の規則に従って酸化数を求めると，銅の酸化数は 0 から +2 へ変化していることから，銅は酸化されている．一方，塩素の酸化数は 0 から −1 となり，塩化物イオンに変化していることから，塩素は還元されている．見方を変えると，塩素は，相手（Cu）の酸化数を増加させ，自分は還元されて酸化数が減少する試剤なので，**酸化剤**と定義される．一方，銅は，相手（Cl₂）の酸化数を減少させ，自分は酸化されて酸化数が増加する試剤なので，**還元剤**と定義される．すなわち，酸化還元反応では，必ず酸化剤と還元剤が登場する．

酸化剤 oxidizing agent
還元剤 reducing agent

$$Cu + Cl_2 \longrightarrow CuCl_2$$
還元剤 酸化剤

酸化還元反応において，電子の移動（授受）の過程を示すため，銅と塩素のそれぞれの変化に分けて考えことができる（**半反応**という）．

半反応 half-reaction

$$Cu(s) \longrightarrow Cu^{2+}(aq) + 2e^-$$
$$Cl_2(g) + 2e^- \longrightarrow 2Cl^-(aq)$$

より複雑な酸化還元反応では，まず半反応をみきわめてから，最後に両辺から電子を消去したほうが，全反応へ導きやすい場合がある．その手順を以下に示す．

1. すべての原子の酸化数を求める．
2. 酸化される物質，還元される物質に注目し，それぞれの半反応式をつくる．
3. 係数をつけて，水素と酸素以外の原子数を等しくする．
4. H_3O^+（酸性条件）あるいは OH^-（塩基性条件）を足して，両辺の電荷を等しくする．
5. 両辺のいずれかに H_2O を足して，酸素の数を等しくする．
6. 係数をかけ電子数を等しくしたうえで，二つの半反応式を加えて一つの式として，電子を消去する．

上記の手順に従い，下記の反応において，酸化還元反応式を完成する．

$$I^-(aq) + Cr_2O_7^-(aq) \longrightarrow I_2(s) + Cr^{3+}(aq) \qquad （酸性溶液）$$

- 段階 1: $\underset{-1}{I^-(aq)} + \underset{+6\;-2}{Cr_2O_7{}^{2-}(aq)} \longrightarrow \underset{0}{I_2(s)} + \underset{+3}{Cr^{3+}(aq)}$
- 段階 2: 酸化される物質 $\quad I^-(aq) \longrightarrow I_2(s) + e^-$
  還元される物質 $\quad Cr_2O_7{}^{2-}(aq) + 3e^- \longrightarrow Cr^{3+}(aq)$
- 段階 3: $2I^-(aq) \longrightarrow I_2(s) + 2e^-$
  $Cr_2O_7{}^{2-}(aq) + 6e^- \longrightarrow 2Cr^{3+}(aq)$
- 段階 4: $2I^-(aq) \longrightarrow I_2(s) + 2e^-$
  $Cr_2O_7{}^{2-}(aq) + 6e^- + 14H_3O^+(aq) \longrightarrow 2Cr^{3+}(aq)$
- 段階 5: $2I^-(aq) \longrightarrow I_2(s) + 2e^-$
  $Cr_2O_7{}^{2-}(aq) + 6e^- + 14H_3O^+(aq) \longrightarrow 2Cr^{3+}(aq) + 21H_2O(l)$

・段階6:　　$6I^-(aq) \longrightarrow 3I_2(s) + 6e^-$

$Cr_2O_7^{2-}(aq) + 6e^- + 14H_3O^+(aq) \longrightarrow 2Cr^{3+}(aq) + 21H_2O(l)$

$Cr_2O_7^{2-}(aq) + 6I^-(aq) + 14H_3O^+(aq) \longrightarrow 2Cr^{3+}(aq) + 3I_2(s) + 21H_2O(l)$

例題 12・2　次式で酸化剤と還元剤を示し，酸化還元反応式を完成させよ．
$$Br_2(l) + SO_2(g) \longrightarrow Br^-(aq) + HSO_4^-(aq) \quad \text{（酸性溶液）}$$
解答　$Br_2(l) + SO_2(g) + 5H_2O(l) \longrightarrow 2Br^-(aq) + HSO_4^-(aq) + 3H_3O^+(aq)$
　　　　酸化剤　　還元剤

12・2　酸 化 還 元 滴 定

　酸化剤と還元剤が過不足なく反応することを利用して，未知濃度の水溶液の濃度を求めるのが，酸化還元滴定であり，原理は中和滴定と同じである（§11・6参照）．すなわち，酸化剤が受取る電子数と，還元剤が与える電子数が等しくなる．

　　酸化剤の価数変化 × 酸化剤の物質量 ＝ 還元剤の価数変化 × 還元剤の物質量

　過マンガン酸イオンによる滴定やヨウ素滴定などのように，酸化還元滴定においては酸化剤あるいは還元剤自体が反応によって大きく色変化を起こし，滴定の終点をその色変化で判断することも多い．しかし，酸塩基滴定と同様に，酸化還元指示薬を用いることもできる．中和滴定の場合の pH に代えて，溶液の酸化還元電位（§12・4参照）を縦軸にとることによって滴定曲線を描くことができる．酸化還元指示薬の変色域はこの電位により示され，さまざまな電位の変色域をもつ酸化還元指示薬が知られている．

例題 12・3　$2.00 \times 10^{-1}\,mol\,L^{-1}$ のチオ硫酸ナトリウム水溶液 20.0 mL と過不足なく反応させるために必要な $1.00 \times 10^{-1}\,mol\,L^{-1}$ のヨウ素水溶液の容量（mL）を計算せよ．
解答　チオ硫酸ナトリウム，ヨウ素それぞれの半反応は次のとおりである．
$$S_2O_3^{2-} \longrightarrow 1/2\,S_4O_6^{2-} + e^- \qquad I_2 + 2e^- \longrightarrow 2I^-$$
すなわち，チオ硫酸ナトリウムは 1 電子還元剤，ヨウ素は 2 電子酸化剤で，したがって，ヨウ素水溶液の容量を V mL とすると，
$$1 \times 0.200 \times 20.0 = 2 \times 0.100 \times V \text{ より，} V = 20 \text{ mL}$$

12・3　化 学 電 池

　§12・1で酸化還元反応が酸化反応と還元反応の二つの半反応の組合わせであり，二つの半反応において電子がやりとりされる（移動する）ことを学んだ．そこで，酸化剤と還元剤の間で直接電子の授受をするのではなく，これらの反応を別々の場所で行い，電線などを通して電子の授受を行うことが可能である．このような装置を**化学電池**とよぶ．すなわち化学電池は，化学反応のエネルギーを電気のエネルギーに変換するシステムであるといえる．また，化学電池を構成する半反応は半電池とよばれる．

化学電池 electrochemical cell

　典型的な化学電池の一つが 1836 年に英国の**ダニエル**により開発されたダニエル電池である（図 12・1）．一つの反応槽を素焼隔壁で分離し，一方に電解質溶液として $ZnSO_4$ 水溶液，他方に $CuSO_4$ 水溶液を満たす．$ZnSO_4$ 水溶液側に電極として Zn 板を浸し，$CuSO_4$ 水溶液側に電極として Cu 板を浸し，Zn 板と Cu 板の間を電線でつなぐ．Zn 板上では Zn が Zn^{2+} に酸化され，電子が放出される．この電子が電線を通って Cu 電極に達し，溶液中の Cu^{2+} を還元し，電極に Cu が析出する．この時，電流は電子の移動とは逆向きで，Cu 板側から Zn 板側に流れることになる．このような電池の構成を，固体と溶液の接触を意味する | と溶液と溶液の接触を意味する ‖ を用いて次のように表す．

$$Zn(s) \,|\, ZnSO_4(aq) \,\|\, CuSO_4(aq) \,|\, Cu(s)$$

半反応式で示すと，各電極において次の反応が進行していることから，Zn 電極が**負極**であり Cu 電極が**正極**とよばれる．

$$\text{負極:} \quad Zn(s) \longrightarrow Zn^{2+}(aq) + 2e^-$$
$$\text{正極:} \quad Cu^{2+}(aq) + 2e^- \longrightarrow Cu(s)$$

そして，全体の反応式は，

$$Zn(s) + Cu^{2+}(aq) \longrightarrow Zn^{2+}(aq) + Cu(s)$$

であり，Zn が完全に溶解する，あるいは Cu^{2+} が完全に消費されるまで続く．その過程で，Zn 側ではカチオンが増加し ＋ に帯電し，一方 Cu 側ではカチオンが消費され － に帯電するが，隔壁を通って Zn^{2+} や SO_4^{2-} が反対側に移動するので，電荷の中性が保たれる．

ダニエル John Frederic Daniell

◆ 1800 年にイタリアのボルタ（Alessandro Volta）により開発されたボルタ電池では，同じ電極を用いたが，同じ反応槽で硫酸中での反応であるため，正極で Cu の析出は起こらず水素が発生し，負極でも Zn の溶解とともに水素も発生する．これらの水素が電極を覆うことにより電流が流れにくくなる問題点があった．

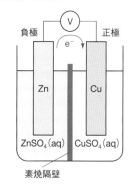

図 12・1　ダニエル電池

負極 anode，還元剤が酸化されて電子が放出される極．

正極 cathode，酸化剤が還元されて，電子が吸収される極．

🎓 コラム 12・1　電 気 分 解 🎓

　化学電池と逆方向に電子を流すのが**電気分解**（electrolysis）である．たとえば，次の反応はダニエル電池と逆であり，自発的には進行しない．しかし，外部電源により強制的に電子を流すと進行する．

$$Zn^{2+} + Cu \longrightarrow Zn + Cu^{2+}$$

この場合，電池の負極に接続されるのが陰極であり還元反応が進行する．一方，正極に接続されるのが陽極であり，酸化反応が進行する．

　電気分解において，陰極や陽極で反応する物質量は，流した電気量に比例する．これを**ファラデーの法則**（Faraday's law）といい，1 価の金属カチオンを電気分解し，金属単体 1 mol を得るために必要な電気量は電子 1 mol に相当し，96,500 C の電気量である．

　電気分解はさまざまな分野で利用されている．たとえば，不純物を含んだ粗銅（約 99％の純度）から純度の高い銅を得る方法を**電解精錬**（electrolysis refining，図参照）という．すなわち，硫酸酸性の硫酸銅（Ⅱ）水溶液中で，粗銅を陽極として，純銅板を陰極として電気分解すると，陰極の金属表面に 99.99％以上の銅が析出するとともに，陽極の下

に不純物が沈殿する（**陽極泥** anode slime という）．これは，銅よりも酸化されやすい金属は陽極からイオンとなって溶出するものの，陰極では還元されず溶液中にとどまり，また，銅より酸化されにくい金属は陽極でイオン化せず，銅の溶出に伴って電極から沈殿するためである．

$$\text{陽極での反応（酸化）:} \quad Cu \longrightarrow Cu^{2+} + 2e^-$$
$$\text{陰極での反応（還元）:} \quad Cu^{2+} + 2e^- \longrightarrow Cu$$

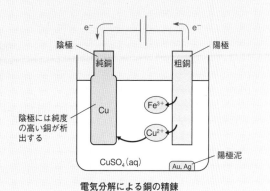

電気分解による銅の精錬

起電力 electromotive force

　　上記のダニエル電池を配線し，接続した場合，最初は約 1.1 V の電位差，すなわち**起電力**が生じ，Cu 板から Zn 板へ電流が流れはじめ，その後徐々に起電力は低下する．電流の流れる方向，その起電力の大きさの求め方を§12・4 以降で説明する．

12・4　電池の起電力と標準酸化還元電位

　　電池の起電力 E_{cell} は，二つの半電池の電子のエネルギーに相当する酸化還元電位 E の差によって決まる．

$$E_{cell} = E_{(+)} - E_{(-)}$$

そのため，電池の起電力を考えるうえでは，半電池の酸化還元電位の絶対値は重要ではなく，その差のみが重要であるので，電位を決定する基準は任意に選択することができる．一般的には，その基準の電極として一定条件下での水素電極（図 12・2a）が用いられる．そして，この基準を用いた各半電池の酸化還元電位を決定するためには，水素電極とその半電池を組合わせて電池を構成し，その電池の起電力を測定すればよい．基準の水素電極として，水素を飽和させた一定濃度の酸の水溶液に白金板を浸したものが用いられる．H_2/H^+ の反応は比較的活性化エネルギーが大きいため，白金の電極表面に触媒として白金の微粒子である白金黒を付着させて用いられる．水素イオンの濃度が $1\ mol\ L^{-1}$（pH $= 0$），水素の圧力が $1\ bar$ のものを**標準水素電極**（SHE）という．

標準水素電極 standard hydrogen electrode，略称 SHE

　　半電池の酸化還元電位は，構成成分の濃度が電位に影響する（§12・5 参照）．そこで半電池の酸化還元電位を決定する際，溶液の場合は各成分の濃度を $1\ mol\ L^{-1}$，気体の場合はすべて $1\ bar$ で測定する．金属などの固体の場合，濃度は 1 として計算する．このように求めた酸化還元電位を各半電池の**標準酸化還元電位 $E°$** とよぶ．この標準酸化還元電位は物質固有の値であり，その物質の酸化・還元のされやすさを示す．表 12・1 に代表的な物質の標準酸化還元電位を示す．この表で値が正に大きいほど，式の左側の化学種が還元されやすく，強い酸化剤となる．逆に負に大きい場合，式の右側の化学種が酸化されやすく，強い還元剤となる．見方を変えるとこの表は，金属単体から金属イオンの生成のしやすさ，すなわち，金属の**イオン化傾向**を示しており，このイオンの順番を**電気化学列**，あるいは**イオン化列**という．

標準酸化還元電位 standard oxidation–reduction potential

イオン化傾向 ionization tendency
電気化学列 electrochemical series
イオン化列 ionization series

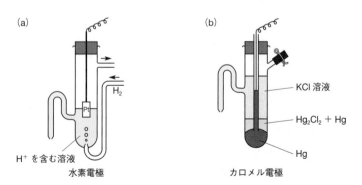

図 12・2　半電池の図．(a) 水素電極，(b) カロメル電極．

表 12・1　水溶液中における標準酸化還元電位				
酸化還元反応	$E°/V$		酸化還元反応	$E°/V$
$Li^+ + e^- \rightleftharpoons Li$	-3.05		$S_4O_6^{2-} + 2e^- \rightleftharpoons 2S_2O_3^{2-}$	0.17
$K^+ + e^- \rightleftharpoons K$	-2.93		$Cu^{2+} + 2e^- \rightleftharpoons Cu$	0.34
$Rb^+ + e^- \rightleftharpoons Rb$	-2.92		$Fe(CN)_6^{3-} + e^- \rightleftharpoons Fe(CN)_6^{4-}$	0.36
$Cs^+ + e^- \rightleftharpoons Cs$	-2.92		$Cu^+ + e^- \rightleftharpoons Cu$	0.52
$Ba^{2+} + 2e^- \rightleftharpoons Ba$	-2.92		$1/2\,I_2 + e^- \rightleftharpoons I^-$	0.54
$Sr^{2+} + 2e^- \rightleftharpoons Sr$	-2.89		$H_3AsO_4 + 2H^+ + 2e^- \rightleftharpoons H_3AsO_3 + H_2O$	0.56
$Ca^{2+} + 2e^- \rightleftharpoons Ca$	-2.84		$O_2 + 2H^+ + 2e^- \rightleftharpoons H_2O_2$	0.70
$Na^+ + e^- \rightleftharpoons Na$	-2.71		$Fe^{3+} + e^- \rightleftharpoons Fe^{2+}$	0.77
$Mg^{2+} + 2e^- \rightleftharpoons Mg$	-2.36		$Hg_2^{2+} + 2e^- \rightleftharpoons 2Hg$	0.80
$1/2\,H_2 + e^- \rightleftharpoons H^-$	-2.25		$Ag^+ + e^- \rightleftharpoons Ag$	0.80
$Al^{3+} + 3e^- \rightleftharpoons Al$	-1.68		$2Hg^{2+} + 2e^- \rightleftharpoons Hg_2^{2+}$	0.91
$Mn^{2+} + 2e^- \rightleftharpoons Mn$	-1.18		$1/2\,Br_2 + e^- \rightleftharpoons Br^-$	1.07
$Zn^{2+} + 2e^- \rightleftharpoons Zn$	-0.76		$IO_3^- + 6H^+ + 6e^- \rightleftharpoons I^- + 3H_2O$	1.09
$Fe^{2+} + 2e^- \rightleftharpoons Fe$	-0.44		$IO_3^- + 6H^+ + 5e^- \rightleftharpoons 1/2\,I_2 + 3H_2O$	1.20
$Cr^{3+} + e^- \rightleftharpoons Cr^{2+}$	-0.42		$1/2\,Cr_2O_7^{2-} + 7H^+ + 3e^- \rightleftharpoons Cr^{3+} + 7/2\,H_2O$	1.36
$Ti^{3+} + e^- \rightleftharpoons Ti^{2+}$	-0.37		$1/2\,Cl_2 + e^- \rightleftharpoons Cl^-$	1.40
$H_3PO_4 + 2H^+ + 2e^- \rightleftharpoons H_3PO_3 + H_2O$	-0.28		$MnO_4^- + 8H^+ + 5e^- \rightleftharpoons Mn^{2+} + 4H_2O$	1.52
$Ni^{2+} + 2e^- \rightleftharpoons Ni$	-0.26		$Ce^{4+} + e^- \rightleftharpoons Ce^{3+}$	1.71
$Sn^{2+} + 2e^- \rightleftharpoons Sn$	-0.14		$H_2O_2 + 2H^+ + 2e^- \rightleftharpoons 2H_2O$	1.76
$Pb^{2+} + 2e^- \rightleftharpoons Pb$	-0.13		$1/2\,S_2O_8^{2-} + e^- \rightleftharpoons SO_4^{2-}$	1.96
$H^+ + e^- \rightleftharpoons 1/2\,H_2$	0.00		$O_3 + 2H^+ + 2e^- \rightleftharpoons O_2 + H_2O$	2.08
$Sn^{4+} + 2e^- \rightleftharpoons Sn^{2+}$	0.15		$1/2\,F_2 + e^- \rightleftharpoons F^-$	2.87
$Cu^{2+} + e^- \rightleftharpoons Cu^+$	0.16		$1/2\,F_2 + H^+ + e^- \rightleftharpoons HF$	3.05

出典: "化学便覧 基礎編（改訂5版）", 日本化学会編, 丸善(2004).

　そして，二つの標準酸化還元電位の値より，それらを組合わせて構成する電池の標準状態における起電力 $E_{cell}°$ を計算で求められる．たとえば，前述したダニエル電池では，$E_{cell}° = 0.34 - (-0.76) = 1.10\,V$ と計算される．

　酸化還元電位の基準は SHE であるが，実際には，測定がより簡便な参照電極が用いられる場合が多い．参照電極としては金属–不溶性塩系の電極がよく用いられ，**飽和カロメル電極**（図12・2b）や銀–塩化銀電極などが代表例である．

> 飽和カロメル電極 saturated calomel electrode, 略称 SCE

飽和カロメル電極：　$2Hg(l) + 2Cl^-(aq) \rightleftharpoons Hg_2Cl_2(s) + 2e^-$

銀–塩化銀電極：　$Ag(s) + Cl^-(aq) \rightleftharpoons AgCl(s) + e^-$

> ◆ カロメル calomel とは塩化水銀(I) の慣用名. 日本語では甘汞とよばれる.

　半電池の酸化還元電位は，半反応に現れる各化学種の濃度に依存するが，これらの電極では酸化型の化学種および還元型の化学種がいずれも固体であり，濃度を1とすると，この半電池の酸化還元電位は塩化物イオン Cl^- 濃度のみに

表 12・2　参照電極の電位		
電　極	構　成	E/V
水素電極	$Pt, H^+ \mid H_2, 1\,mol\,L^{-1}\,H^+$	0.000
カロメル電極	$Hg \mid Hg_2Cl_2,$ 飽和 KCl	0.236
	$Hg \mid Hg_2Cl_2, 1\,mol\,L^{-1}\,KCl$	0.281
銀–塩化銀電極	$Ag \mid AgCl,$ 飽和 KCl	0.198

出典: "化学便覧 基礎編（改訂5版）", 日本化学会編, 丸善(2004).

依存する. さらに塩化物イオン濃度を一定にするために飽和 KCl 溶液などの濃度一定の電解質溶液を共存させる. これらの参照電極の電位は知られているので, 簡単に SHE に変換することができる（表 12・2）.

12・5 酸化還元電位の濃度依存性

12・5・1 ネルンストの式

ここでは Fe^{2+}/Fe^{3+} の酸化還元電位を求める. §12・4 で述べたように, 一方の電極を標準水素電極, もう一方を Fe^{2+}/Fe^{3+} 電極とした電池の起電力について考える. この電池は,

$$Pt(s), H_2(1\ bar)\,|\,H^+(1\ mol\ L^{-1})\,\|\,Fe^{3+}(aq)\,|\,Fe^{2+}(aq), Pt(s)$$

と表され, 全反応は,

$$Fe^{3+}(aq) + 1/2H_2(g) \rightleftharpoons Fe^{2+}(aq) + H^+(aq)$$

となる. この酸化還元反応は可逆であるため,

$$\Delta G = \Delta G° + RT \ln \frac{[Fe^{2+}][H^+]}{[Fe^{3+}][H_2]}$$

となる（§7・4 参照）. ここで ΔG は反応のギブズエネルギー変化, $\Delta G°$ は標準ギブズエネルギー変化である. 標準水素電極において H_2 の圧力が 1 bar であり, H^+ の濃度が $1\ mol\ L^{-1}$（pH＝0）であるため, 上の式の H_2 と H^+ の項は削除され,

$$\Delta G = \Delta G° + RT \ln \frac{[Fe^{2+}]}{[Fe^{3+}]}$$

と表される.

一方, 電池の起電力は, ギブズエネルギーを電気化学的に表していると考えられるため, 反応に関与する電子数を n, ファラデー定数を F とすると, この電池の起電力 E_{cell} と反応のギブズエネルギー変化 ΔG には,

$$\Delta G = -nFE_{cell}$$

の関係があり, 同様に標準状態の起電力を $E°_{cell}$ とすると,

$$\Delta G° = -nFE°_{cell}$$

となるので,

$$E_{cell} = E°_{cell} - \frac{RT}{nF} \ln \frac{[Fe^{2+}]}{[Fe^{3+}]}$$

となる. この式は Fe^{2+} と Fe^{3+} の濃度比と上記の電池の起電力との関係を示している. この起電力 $E_{cell} = E_{(+)} - E_{(-)}$ は, 一方の半電池を SHE としていることから〔$E_{(+)}$ または $E_{(-)} = 0.00\ V$〕, SHE を基準とした Fe^{2+}/Fe^{3+} 電極の電位（電極電位）と同じ値になる. 上式をより一般化し, 還元体（半反応式において e^- と反対側にある化学種）, 酸化体（半反応式において e^- と同じ側にある化学種）の濃度をそれぞれ [red], [ox] とすると,

$$E = E° - \frac{RT}{nF} \ln \frac{[red]}{[ox]}$$

と表され，この式を**ネルンストの式**という．ここで，温度を 298 K とし自然対数から常用対数に変換すると，

$$E = E° - \frac{0.0592}{n} \times \log_{10}\frac{[\text{red}]}{[\text{ox}]}$$

となる．この式から，酸化体と還元体の濃度が等しい場合，その溶液の酸化還元電位 E は $E°$ に等しく，濃度が 1 桁違う場合（1：10 または 10：1），酸化還元電位は約 59 mV シフトすることがわかる．

例題 12・4　$[\text{Fe}^{3+}] = 1.0\times10^{-2}\ \text{mol L}^{-1}$, $[\text{Fe}^{2+}] = 1.0\times10^{-4}\ \text{mol L}^{-1}$ の溶液の酸化還元電位 E を計算せよ．
解答　$E = E° - 0.0592\times\log_{10}\{(1.0\times10^{-4})/(1.0\times10^{-2})\}$
　　　　 $= 0.77 - 0.0592\times(-2) = 0.89\ \text{V}$

12・5・2　濃 淡 電 池

§12・5・1 で説明したように，電極電位は，酸化体および還元体の種類だけではなく，それらの濃度の影響を受ける．したがって，両極の半電池に同じ酸化体および還元体の組合わせを用いても，濃度が異なれば，起電力が生じ，電池となりうる．このように濃度差を利用した電池を**濃淡電池**とよぶ．濃淡電池の例を図 12・3 に示す．隔壁により隔てられた 1.0 mmol L^{-1} と 1.0 mol L^{-1} の Ag$^+$ 水溶液の両方にそれぞれ Ag 板を浸し，銀線間の電位差を測定する．この場合の電池は，

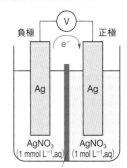

図 12・3　濃淡電池

$$\text{Ag(s)}\,|\,\text{Ag}^+(1\ \text{mmol L}^{-1})\,\|\,\text{Ag}^+(1\ \text{mol L}^{-1})\,|\,\text{Ag(s)}$$

となる．ネルンストの式を用いて各極の電位を求めると，

負極：$E_{(-)} = E°_{\text{Ag}} - (0.0592\ \text{V})\log_{10}\dfrac{[\text{Ag}]}{[\text{Ag}^+]} = E°_{\text{Ag}} + 0.0592\log_{10}(0.001)\ \text{V}$

正極：$E_{(+)} = E°_{\text{Ag}} - (0.0592\ \text{V})\log_{10}\dfrac{[\text{Ag}]}{[\text{Ag}^+]} = E°_{\text{Ag}} + 0.0592\log_{10}(1)\ \text{V}$

$$E = E_{(+)} - E_{(-)} = 0.0592 \times \{0 - (-3)\} = 0.178\ \text{V}$$

となり，約 180 mV の起電力が生じることになる．この電池を通電すると，希薄溶液側（負極）で Ag が溶け出し Ag$^+$ 濃度が上昇し，一方，濃厚溶液側（正極）で Ag が析出し Ag$^+$ 濃度が減少し，両側の Ag$^+$ 濃度が等しくなった際に起電力が 0 V になる．濃淡電池では両極の標準酸化還元電位は同じなので，単純に濃度の比のみで起電力が決まる．

　濃淡電池の例として酸素濃淡電池がある．酸素は，

$$\text{O}_2 + 2\text{H}_2\text{O} + 4\text{e}^- \longrightarrow 4\text{OH}^-$$

という半電池反応を示すことから，溶液中の溶存酸素濃度が異なる場合，起電力が生じる．この起電力により鉄などが溶け出すことが知られており，**濃淡電池腐食**とよばれ，鉄などの腐食の一因となる．この場合，上記の半電池反応が正極で進行し，局所的に酸素濃度の低い部分が負極になり，金属が酸化（M → M^{n+} + ne$^-$）され，腐食が起こる．

また，濃淡電池のように濃度の違いにより起電力が生じる現象は生体内でもみられる．たとえば，神経細胞における刺激の伝達は電気信号で行われており，この電気信号は細胞膜を隔てた Na^+, K^+ などの濃度差の変化により発生している．また，イオンセンサーや pH メーターなども，イオンの濃度を電位に換えて測定している．

12・6 実用化学電池

太陽光発電に代表されるように，熱や光などの物理エネルギーを利用して発電するのが"物理電池"であるのに対し，化学反応を利用するのが"化学電池"である．そして化学電池には，一度放電したら再利用できない**一次電池**と，充電により繰返し使用可能な**二次電池**がある．一次電池の代表が，乾電池であり，日常生活に欠かせない発電装置である．一方近年，ノートパソコンやスマートフォンの普及により二次電池の需要が急速に高まり，特にリチウムイオン電池（コラム 12・2 参照）において耐久性，軽量化，コスト削減などさまざまな観点から熾烈な開発競争が繰広げられている．さらに，燃料となる反応物を連続供給することにより，継続的に電力を取出せるのが燃料電池であり，次世代の自動車である電気自動車に積む発電装置として注目を浴びている．

一次電池 primary cell

二次電池 secondary cell

12・6・1 一次電池

電解質溶液をペースト状にしたり，紙や綿に吸収させて容器から漏れないようにして取扱いやすくし，携帯可能にしたのが"乾"電池である．1887 年時計店に勤めていた屋井先蔵が，正極の炭素棒にパラフィンを染みこませ，液漏れしにくい電池を作製したのが，世界最初の乾電池といわれている（図 12・4）．

◆ ほぼ同時期に，ドイツのガスナー（Carl Gassner），デンマークのヘレセン（Wilhelm Hellesen）らによっても乾電池が開発された．

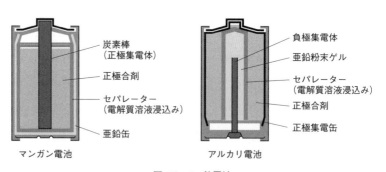

図 12・4 乾電池

最も一般的なマンガン乾電池には，酸性型とアルカリ型が知られている．酸性型では，負極である亜鉛缶に，MnO_2, NH_4Cl, $ZnCl_2$ がデンプンに混ぜられてペースト状で封入され，グラファイト（炭素棒）が正極として挿入される．正極，負極における酸化還元反応，および全反応を次に示す．

負極： $Zn + 2NH_4Cl \longrightarrow [ZnCl_2(NH_3)_2] + 2H^+ + 2e^-$

正極： $MnO_2 + H^+ + e^- \longrightarrow MnO(OH)$

全反応： $Zn + 2MnO_2 + 2NH_4Cl \longrightarrow [ZnCl_2(NH_3)_2] + 2MnO(OH)$

一方，アルカリ型マンガン乾電池（通常，アルカリ電池とよばれる）では，電解質として弱酸性の NH_4Cl の代わりに塩基性の $NaOH$ や KOH を用いる．結果として，負極では ZnO が生成する．

$$負極:　Zn + 2OH^- \longrightarrow ZnO + H_2O + 2e^-$$
$$正極:　MnO_2 + H_2O + e^- \longrightarrow MnO(OH) + 2OH^-$$
$$全反応:　Zn + 2MnO_2 + H_2O \longrightarrow ZnO + 2MnO(OH)$$

負極として亜鉛缶を用いる酸性型に対し，アルカリ型では表面積の大きい亜鉛粉を用いているため，酸性型より内部抵抗が低く，大電流を長く維持できることから，アルカリ型マンガン電池が現代における主流の乾電池となった．

負極として，亜鉛の代わりにリチウムを用いるのがリチウム電池である．亜鉛よりリチウムの密度が小さいため，電池の小型化が可能であり，ボタン電池などとして利用されている．

12・6・2　二　次　電　池

歴史的に最も古い二次電池が 1859 年にフランスの**プランテ**により開発された鉛蓄電池である．改良が繰返され，今日使用されている鉛蓄電池では，正極に二酸化鉛，負極に海綿状の鉛，希硫酸を電解質溶液として用いている．放電時には正負両極に硫酸鉛が生成し，電荷を補うため水素イオンが負極から正極へ移動する．充電時には負極に鉛が正極に二酸化鉛が生成される．比較的大きな装置が必要で，毒性のある鉛，漏洩や破損の際に危険が伴う硫酸の使用が問題であるが，安価なため，二次電池のなかでは，最も生産量が多い．

プランテ Gaston Planté

🎓 コラム 12・2　リチウムイオン電池 🎓

二次電池のなかで最も開発が進み，2019 年のノーベル化学賞の対象にもなったリチウムイオン電池を紹介する．リチウムイオン電池では負極にグラファイトなどの炭素材料を，正極にリチウム遷移金属酸化物を用いている．グラファイトは層状の構造をとっており，Li (Li^++e^-) と反応すると炭素骨格は還元され，層間に Li^+ 取込むことができる．正極負極いずれの電極も還元された時に Li^+ を取込み，酸化されると Li^+ を放出する化合物からできているため，充電に伴い Li^+ が正極から負極へ，放電に伴い負極から正極へ移動する．

$$負極:　Li_xC \underset{充電}{\overset{放電}{\rightleftharpoons}} C + xLi^+ + xe^-$$
$$正極:　Li_{(1-x)}MO_2 + xLi^+ + xe^- \underset{充電}{\overset{放電}{\rightleftharpoons}} LiMO_2$$
(M: 金属元素 Ni, Mn, Co など)

リチウムイオン電池では，電極の選択がきわめて重要であり，米国の**グッドイナフ**（John Bannister Goodenough）は正極としてコバルト酸リチウム（$LiCoO_2$），**吉野彰**は負極として炭素材料を考案し，それぞれノーベル化学賞受賞に至った．なお，吉野が炭素材料として最初に注目したのが，2000 年にノーベル化学賞を受賞した**白川英樹**が開発した伝導性高分子のポリアセチレンであり，燦然と輝く日本の化学史の一端である．

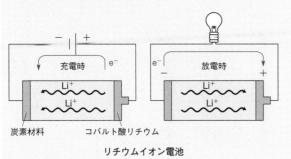

リチウムイオン電池

$$\text{負極：} \quad \text{Pb} + \text{SO}_4{}^{2-} \underset{\text{充電}}{\overset{\text{放電}}{\rightleftarrows}} \text{PbSO}_4 + 2\text{e}^-$$

$$\text{正極：} \quad \text{PbO}_2 + \text{SO}_4{}^{2-} + 4\text{H}^+ + 2\text{e}^- \underset{\text{充電}}{\overset{\text{放電}}{\rightleftarrows}} \text{PbSO}_4 + 2\text{H}_2\text{O}$$

　小型化が可能な二次電池として汎用されているのが，ニッケル-カドミウム電池である．負極として金属 Cd，正極としてオキシ水酸化ニッケル（Ⅲ）を用いる．

$$\text{負極：} \quad \text{Cd} + 2\text{OH}^- \underset{\text{充電}}{\overset{\text{放電}}{\rightleftarrows}} \text{Cd(OH)}_2 + 2\text{e}^-$$

$$\text{正極：} \quad \text{NiO(OH)} + \text{H}_2\text{O} + \text{e}^- \underset{\text{充電}}{\overset{\text{放電}}{\rightleftarrows}} \text{Ni(OH)}_2 + \text{OH}^-$$

12・6・3　燃　料　電　池

　燃料電池とは，水素と酸素を反応させて，電気を発電する装置である．水素は天然ガスやメタノールの改質により供給可能であり，酸素は大気を利用でき，さらに生成物は水のみであることから，環境負荷の小さい理想的な電池である（図 12・5）.

　原理としては水の電気分解の逆である．外部から供給された水素 H_2 は，負極上の触媒に吸着されて，水素原子として活性化され，水素イオン H^+ に酸化されると同時に電子 e^- を発生する．この電子は外部回路を通って正極へ移動し，外部から供給された酸素 O_2，および負極で生成されリン酸などの電解質溶液を通じて正極に移動した水素イオン H^+ と反応して水 H_2O を生じる．

$$\text{負極：} \quad \text{H}_2 \longrightarrow 2\text{H}^+ + 2\text{e}^-$$
$$\text{正極：} \quad 1/2\text{O}_2 + 2\text{H}^+ + 2\text{e}^- \longrightarrow \text{H}_2\text{O}$$

　現段階では，触媒に用いる白金錯体が高価である，電池の寿命が 7〜8 年である，メタンから水蒸気改質により水素を合成する際に高温加熱が必要であり，二酸化炭素が発生する，などの課題が残されており，広く一般に普及するに至っていない．しかし，これらの課題を克服できるのも，化学的知見に基づく基礎

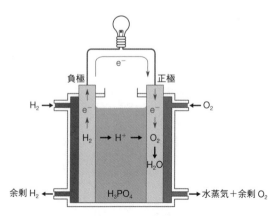

図 12・5　燃料電池

研究, 技術開発である.

章 末 問 題

問題 12・1　次の化合物で, 下線の原子の酸化数を示せ.

(a) CaC̲O₃,　(b) F̲e(NO₃)₃,　(c) I̲F₄⁻,　(d) Na₂S̲₂O₃

問題 12・2　次式で酸化剤と還元剤を示し, 酸化還元反応式を完成せよ.

(a) $Fe(s) + CrO_4^{2-}(aq) \longrightarrow Fe_2O_3(s) + Cr_2O_3(s)$　（塩基性溶液）

(b) $NO_3^-(aq) + S(s) \longrightarrow NO(g) + SO_2(g)$　（酸性溶液）

(c) $Fe^{2+}(aq) + MnO_4^-(aq) \longrightarrow Fe^{3+}(aq) + MnO_2(s)$　（塩基性溶液）

問題 12・3　過マンガンカリウム溶液の $1.0\,mol\,L^{-1}$ 硫酸酸性水溶液 10 mL に濃度未知の過酸化水素水 25 mL を加えたところ, 過マンガンカリウム由来の赤紫色が消えた. 次の問に答えよ.

(a) 上記の酸化還元滴定で用いた酸化還元反応式を書け.

(b) 過酸化水素水の濃度を質量％で求めよ. なお過酸化水素水の密度は $1.0\,g\,cm^{-3}$, 分子量は 34 とする.

問題 12・4　次に示した電池の起電力を計算せよ.

$Zn\,|\,Zn^{2+}(0.10\,mol\,L^{-1})\,\|\,Ni^{2+}(0.010\,mol\,L^{-1})\,|\,Ni$

13

有 機 化 学 Ⅰ

有機化学 organic chemistry

有機化学は，炭素を含む化合物である有機化合物の研究を行う分野である．医薬品，高分子，農薬，染料，香料，食品添加物等，われわれの生活に欠かせない物質は，ほとんどが有機化合物であり，存在が確認されている約1億の物質のうち90%近くは炭素を含んでいる．こうした膨大な数の有機化合物の物性，構造，反応，合成を理解し，新たな有機化合物を創製するためには，有機化学をよく学ぶ必要がある．有機化学反応の種類には，特に重要なものとして，付加，脱離，置換，転位がある．本章ではまず§13・1と§13・2で，これらの形式について概説し，具体的な反応例について§13・3で説明する．

13・1 有機化学反応の種類

13・1・1 付 加 反 応

付加反応 addition reaction

不飽和結合に対して原子または原子団が結合し，飽和化合物や不飽和度の低い化合物が生成する反応を**付加反応**という．たとえば，エテン（エチレン）と臭素の付加反応は，1,2-ジブロモエタンが生じる．

$$
\underset{\text{エテン}}{\overset{\displaystyle H \quad\ \ H}{\underset{\displaystyle H \quad\ \ H}{C=C}}} \quad + \quad \underset{\text{臭素}}{Br-Br} \quad \longrightarrow \quad \underset{\text{1,2-ジブロモエタン}}{H-\overset{\displaystyle Br}{\underset{\displaystyle H}{C}}-\overset{\displaystyle H}{\underset{\displaystyle Br}{C}}-H}
$$

13・1・2 脱 離 反 応

脱離反応 elimination reaction

一般に，一つの分子から二つの原子または原子団が，他の原子，原子団により置換されることなく脱離する反応を**脱離反応**という．たとえば，エタノールに酸触媒を作用させると脱離反応が起こり，エテンと水が生成する．

$$
\underset{\text{エタノール}}{H-\overset{\displaystyle H}{\underset{\displaystyle H}{C}}-\overset{\displaystyle OH}{\underset{\displaystyle H}{C}}-H} \quad \underset{}{\overset{\text{酸触媒}}{\rightleftharpoons}} \quad \underset{\text{エテン}}{\overset{\displaystyle H \quad\ \ H}{\underset{\displaystyle H \quad\ \ H}{C=C}}} \quad + \quad \underset{\text{水}}{H_2O}
$$

13・1・3 置換反応

一般に化合物のある原子または原子団を他の原子または原子団で置き換える
反応を**置換反応**という．たとえば，ヨウ化メチルに水酸化ナトリウムを作用さ
せると置換反応が起こり，メタノールとヨウ化ナトリウムが生成する．

置換反応 substitution reaction

$$
\underset{\text{ヨウ化メチル}}{H\!-\!\overset{\displaystyle H}{\underset{\displaystyle H}{C}}\!-\!I} \;+\; \underset{\text{水酸化ナトリウム}}{NaOH} \;\longrightarrow\; \underset{\text{メタノール}}{H\!-\!\overset{\displaystyle H}{\underset{\displaystyle H}{C}}\!-\!OH} \;+\; \underset{\text{ヨウ化ナトリウム}}{NaI}
$$

13・1・4 転位反応

分子内での結合の組換えにより，新しい化合物が生じる反応を**転位反応**とい
う．たとえば，3,3-ジメチルブタン-2-オールを臭化水素酸（HBr 水溶液）と
反応させると水の脱離に伴うメチル基の転位反応（1,2-メチル転位）が起こり，
生じたカルボカチオンに臭化物イオンが反応することにより，2-ブロモ-2,3-
ジメチルブタンが生成する．

転位反応 rearrangement reaction

例題 13・1 次の反応を付加，脱離，置換，転位のいずれかに分類せよ．

(a) $CH_3CO_2CH_3 + H_2O \xrightarrow{\;H^+\;} CH_3CO_2H + CH_3OH$

(b) $CH_3CH_2CH_2I \longrightarrow CH_3CH\!=\!CH_2 + HI$

(c) $CH_3CH\!=\!CH_2 + Br_2 \longrightarrow CH_3CHBrCH_2Br$

(d) $CH_3CH(OH)CHO \longrightarrow CH_3COCH_2OH$

解答 (a) 置換　(b) 脱離　(c) 付加　(d) 転位

13・2 有機化学反応の機構

化学反応が進行する過程で開裂・生成する結合，各段階の反応速度などを記
述したものは**反応機構**とよばれる．

有機化合物の反応は，必ず結合の開裂と生成の両方を含む．共有結合の 2 電
子結合が開裂するには，電子的に非対称に開裂する不均一開裂と，対称的に開
裂する均一開裂の二つの様式がある．

反応機構 reaction mechanism

13・2・1 不均一開裂

不均一開裂では，共有結合の 2 電子結合が電子的に非対称に開裂するため，

不均一開裂 heterolysis

共有される 2 個の電子がともに一方の原子に残る場合は，その原子は余計に電子をもつので**アニオン**となり，他方の原子は**カチオン**となる．2 電子の動きは**両鉤の曲がった矢印**で表す.

$$A\!:\!B \longrightarrow A^+ + \ :B^-$$
　　　　　　　　　　　カチオン　アニオン

　極性反応　　非対称な結合開裂と結合生成を含む過程は，**極性反応**とよばれる．極性反応においては，**非共有電子対**（**孤立電子対**）をもつ電子豊富な化学種が，電子の不足した化学種に電子対を与えることにより，共有結合を生成する.

$$A^+ + \ :B^- \longrightarrow A\!:\!B$$
　　　　カチオン　アニオン

　ほとんどの有機化合物は電気的に中性であり，全体として正負の電荷をもたない．しかし，**官能基**とよばれる特有の化学的挙動を示す原子団の結合には，電子の偏りにより極性がある.

　したがって，官能基上の電子豊富な部分と電子不足の部分どうしが引き合う結果，極性反応が起こる．よくみられる官能基の分極様式を表 13・1 に示す．炭素は，金属と結合している場合以外は，常に正に分極している．多くの有機化合物は官能基をもつため，極性反応は一般的な有機化学反応である.

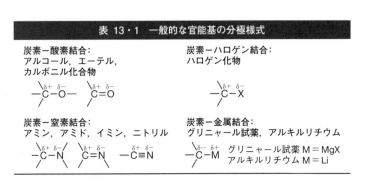

表 13・1　一般的な官能基の分極様式	
炭素－酸素結合: アルコール，エーテル， カルボニル化合物 $-\overset{\delta+}{C}-\overset{\delta-}{O}-\quad \overset{\delta+}{C}=\overset{\delta-}{O}$	炭素－ハロゲン結合: ハロゲン化物 $-\overset{\delta+}{C}-\overset{\delta-}{X}$
炭素－窒素結合: アミン，アミド，イミン，ニトリル $-\overset{\delta+}{C}-\overset{\delta-}{N}\quad \overset{\delta+}{C}=\overset{\delta-}{N}\quad -\overset{\delta+}{C}\equiv\overset{\delta-}{N}$	炭素－金属結合: グリニャール試薬，アルキルリチウム $-\overset{\delta-}{C}-\overset{\delta+}{M}$　グリニャール試薬 M = MgX 　　　　　アルキルリチウム M = Li

　プロトン化による極性結合の活性化　　極性結合は，酸や塩基が官能基と相互作用すると，より大きく分極する．たとえば，カルボニル基の炭素は正に分極しているが，酸素原子が**プロトン化**を受けると，酸素上の正電荷が C=O 結合の電子を強く引きつけるので，炭素はさらに正に分極するため非常に電子不足となる．すなわち，プロトン化により C=O 結合の反応性は増大することになる.

$$\overset{\delta+}{C}=\overset{\delta-}{O} + H\!-\!A \longrightarrow \overset{\delta\delta+}{C}=\overset{+}{O}\!-\!H + A^-$$
　　　　　　　　　酸

　原子の分極率と共有結合　　原子の**分極率**により，共有結合が極性をもつよ

うに振舞う場合がある．C−I 結合は，電気陰性度の差が小さいため，ほぼ非極性であるが，原子半径の大きなヨウ素原子は原子核があまり強く電子を引きつけていないので分極率は大きい．このため，極性をもつ溶媒や試薬との相互作用により，ヨウ素原子のまわりの電場が変化し，それに応じて電子分布も変化するので，C−I 結合は極性をもつ結合のように振舞う．

$$
\overset{\delta+\ \ \delta-}{-\overset{|}{\underset{|}{C}}-I}
\qquad
\begin{array}{c}
\text{電気陰性度}\\
\text{C}\quad\text{I}\\
2.55\ \ 2.66
\end{array}
$$

求核試薬と求電子試薬　　極性反応に含まれる電子豊富な化学種は**求核試薬**とよばれ，中性または負に荷電しており，正に分極した電子不足の原子に電子対を供与して結合を生成する．アンモニア，水，水酸化物イオンなどが求核試薬の例である．一方，電子不足な化学種は**求電子試薬**とよばれ，中性または正に荷電しており，求核試薬から電子対を受取ることにより結合を生成する．酸，ハロゲン化アルキル，カルボニル化合物などが求電子試薬の例である．

求核試薬 nucleophile

求電子試薬 electrophile

求核試薬　　　:NH$_3$, :OH$_2$, $^-$:OH など

求電子試薬　　HCl, CH$_3$Br, CH$_3$CHO など

　ルイス塩基は電子供与体であるため求核試薬，ルイス酸は電子受容体であるため求電子試薬としての性質をもつ．したがって，有機化学反応の多くは酸塩基反応と考えることもできる．

例題 13・2　次の分子の官能基を指摘し，その分極の方向を矢印で示せ．

(a)　CH$_3$C≡N　　(b)　￼O￼　　(c)　O￼ケトン　　(d)　CH$_3$−Cl

解答　(a)　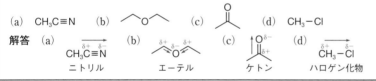

（図中）
$\overset{\delta+\ \ \ \delta-}{CH_3C\equiv N}$　ニトリル　　エーテル　　$\overset{\delta-}{O}$ ケトン　　$\overset{\delta+}{CH_3-Cl}$ ハロゲン化物

例題 13・3　次の化合物を求核試薬と求電子試薬に分類せよ．

(a)　CH$_3$NH$_2$　　(b)　(CH$_3$)$_3$O$^+$　　(c)　HC≡C$^-$　　(d)　CH$_3$Br

解答　(a)　求核試薬　　(b)　求電子試薬　　(c)　求核試薬　　(d)　求電子試薬

13・2・2　均 一 開 裂

　均一開裂では 2 電子共有結合が電子的に対称的に開裂するため，おのおのの原子上に不対電子が 1 個ずつ残り，その原子は**ラジカル**となる．このような 1 電子の動きは**片鉤の矢印**で表す．

均一開裂 homolysis

ラジカル radical

片鉤の矢印 a half-headed arrow

$$
A\!:\!B\ \longrightarrow\ A\cdot\ +\ \cdot B
$$
ラジカル　ラジカル

結合開裂の容易さは基本的に結合エネルギーにより決まる．炭素がつくる共有結合は，結合エネルギーが比較的大きいので，均一開裂を起こすためには，高温での反応が必要である．またラジカルは一般的に不安定で寿命が短く，すぐに安定な化合物となる．

ラジカル反応 radical reaction

ラジカル反応　　対称的な結合開裂と結合生成を含む過程は，**ラジカル反応**とよばれる．対称的な結合開裂により生成した価電子殻に奇数個（通常は 7 個）の電子をもつラジカルは，貴ガス配置をとり安定化するために反応を起こす．ラジカルは他の分子から 1 個の原子と 1 個の結合電子を引抜いて新しいラジカルをつくるラジカル置換反応を起こす．また，多重結合に付加し，その 1 個の電子と結合して新しいラジカルを発生させる付加反応も進行する．

$$
\text{置換反応}\quad \underset{\text{ラジカル}}{\text{R}\cdot}\ +\ \text{A:B}\ \longrightarrow\ \underset{\text{生成物}}{\text{R:A}}\ +\ \underset{\text{ラジカル}}{\cdot\text{B}}
$$

$$
\text{付加反応}\quad \underset{\text{ラジカル}}{\text{R}\cdot}\ +\ \text{C=C}\ \longrightarrow\ \underset{\text{ラジカル}}{-\overset{\text{R}}{\text{C}}-\text{C}-}
$$

　　工業的に有用なラジカル反応の例としてメタンの塩素化がある．メタンの塩素化には，ラジカル反応の特徴である，開始，成長，停止の 3 段階が含まれる．

開始 initiation

・**開始**：紫外線により，ごく一部の塩素分子 Cl_2 の $Cl-Cl$ 結合が均一開裂し，反応性に富む塩素ラジカルが生成する．

$$
\text{Cl:Cl}\ \xrightarrow{\ h\nu\ }\ 2\,\text{Cl}\cdot
$$

成長 propagation

・**成長**：生成した塩素ラジカルはメタン分子と衝突し，水素原子を引抜いて，塩化水素 HCl とメチルラジカル $\cdot CH_3$ を発生させる（段階 1）．このメチルラジカルは別の塩素分子 Cl_2 と反応し，クロロメタンと新しい塩素ラジカル $\cdot Cl$ を生じる（段階 2）．この新しい塩素ラジカルはメタン分子と反応する（段階 1）ので，これらの反応サイクルが繰返される連鎖反応になる．

$$
\text{段階 1}\quad \text{Cl}\cdot\ +\ \text{H:CH}_3\ \longrightarrow\ \text{H:Cl}\ +\ \cdot\text{CH}_3
$$
$$
\text{段階 2}\quad \text{Cl:Cl}\ +\ \cdot\text{CH}_3\ \longrightarrow\ \text{Cl}\cdot\ +\ \text{Cl:CH}_3
$$

停止 termination

・**停止**：二つのラジカルが反応して結合を生成すると安定な生成物を生じ，ラジカルは消滅することとなり，ラジカル反応の連鎖は終了する．しかし，この反応におけるラジカルの濃度は非常に低いので，この停止反応が起こる確率は低い．

$$
\text{Cl}\cdot\ +\ \cdot\text{Cl}\ \longrightarrow\ \text{Cl:Cl}
$$
$$
\text{Cl}\cdot\ +\ \cdot\text{CH}_3\ \longrightarrow\ \text{Cl:CH}_3
$$
$$
\text{H}_3\text{C}\cdot\ +\ \cdot\text{CH}_3\ \longrightarrow\ \text{H}_3\text{C:CH}_3
$$

13・2・3　協 奏 反 応

協奏反応 concerted reaction

　　結合の開裂と生成が同時に 1 段階で起こる反応は**協奏反応**とよばれる．この反応機構では途中に中間体は生じない．たとえば，1,3-ブタジエンと無水マレイン酸の Diels-Alder 反応は，環状の遷移状態を経由する**ペリ環状反応**の一つ

ペリ環状反応 pericyclic reaction

付加環化反応 cycloaddition reaction

で，**付加環化反応**ともよばれる．

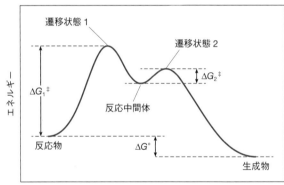

1,3-ブタジエン　　無水マレイン酸

13・3 有機化学反応各論

13・3・1 求電子付加反応

求電子試薬によって起こる反応である。室温でエテンと HBr を反応させると**求電子付加反応**により，ブロモエタンが生成する。二重結合には電子が4個存在するため，単結合よりも電子密度が高く求核的であり，強力なプロトン(H^+)供与体である HBr（求電子試薬）と容易に反応する。

求電子付加反応 electrophilic addition reaction

H−C=C−H ... H−Br → [H−C−C−H]$^+$ → H−C−C−Br

エテン
（反応物）

カルボカチオン
（反応中間体）

ブロモエタン
（生成物）

遷移状態1

遷移状態2

$\Delta G_2^{\ddagger}$

$\Delta G_1^{\ddagger}$

エネルギー

反応中間体

反応物

ΔG°

生成物

反応座標

この反応は，2段階で起こる。エテンと HBr が接近し，エテンの π 結合と H−Br 結合が切れ，第一段階で新たな C−H 結合ができ，**反応中間体**として**カルボカチオン**が生成する（コラム 13・1 参照）。第二段階では，このカルボカチオンが Br^- と反応し，ブロモエタンが生じる。

反応中間体 reaction intermediate

カルボカチオン carbocation

13・3・2 求核付加反応

求核試薬によって起こる反応であり，メチルリチウム CH_3Li とアセトンの反応は**求核付加反応**である。

求核付加反応 nucleophilic addition reaction

アセトン

1) CH_3Li
2) H^+

OH

2-メチル-
2-プロパノール

🎓 コラム 13・1　極性反応における中間体 🎓

・カルボカチオン: 炭素に生じるカチオンであるカルボカチオン (carbocation) は, 分極した共有結合の不均一な開裂, 不飽和結合へのカチオンの付加により生じやすい.

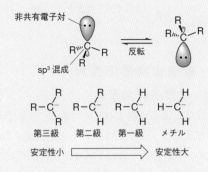

カルボカチオンは平面構造をもち, 3価の炭素は sp^2 混成で三つの置換基は正三角形の三つの角の方に向いている. 中心炭素の価電子3個は三つの σ 結合に使われているため, 平面の上下に広がる p 軌道は空の軌道である.

・カルボアニオン: 一般にカルボアニオン (carboanion) の中心炭素は sp^3 混成であり, 三つの共有結合と1対の非共有電子対をもち, すばやく反転する.

・カルベン: カルベン (carbene) は中性で基本的に求電子性をもつ2価の化学種であり, 不安定できわめて反応性が高い. 通常, ハロゲン化物の α脱離反応, ジアゾ化合物の光分解, 熱分解などで発生する.

$$CHCl_3 \xrightarrow{NaOH} \overset{-}{:}CCl_3 \xrightarrow[-Cl^-]{\alpha 脱離} :CCl_2$$

例題 13・4　1-メチルシクロヘキセンと HBr の反応で得られる生成物を書け.

＋ HBr ⟶

1-メチルシクロ
ヘキセン

解答

＋ HBr ⟶ [ ] ⟶

1-メチルシクロ　　　　第三級カルボカチオン　　1-ブロモ-1-メチル
ヘキセン　　　　　　　　　　　　　　　　　　シクロヘキサン

13・3・3　E1 反 応

E1 反応 elimination, unimolecular

　E1 反応とは, 生成したカルボカチオン中間体から溶媒, あるいは脱離した原子, 原子団のアニオンなどの弱い塩基によりプロトンが引抜かれ, アルケンが生成する脱離反応をいう. カルボカチオンの生成が律速段階であり, 一分子反応 (反応速度がハロゲン化アルキルの濃度のみに依存する一次反応) として進行する. より安定な多置換アルケンが主生成物となる. 後述の S_N1 反応と競合する.

$$\xrightarrow{Cl} \xrightarrow[65℃]{H_2O, C_2H_5OH} +$$

2-クロロ-　　　　　　2-メチルプロペン　　2-メチル-
2-メチルプロパン　　36%（E1 生成物）　　2-プロパノール
　　　　　　　　　　　　　　　　　　　　64%（S_N1 生成物）

13・3・4　E2 反応

　E2 反応とは，C−H と C−X の結合が同時に開裂することにより，中間体が
ない 1 段階で二重結合が生成する脱離反応をいう．E2 反応はハロゲン化アルキ
ルと塩基の濃度に依存する二次の反応速度を示す二分子反応である．軌道の相
互作用の関係から，E2 反応は開裂する C−H と C−X の結合が同一平面上にあ
る**ペリプラナー**形から起こり，一般的にその C−H と C−X 結合が反対方向の
配座となる**アンチペリプラナー**形からの反応が有利である．後述の S_N2 反応と
競合する．

E2 反応 elimination, bimolecular

ペリプラナー periplanar

アンチペリプラナー anti-periplanar

2-ブロモプロパン　　　　プロペン　　　2-エトキシプロパン
　　　　　　　　　　87%（E2 生成物）　13%（S_N2 生成物）

13・3・5　E1cB 反応

　E1cB 反応とは，基質からプロトンが引抜かれてカルボアニオンが生成し，隣
接する炭素上の脱離基を追い出すことにより，二重結合が生成する脱離反応を
いう．E1cB 反応は，安定なカルボアニオンが生成し，脱離基の脱離能が低い
場合に一般的な反応であり，2 段階の一分子的な脱離反応である．

E1cB 反応 elimination, unimolecular, conjugate base

1,1-ジクロロ-2,2,2-　　　　　　　　　　　　1,1-ジクロロ-2,2-
トリフルオロエタン　　　　　　　　　　　　ジフルオロエテン
　　　　　　　　　　　　　　　　　　　　　　95%

13・3・6　S_N1 反応

　S_N1 反応とは，反応基質 R−X のイオン化と生成するカルボカチオン中間体
の求核種 Nu^- による捕捉の段階的反応をいう．平面型のカルボカチオンを経由
するため，エナンチオマーのうちの一方のみを反応物として用いても，**ラセミ
化**が進行し，生成物は両エナンチオマーの等量混合物（ラセミ体）となる（14
章参照）．E1 反応，S_N2 反応と競合する．

S_N1 反応 substitution, nucleophilic, unimolecular

ラセミ化 racemization

(S)-1-ブロモ-1-　　　(S)-1-メトキシ-1-　　(R)-1-メトキシ-1-
フェニルエタン　　　　フェニルエタン　　　　フェニルエタン
　　　　　　　　　　　　37%　　　　　　　　63%

13・3・7　S_N2 反応

　S_N2 反応とは，求核試薬が脱離する基から 180° 離れた方向から接近して 1 段
階で起こる反応をいう．このため，反応基質の反応中心は立体配置が反転する．
S_N2 反応においては，求核試薬が脱離基の反対側から反応中心に進入するので，
脱離基が置換した炭素原子に結合している三つの置換基が大きくなるにつれて
求核試薬の接近が起こりにくくなるため，反応速度は減少し，E2 反応が競合す
る．

S_N2 反応 substitution, nucleophilic, bimolecular

(S)-2-ブロモブタン　　(R)-2-ブタノール

13・3・8　S$_N$i 反応

S$_N$i 反応 substitution, nucleophilic, intramolecular

　S$_N$i 反応とは，イオン対を経て，立体配置保持で進行する置換反応をいう．第二級アルコールの塩化チオニルによる塩素化は S$_N$i 反応である．

(R)-1-フェニル
エタノール　　　　　　　　　　　　　　　　　　　　　　　　(R)-1-クロロ
エチルベンゼン

13・3・9　芳香族求電子置換反応

芳香族求電子置換反応 electrophilic aromatic substitution reaction

　芳香族求電子置換反応とは，求電子試薬によって起こる芳香族化合物の反応をいう．アレニウムイオン中間体を経由し，H$^+$ を脱離基とする付加-脱離機構で表される．

アレニウムイオン

13・3・10　芳香族求核置換反応

芳香族求核置換反応 nucleophilic aromatic substitution reaction

　芳香族求核置換反応とは，ニトロ基のような強い電子求引性基とハロゲンのような脱離基が適切な位置に置換した芳香族化合物の求核試薬との付加-脱離機構（S$_N$Ar 機構）による置換反応をいう．中間体はマイゼンハイマー錯体といわれ，単離できるほど安定な場合がある．

マイゼンハイマー錯体　　　　　　　　　単離された
マイゼンハイマー錯体

例題 13・5　次の反応における電子の流れを，両鉤の曲がった矢印を使って書け．

$C_2H_5O_2C^- \;+\; Ph\text{-}Br \;\longrightarrow\; C_2H_5O_2C\text{-}Ph \;+\; Br^-$

解答

$C_2H_5O_2C^- \;+\; Ph\text{-}Br \;\longrightarrow\; C_2H_5O_2C\text{-}Ph \;+\; Br^-$

13・3・11　転 位 反 応

　発生したカルボカチオンに対して，β位の水素がヒドリドイオン H^- として移動したり，アルキル基が移動したりする，1,2-転位反応（**ワグナー-メーヤワイン転位**）が起こることがある.

ワグナー-メーヤワイン転位 Wagner-Meerwein rearrangement

R = H, アルキル　　　　　　　　ワグナー-メーヤワイン転位　　　　　　　　転位生成物

　また，σ 結合した原子や置換基が，π 電子系を通って一つの場所から別の場所へ移動する反応を，**シグマトロピー転位**とよぶ. 1,5-ヘキサジエンが 6 員環遷移状態を経て一挙に結合の組換えを行う**コープ転位**，酸素原子を含む系での転位である**クライゼン転位**は，典型的な例である.

シグマトロピー転位 sigmatropic rearrangement

コープ転位 Cope rearrangement

クライゼン転位 Claisen rearrangement

コープ転位

クライゼン転位

章 末 問 題

問題 13・1　次の反応を付加，脱離，置換，転位のいずれかに分類せよ.

(a)　$CH_3CH_2Br + KCN \longrightarrow CH_3CH_2CN + KBr$

(b)　

(c)　

(d)　

問題 13・2　次の分子の官能基を指摘せよ.

(a)　

プロスタグランジン E_1

(b)　

コカイン

(c)　

ペニシリン V

問題 13・3　次の分子中の求電子的な部分と求核的な部分を示せ.

(a)
フェニルアラニン

(b)
ゲラニオール

(c)
エストロン

14

有 機 化 学 Ⅱ

　分子を三次元的観点から研究する化学の領域は，**立体化学**とよばれている．立体化学の研究の原点はパスツールによる酒石酸塩の**光学分割**にあるといえる．パスツールは，結晶形自体が鏡像の関係にある 2 種類の結晶を，虫眼鏡とピンセットを使って分けることに成功した．このようにして 2 種類の結晶を分離できることが実証されたため，**光学異性**という重要な異性現象が明らかとなった．立体化学は，ファント・ホッフとル・ベルにより提唱された炭素正四面体説においてはじめて用いられた語であり，"solid" の意を表すギリシャ語に由来する接頭語 "stereo" が含まれているため，立体化学には "空間の化学" という意味がある．有機化合物は分子模型のように硬直しておらず，自在な構造をとることが多いため，その三次元構造は物性や反応性を理解するうえで重要である．また，有機化合物の三次元構造とその生物学的な性質との間には密接な関連がある．たとえば，ペニシリンには右手と左手の関係にあるエナンチオマーが存在し，その一方のみが抗菌活性を示す．したがって，有機化合物の立体化学に関する理解を深めることは，化学と生命科学の学際領域研究にも欠かすことができない．

14・1　有機化合物の立体化学
14・2　配置異性体とキラリティー
14・3　鏡像異性と生物活性
14・4　エナンチオ選択的合成

立体化学 stereochemistry
光学分割 optical resolution
光学異性 optical isomerism

14・1　有機化合物の立体化学

14・1・1　異 性 体 と 立 体 配 座

　分子式は同じでも異なる化合物が存在することを異性といい，そうした化合物どうしを**異性体**という（図 14・1）．異性体は，**構造異性体**と**立体異性体**に分類される．構造異性体は，その分子を構成する原子の結合順序が異なる異性体であり，ジメチルエーテルとエタノールはその関係にある．立体異性体は，原子の結合順序は同じであるが三次元的配置が異なる異性体であり，**配座異性体**

異性体 isomer
構造異性体 constitutional isomer
立体異性体 stereoisomer
配座異性体 conformational isomer, conformer

図 14・1　異性体の分類

配置異性体 configurational isomer

と**配置異性体**（§14・2参照）に分類される.

　ある分子において，結合の内部回転により生じる空間的な原子配列の違いを

立体配座 conformation

立体配座といい，異なる立体配座をもつ分子を配座異性体という.

ニューマン投影式 Newman projection
ねじれ形配座 staggered conformation
重なり形配座 eclipsed conformation
ねじれひずみ torsional strain

　立体配座の表示には，炭素−炭素単結合の延長線上から見て，二つの炭素原子を一つの円として表現する，**ニューマン投影式**がよく使われる．エタンの最も安定な立体配座は，**ねじれ形配座**（$\theta = 60°$），最も高いエネルギーをもち，不安定な配座は，**重なり形配座**（$\theta = 0°$）である．エタンの重なり形配座に由来するエネルギー差は $12\,\mathrm{kJ\,mol^{-1}}$ であり，**ねじれひずみ**とよばれる．現時点では，ねじれ形配座が安定である理由として，ねじれひずみは C−H 結合の電子雲どうしの反発に由来するので重なり形配座が不安定となるためという説明と，C−H 結合の結合性軌道と隣り合う C−H 結合の反結合性軌道間の相互作用がねじれ形配座を安定化するためという説明がある.

ねじれ形配座　　　　　　重なり形配座

アンチ配座 anti conformation

　ブタンの最も安定な立体配座は，メチル基どうしが最も離れた**アンチ配座**である．この配座からブタンの C2−C3 結合を 60° 回転させると，CH_3 と H の相互作用二つと H と H の相互作用一つが存在する重なり形配座となる．さらに

ゴーシュ配座 gauche conformation
立体ひずみ steric strain

60° 回転させるとメチル基どうしが互いに 60° 離れた**ゴーシュ配座**となる．ゴーシュ配座はねじれ形配座であるが，**立体ひずみ**が存在するため，アンチ配

アンチ配座

重なり形配座
H ⟷ H　　4.0 kJ mol⁻¹
H ⟷ CH₃　6.0 kJ mol⁻¹

ゴーシュ配座
CH₃ ⟷ CH₃　3.8 kJ mol⁻¹

重なり形配座
H ⟷ H　　4.0 kJ mol⁻¹
CH₃ ⟷ CH₃　11 kJ mol⁻¹

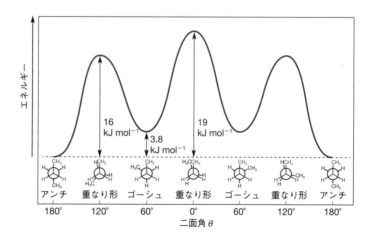

座より 3.8 kJ mol⁻¹ エネルギーが高い. 立体ひずみは, 2 個の原子が原子半径の許容範囲よりさらに接近しようとした時に生じる反発的な相互作用である. 二つのメチル基の二面角が 0° に近づくと, ねじれひずみと立体ひずみの両方により, ブタンの最も不安定な立体配座となる. 室温では σ 結合が速やかに回転するのに十分な熱エネルギーが存在するので, すべての可能な立体配座は平衡状態にある. しかし, 分子の安定な配座は不安定な配座に比べて大きな割合を占める.

例題 14・1 分子式 $C_4H_8O_2$ をもつ構造異性体を構造式で二つ書け.
解答  他にも多くの異性体あり.

例題 14・2 1-ブロモプロパンの最も安定な立体配座と最も不安定な立体配座を C1−C2 結合に沿って眺めたニューマン投影式で書け.

1-ブロモプロパン

解答

最も安定
ねじれ形配座

最も不安定
重なり形配座

14・1・2 シクロヘキサンの立体配座

シクロヘキサンの立体配座のなかでは, **いす形配座**が最も安定である. いす形配座においては, すべての隣接する C−C 結合がゴーシュ配座になっており, 結合角も正四面体角 109.5° にほぼ等しいので, ひずみエネルギーがシクロヘキサンの立体配座の中で最も小さいためである.

いす形シクロヘキサンの各炭素原子は, 環の垂直方向に向かっている六つの**アキシアル結合**と環の外側に向かっている六つの**エクアトリアル結合**をもつ. アキシアル結合は, 互いに平行で交互に上下の関係であり, エクアトリアル結合も交互に斜め上方向, 斜め下方向に向かって伸びている.

a: アキシアル (axial)
e: エクアトリアル (equatorial)

室温付近では, シクロヘキサンの 2 種類のいす形配座の間で, C−C 結合の回転により, **環反転**とよばれる相互変換が速やかに起こっている (図 14・2). この環反転の過程で, いす形配座は, エネルギー極大点にある**半いす形配座**を経由し, 準安定状態にある**ねじれ舟形配座**となる. これは**舟形配座**を経由し

いす形配座 chair conformation

アキシアル結合 axial bond
エクアトリアル結合 equatorial bond

環反転 ring-flip
半いす形配座 half-chair conformation
ねじれ舟形配座 twist-boat conformation
舟形配座 boat conformation

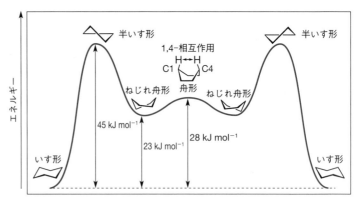

図 14・2 シクロヘキサンの環反転における立体配座の変化とエネルギー

て，もう一つのねじれ舟形配座となり，ついで，半いす形配座を経由して，もう1種類のいす形配座となる．この環反転の過程で，アキシアル結合とエクアトリアル結合は入れ換わる．

舟形配座は対称性に富むが，ねじれひずみが大きく，また C1 位と C4 位の間に**立体ひずみ**があるため不安定であり，エネルギー図では極大点にある．ねじれ舟形配座は，ねじれひずみと立体ひずみが緩和されているので，舟形配座より 5 kJ mol⁻¹ ほど安定である．

14・1・3 一置換シクロヘキサンの立体配座

一置換シクロヘキサンには二つのいす形配座があるが，そのうち置換基がエクアトリアル位にあるものが，アキシアル位にあるものより安定である．置換基がメチル基の場合，平衡にある二つのいす形配座のエネルギー差は 7.6 kJ mol⁻¹ であり，その割合は $\Delta G = -RT\ln K$ から計算すると，室温でメチルシクロヘキサンの 95% がメチル基をエクアトリアル位にもつことが示される．

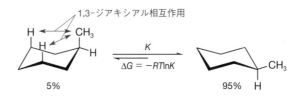

1,3-ジアキシアル相互作用 1,3-diaxial interaction

このエネルギー差は **1,3-ジアキシアル相互作用**とよばれる立体ひずみに起因する．すなわち，アキシアルのメチル基は，そこから 3 炭素目の二つの水素と非常に接近するため，7.6 kJ mol⁻¹ (3.8 kJ mol⁻¹×2) の立体ひずみが生じる．さらに嵩高い置換基である (CH₃)₃C 基では，この値は 22.8 kJ mol⁻¹ (11.4 kJ mol⁻¹×2) に達し，これは事実上環反転が止まることを意味する．

例題 14・3 フェニルシクロヘキサンの最も安定な立体配座を書け．
解答

14・2 配置異性体とキラリティー

14・2・1 配置異性体

配置異性体は，構造的性質により，互いに鏡像の関係にあって重ね合わすことができない異性体である**エナンチオマー**と，エナンチオマーでない異性体である**ジアステレオマー**に分類される．また，ある構造がその鏡像にあたる構造と重ね合わすことができないという性質を**キラリティー**とよび，キラリティーをもつ構造を**キラル**，もたない構造を**アキラル**とよぶ．

エナンチオマー enantiomer

ジアステレオマー diastereomer

キラリティー chirality

キラル chiral

アキラル achiral

14・2・2 エナンチオマー

1個の炭素原子に4種類の異なる原子またはアキラルな原子団が結合している分子はキラルである．このような炭素原子を不斉炭素原子とよぶが，炭素原子でない場合も含めて一般的には，**キラル中心**とよぶ．キラル中心の存在によりキラリティーが発生する場合，**中心性キラリティー**という．

キラル中心 chiral center, 不斉中心，ステレオジェン中心ともいう．

中心性キラリティー central chirality

キラルな分子に固有の特徴として，平面偏光の偏光面を回転させる性質があり，この性質をもつことを**光学活性**であるという．エナンチオマーは，化学的・物理的性質は同じであるが，偏光面を回転させる方向が逆であるため，区別できる．平面偏光の偏光面を時計回りに回転させる場合を**右旋性**とよび，その旋光度の符号を＋とする．一方，反時計回りに回転させる場合を**左旋性**とよび，その旋光度の符号を－とする．たとえば，右旋性の乳酸は（＋）-乳酸と表示される．

光学活性 optical activity

右旋性 dextrorotatory

左旋性 levorotatory

本来は三次元の構造であるエナンチオマーの構造を二次元に図示するために，**フィッシャー投影式**が使われることもある．特に糖の構造式はフィッシャー投影式で描かれることが多い．

フィッシャー投影式 Fischer projection

| フィッシャー投影式 | （－)-乳酸 | 鏡 | （＋)-乳酸 | フィッシャー投影式 |

キラル中心における原子の三次元的な配置（**立体配置**）は，*RS* 表示法（**CIP 表示法**）により表示される．この方法では次の二つの手続きを経て，立体配置の表示を定める．

立体配置 configuration

CIP 表示法 Cahn-Ingold-Prelog convention

• CIP 表示法に従い，キラル中心に結合する四つの原子または置換基に順位をつける．基本的な規則は，1）原子番号の大きなもの，質量数の大きなほうを優位とする．2）キラル中心に直結する原子について適用し，順位が決まらない場合は，決まるまでキラル中心から結合鎖に沿って次に結合する原子について適用する．3）多重結合は同じ原子が結合の数だけついているものと考える．

• 順位の一番低い置換基が遠くになるように分子を置き，残った三つの置換基を順位の高いほうから低いほうへたどった時に，時計回りならば *R* 配置，反時計回りならば *S* 配置とする（*R*, *S* はラテン語の *rectus, sinister* に由来する）．

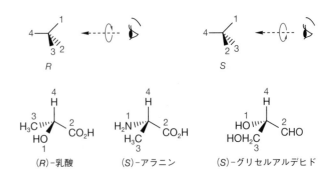

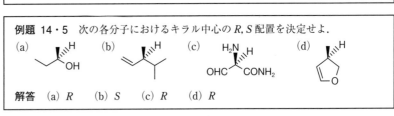

（R）-乳酸　　　（S）-アラニン　　　（S）-グリセルアルデヒド

例題 14・4　次の分子式をもつキラルな分子を構造式で一つずつ書け.
(a) $C_5H_{11}Br$　　(b) $C_6H_{14}O$（アルコール）　　(c) C_6H_{12}（アルケン）　　(d) C_8H_{18}
解答
(a) 　　(b) 　　(c) 　　(d)

例題 14・5　次の各分子におけるキラル中心の R, S 配置を決定せよ.
(a) 　　(b) 　　(c) H_2N ... OHC CONH$_2$　　(d)

解答　(a) R　　(b) S　　(c) R　　(d) R

14・2・3　ラ セ ミ 体

ラセミ体 racemate

　キラルな化合物において等量のエナンチオマーの混合物をラセミ体とよぶ.
ラセミ体は光学不活性であり, 旋光性を示さない. ラセミ体は, 化合物の前に
（±）- をつけて表す.

14・2・4　ジアステレオマー

ジアステレオ異性 diastereoisomerism
ジアステレオマー diastereomer
ジアステレオ異性体 diastereoisomer

　エナンチオマー以外の立体異性体を総称して**ジアステレオ異性**といい, それ
に基づく異性体を**ジアステレオマー**または**ジアステレオ異性体**とよぶ. ジアス
テレオマーは異なる化学的・物理的性質をもつため, 旋光度の符号しか違わな
いエナンチオマーと比べて, 容易に区別できる.

シス-トランス異性 *cis-trans* isomerism

　二重結合におけるシス-トランス異性　通常の条件下では二重結合は自由
回転できないので, 欄外に図示したようなアルケン（a ≠ b, c ≠ d の場合）に
は, 立体異性体が生じる. この現象を**シス-トランス異性**という. C=C 結合軸
を含む, アルケン分子平面に垂直な平面に関して, 各アルケン炭素上にある原
子または置換基が同じ側にある場合はシス, 反対側にある場合はトランスとよ
ぶ.
　二重結合に三つ以上の置換基がついている場合, §14・2・2 で述べた CIP 表
示法を用いて二重結合のそれぞれの炭素に結合する基の優先順位を決め, 優先
順位の高い基どうしがシスのものを Z, トランスのものを E という接頭辞をつ

けて区別する.

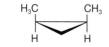

シス, Z　　　トランス, E

環状化合物におけるシス-トランス異性　環状化合物においては, σ結合の自由回転が束縛を受ける. そのため, 同じ結合順序であるが三次元配置が異なる異性体が存在する. 環に対して着目する二つの置換基が同じ側にあるものをシス, 反対側にあるものをトランスとよぶ. たとえば, 1,2-ジメチルシクロプロパンには, 次に示す二つの異性体がある.

cis-1,2-ジメチルシクロプロパン　　　trans-1,2-ジメチルシクロプロパン

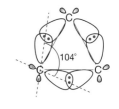

角ひずみ angle strain, 角ひずみは結合角が広げられた場合にも発生する.

曲がった結合 bent bond

シクロプロパンは, C–C–C結合角が正四面体角109.5°から狭められているため, **角ひずみ**をもつ. シクロプロパンのC–C–C結合角は約104°であり, 炭素の混成軌道はsp³からずれている. これは**曲がった結合**により説明される. この曲がったC–C結合においては, σ結合軌道の重なりが悪いため, 通常のC–C σ結合より開裂しやすい. したがってシクロプロパンは反応性に富む.

複数のキラル中心をもつジアステレオ異性　原理的にn個のキラル中心をもつ分子には最大2^n個の立体異性体が存在する. たとえば, トレオニンには二つの不斉炭素があるため, 四つの立体異性体があり, 2組のエナンチオマーに分類できる. それ以外のすべての組合わせはジアステレオマーである.

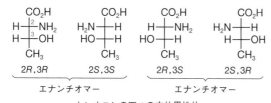

トレオニンの四つの立体異性体

二つのジアステレオマーで一つのキラル中心の立体配置のみ異なる場合, **エピマー**とよばれる. (2S, 3S)体のトレオニンは(2S, 3R)体のトレオニンのC3に関するエピマーである.

エピマー epimer

酒石酸にはキラル中心が二つあるが, 立体異性体は3種類である. なぜなら, (2R, 3R)体と(2S, 3S)体はエナンチオマーの関係にあるが, (2R, 3S)体と(2S, 3R)体は同一物質であり, アキラルである. このように, 複数のキラル中心をもちながら分子内に対称面をもつため分子内で不斉が打消し合い, 分子全体と

メソ化合物 meso compound

してはアキラルな化合物を**メソ化合物**という.

酒石酸の三つの立体異性体

14・3 鏡像異性と生物活性

　キラルな分子の二つのエナンチオマーは,旋光度の符号が異なることを除き,同じ化学的・物理的性質をもっている.しかし,それらの生物学的性質は,一般的に異なることが多い.たとえば,リモネンの R 体はオレンジの香りがするが,S 体はマツの香りがする.これはわれわれの体内にある香りの受容体がアミノ酸などのキラルな分子で構成されているため,エナンチオマーの一方のみと高い親和性をもつので,このような**分子認識**が起こる.

分子認識 molecular recognition

(R)-リモネン　　(S)-リモネン
オレンジの香り　　マツの香り

　同様な例は医薬品に多くみられる.1942 年にカビから単離されたペニシリン G は,感染症治療薬として使用された初のペニシリンであり,第二次世界大戦中には多くの負傷兵を感染症による死亡から救った.そのペニシリン G は光学活性であり,そのエナンチオマーは抗菌活性を示さない.このように自然界由来の医薬品のほとんどは光学活性であり,一方のエナンチオマーのみが医薬品として有効であることが多い.

(2S,5R,6R)-ペニシリン G　　(2R,5S,6S)-ペニシリン G
抗菌剤　　抗菌活性なし

　一方で,化学合成によりつくられた医薬品はアキラルであるものも多いが,キラルであっても一方のエナンチオマーが生物に対して活性を示さない化合物であれば,一般的にラセミ体として使用されることもある.イブプロフェンは S 体だけが鎮痛剤,抗炎症剤としての活性を示し,R 体は不活性であるため,ラセミ体として市販されている.

(S)-イブプロフェン
鎮痛剤, 抗炎症剤

(R)-イブプロフェン
活性なし

　イブプロフェンのように，もう一方のエナンチオマーが生物に対して無害である場合はラセミ体で使用しても医薬品として問題は起こらない．しかし，有害である場合は薬禍をひき起こすことになる．たとえば，サリドマイドは，1950年代後半に妊婦の制吐剤や鎮静剤として使用された．サリドマイドには不斉炭素が一つあるので，エナンチオマーがある．R体は制吐作用，鎮静作用をもつが，S体は催奇形性をもっていたため，サリドマイドを服用した妊婦から四肢の奇形（アザラシ症）をもつ乳児が生まれた．

(R)-サリドマイド
制吐剤, 鎮痛剤

(S)-サリドマイド
催奇形性物質

　当然，サリドマイドの使用は中止になったが，サリドマイドによる薬禍以降，医薬品の認可は，より厳格に行われるようになった．現在では新薬の承認前に臨床試験，毒性試験のみならず光学純度の検討も要求されている．ちなみに，サリドマイドのR体とS体は生体内で相互変換するため，R体のみを使用しても催奇形性を防ぐことはできないことが明らかにされている．また，その後の研究によりS体のサリドマイドは，血管が形成される過程で，ある種のタンパク質の生成を妨げる作用があり，これが催奇形性の原因であることがわかった．この血管形成の抑制により悪性腫瘍の増殖が阻害されることもわかったので，今ではサリドマイドは，多発性骨髄腫の治療に利用されている．

14・4　エナンチオ選択的合成

　イブプロフェンのように一方のエナンチオマーしか生物活性を示さない化合物をラセミ体で合成すると，医薬品として有効であるのはその半分ということになる．そのような場合，二つのエナンチオマーの一方のみを得る**エナンチオ選択的合成**が有効である．2001 年にこの分野の先駆的な研究成果をあげた**ノールズ，シャープレス，野依良治**の3氏にノーベル賞が与えられたことは，エナンチオ選択的合成の重要性を示している．

　エナンチオ選択的合成法のなかでも，キラルな触媒を用いる方法（**不斉触媒反応**）は合成効率が高く，環境に対する負荷も低いため，理想的な手法である．巧みに設計されたキラルな触媒は自然界における酵素のように働き，アキラルな分子をキラルな分子へと変換する時に，一方のエナンチオマーを選択的に合成

エナンチオ選択的合成 enantioselective synthesis

ノールズ William Standish Knowles

シャープレス Karl Barry Sharpless

野依良治

不斉触媒反応 catalytic asymmetric reaction

する.

　たとえば，野依らにより開発された (S)-BINAP-Ru(II) 触媒を用いると，アセト酢酸メチルのエナンチオ選択的水素化において，99% ee 以上の生成物が得られる．他にもキラルな触媒を用いる酸化反応や炭素－炭素結合生成反応が多く報告されており，今後も研究が盛んに行われると考えられる．

◆エナンチオマーの混合物中におけるエナンチオマーの比率は，エナンチオマー過剰率(enantiomer excess)で表される．各エナンチオマーのモル分率を $X(+)$，$X(-)$ とした時，エナンチオマー過剰率は次式で表される．

　$|X(+)-X(-)| \times 100$（% ee）

　ここで ee は，エナンチオマー過剰率の略である．

(S)-BINAP-Ru(II)触媒

章 末 問 題

問題 14・1　デカリンのシス体とトランス体の構造を，シクロヘキサンのいす形配座を組合わせることにより書け．

デカリン C_10H_18

問題 14・2　分子式 C_4H_8O をもつ光学活性なアルコール A がある．A は白金を触媒として水素を反応させると分子式 $C_4H_{10}O$ をもつアルコールになる．この事実を説明できるアルコール A を構造式で書け．また，この実験により推定される A の構造は一つだけであるか答えよ．

問題 14・3　次の構造をもつキシリトールについて，次の問いに答えよ．

キシリトール

(a) キシリトールが有するキラル中心の数を書け．
(b) キシリトールをフィッシャー投影式により書け．
(c) キシリトールのジアステレオマーのうち，メソ化合物の構造を書け．
(d) キシリトールのジアステレオマーのうち，キラルな化合物の両構造を書け．
(e) キシリトールの立体異性体の数を書け．

問題 14・4　次の化合物を構造式で書け．

(a) シス-トランス異性体が三つ可能な分子式 C_6H_{10} の化合物．
(b) 不斉炭素をもつ分子式 C_5H_8 の化合物．
(c) 不斉炭素をもたない分子式 C_6H_9 のキラルな化合物．
(d) 分子式 C_9H_{20} のメソ化合物．

問題 14・5　次の各分子におけるキラル中心の R, S 配置を決定せよ．

(a)

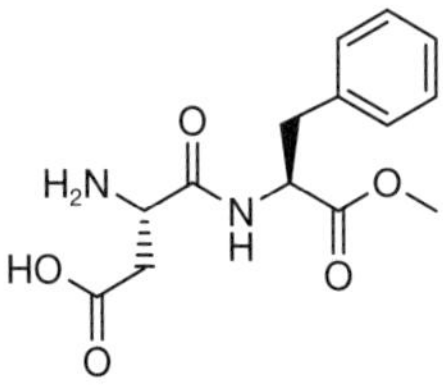

アスパルテーム
甘味料
（砂糖の約 200 倍の甘さ）

(b)

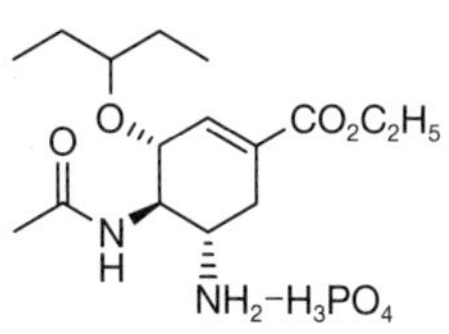

タミフル®
インフルエンザ治療薬

(c)

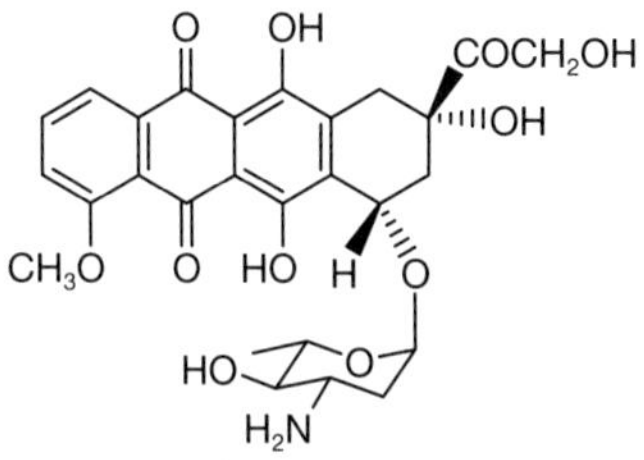

アドリアマイシン
抗腫瘍性抗生物質

(d)

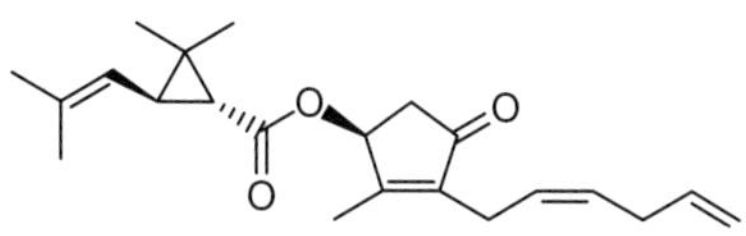

ピレトリンⅠ
蚊取り線香の有効成分

ワトソン James Dewey Watson

クリック Francis Harry Compton Crick

セントラルドグマ central dogma

生体高分子には，核酸，タンパク質，多糖などがあり，核酸は遺伝情報の伝達やタンパク質合成において重要な役割を果たしている．核酸には，RNA と DNA が存在し，DNA は真核細胞では細胞核の染色体にあり，遺伝情報は DNA の塩基配列として表され，遺伝子として特定のタンパク質のアミノ酸配列を一義的に決定している．1953 年に，**ワトソン**と**クリック**によって DNA の二重らせん構造が提唱され，その後 DNA が正確に複製されるしくみが明らかになった．さらに，生物の遺伝情報は，DNA→（転写）→RNA→（翻訳）→タンパク質へ情報が伝達される**セントラルドグマ**が提唱され，分子生物学の基本原理が明らかになった．本章では，DNA の構造を説明し，遺伝情報が正確に複製されるしくみを説明するとともに，DNA の遺伝情報が RNA を経てタンパク質情報へ伝達されるセントラルドグマのしくみを説明する．また，タンパク質を構成するアミノ酸の構造と性質，タンパク質の構造と機能について説明する．

15・1 核酸の構造

ヌクレオチド nucleotide

リボ核酸 ribonucleic acid，略称 **RNA**

デオキシリボ核酸 deoxyribonucleic acid，略称 **DNA**，デオキシ（deoxy）はリボ核酸のリボース部分から酸素がなくなっていることを示す．

核酸の単量体構造を**ヌクレオチド**とよび，5 員環の単糖（ペントース），塩基，リン酸基から構成される．**RNA**（リボ核酸）はペントースであるリボース $C_5H_{10}O_5$ が，**DNA**（デオキシリボ核酸）はリボースの $C2'$ 位の $-OH$ が $-H$ になったデオキシリボース $C_5H_{10}O_4$ がそれぞれの五炭糖の部分を構成する（図 15・1）．

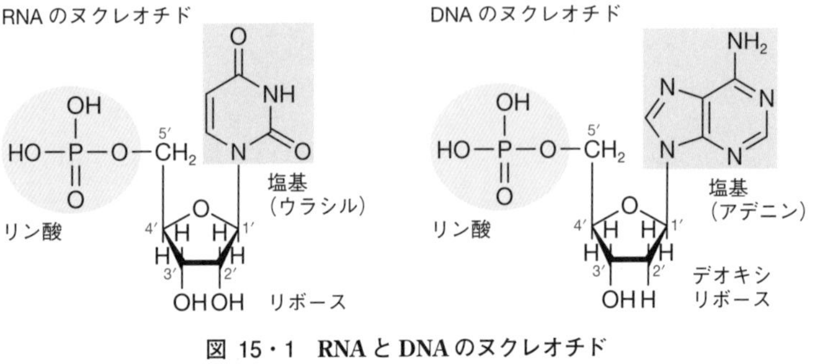

図 15・1 **RNA と DNA のヌクレオチド**

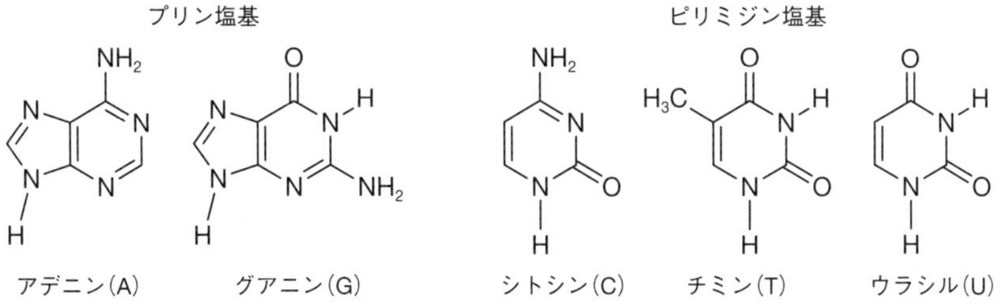

プリン塩基

ピリミジン塩基

アデニン(A)　　グアニン(G)　　　　シトシン(C)　　チミン(T)　　ウラシル(U)

図 15・2　核酸を構成する塩基

　DNAとRNAには五つの複素環アミン塩基が存在する．プリン塩基のアデニン(A) とグアニン(G)，ピリミジン塩基のチミン(T)，ウラシル(U) とシトシン(C) で，アデニン，グアニン，シトシンの3種類はDNAとRNAに共通で，チミンはDNAに，ウラシルはRNAにのみそれぞれ存在する（図15・2）．五炭糖と塩基は，糖の1′位と環状アミン塩基の環内の窒素原子が β-N-グリコシド結合で結びつけられ，この構造を**ヌクレオシド**とよぶ（リン酸は含まない）．

　ヌクレオシドのC3′位のヒドロキシ基 −OH と別のヌクレオシドのC5′位に結合した遊離のリン酸基との間でリン酸ジエステル結合を形成し，縮合重合することによりポリヌクレオチドの**核酸**となる（図15・3）．核酸は，遊離リン酸基をもつC5′位側を 5′末端，もう一方の遊離 −OH 基をもつC3′位側を 3′末端といい，慣例的に 5′→3′ 方向に 5′ TAG 3′ のように塩基配列を表す．

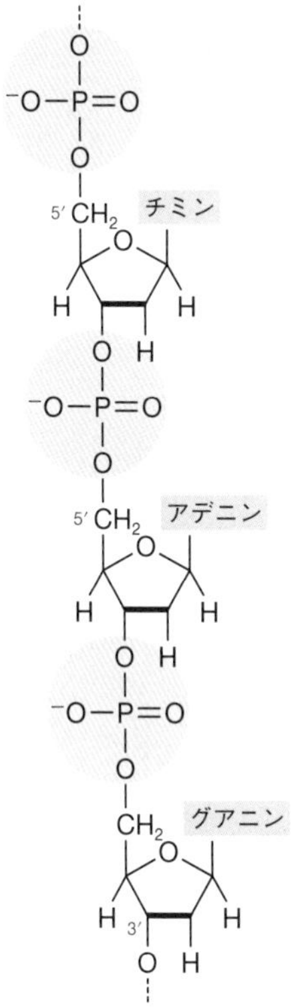

15・2　DNAの二重らせん構造

　DNA中のプリン塩基（アデニンとグアニン）の分子数とピリミジン塩基（シトシンとチミン）の分子数は等しいという**シャルガフの法則**が当時知られており，この法則から塩基が対になって存在していることが予想された．1953年，ワトソンとクリックは，塩基対の構造だけではなく，遺伝情報の保存と伝達を説明できるDNAの二重らせん構造を提唱した．

　二重らせん構造を構成しているそれぞれのDNA鎖は，一方は 5′→3′ 方向で，

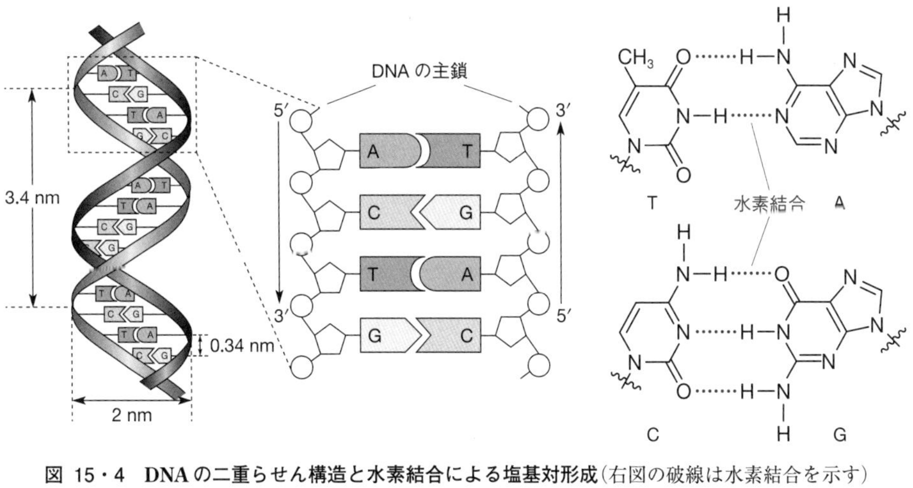

図 15・3　核酸(DNA)のポリヌクレオチド構造

ヌクレオシド nucleoside

核酸 nucleic acid

シャルガフの法則 Chargaff's rule

図 15・4　**DNAの二重らせん構造と水素結合による塩基対形成**（右図の破線は水素結合を示す）

他方は 3′→5′ 方向となり，互いに逆方行に向いており，親水性の糖とリン酸基が外側に位置し，疎水性の塩基が内側に位置することで安定な構造体になる（図15・4左）．さらに，2 本の DNA 鎖は水素結合で結ばれた塩基対を形成している．アデニンはチミンと二つの水素結合で，グアニンはシトシンと三つの水素結合でそれぞれ塩基対をつくる（図15・4右）．このような関係を DNA の相補性といい，二重らせん構造によってシャルガフの法則を説明することができる．

15・3   DNA の 複 製 機 構

DNA ポリメラーゼ DNA polymerase

半保存的複製 semiconservative replication

ヒトの染色体の DNA は約 31 億塩基対あり，細胞が複製する際，約 6～8 時間で DNA 複製が完了する．DNA 複製期には，DNA の二本鎖がほどけ，それぞれが 1 本のポリヌクレオチド鎖になる．この一本鎖を鋳型 DNA 鎖とよび，鋳型 DNA 鎖の塩基に対して相補的な組合わせになるように **DNA ポリメラーゼ** とよばれる酵素は，ヌクレオチドの 5′ リン酸とポリヌクレオチドが伸長する遊離の 3′-OH との間の反応を触媒し，リン酸ジエステル結合をつくることで，新しい DNA 鎖を合成する．新しい DNA 鎖と鋳型鎖の塩基は相補的な関係なので，正確に遺伝情報は複製され，2 組の同じ二本鎖の DNA が複製される（図15・5）．これを**半保存的複製**という．

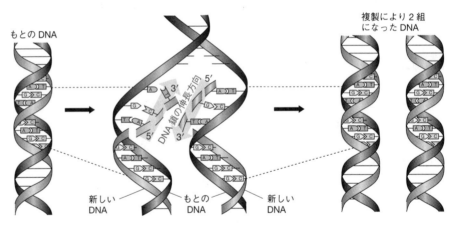

図 15・5 DNA の半保存的複製のしくみ

15・4   セントラルドグマ: 遺伝情報の伝達のしくみ

遺伝子 gene

◆ 遺伝子とは一本鎖ポリペプチド（タンパク質）の合成を指令する DNA 領域をさす．

転写 transcription

RNA ポリメラーゼ RNA polymerase

遺伝情報は**遺伝子**の単位で DNA 配列の中に書き込まれている．本節ではこの DNA 配列中の遺伝情報が生体内でいかに発現するかを述べる．DNA の情報はまず RNA に伝達される．DNA が二本鎖であるのに対して，RNA は通常一本鎖構造をとる．DNA と異なり RNA ではアデニンと水素結合する塩基はチミンではなくウラシルである．DNA を鋳型にして RNA が合成されることを**転写**とよぶ．DNA 複製と同様に，転写では二本鎖 DNA がほどけ一本鎖となり，これを鋳型鎖として，**RNA ポリメラーゼ**とよばれる酵素によって触媒され，鋳型DNA 鎖と相補的な関係の RNA が合成される．3 種類の RNA のなかで，タンパ

1 文字目 （5′ 末端側）	2 文字目				3 文字目 （3′ 末端側）
	U	C	A	G	
U	UUU ⎫ UUC ⎭ Phe UUA ⎫ UUG ⎭ Leu	UCU ⎫ UCC ⎪ UCA ⎬ Ser UCG ⎭	UAU ⎫ UAC ⎭ Tyr UAA 終止 UAG 終止	UGU ⎫ UGC ⎭ Cys UGA 終止 UGG Trp	U C A G
C	CUU ⎫ CUC ⎪ CUA ⎬ Leu CUG ⎭	CCU ⎫ CCC ⎪ CCA ⎬ Pro CCG ⎭	CAU ⎫ CAC ⎭ His CAA ⎫ CAG ⎭ Gln	CGU ⎫ CGC ⎪ CGA ⎬ Arg CGG ⎭	U C A G
A	AUU ⎫ AUC ⎬ Ile AUA ⎭ AUG Met（開始）	ACU ⎫ ACC ⎪ ACA ⎬ Thr ACG ⎭	AAU ⎫ AAC ⎭ Asn AAA ⎫ AAG ⎭ Lys	AGU ⎫ AGC ⎭ Ser AGA ⎫ AGG ⎭ Arg	U C A G
G	GUU ⎫ GUC ⎪ GUA ⎬ Val GUG ⎭	GCU ⎫ GCC ⎪ GCA ⎬ Ala GCG ⎭	GAU ⎫ GAC ⎭ Asp GAA ⎫ GAG ⎭ Glu	GGU ⎫ GGC ⎪ GGA ⎬ Gly GGG ⎭	U C A G

表 15・1　遺伝暗号表

ク質合成を行う RNA を**メッセンジャー RNA（mRNA）**とよぶ．mRNA の塩基配列情報をもとに特定のアミノ酸配列をもつタンパク質へ変換されることを**翻訳**とよぶ．DNA の 4 種類の塩基からなる配列（**塩基配列**）によって，20 種類のアミノ酸からなるタンパク質のアミノ酸配列が決定される．mRNA の連続する三つの塩基配列（**コドン**）が一つのアミノ酸を決定する．たとえば mRNA の UUC の組合わせは，アミノ酸のフェニルアラニンに対応している．したがって，mRNA からタンパク質への翻訳において，開始の読み枠は重要で，1 ヌクレオチドずれると全く意味のないタンパク質へ翻訳されてしまうことになる．真核生物では，**開始コドン**の "AUG" から開始するために，タンパク質の N 末端のアミノ酸はメチオニンとなる．RNA のコドンには，64 種類の組合わせがあるが，このうち 61 の組合わせが特定のアミノ酸の**遺伝暗号**を示し，残りの 3 組はタンパク質合成の**終止コドン**である（表 15・1）．すなわち，20 種類のタン

メッセンジャー **RNA** messenger RNA, 略称 **mRNA**，伝令 **RNA** ともいう．

翻訳 translation

塩基配列 base sequence

コドン codon

開始コドン initiation codon

遺伝暗号 genetic code

終止コドン stop codon

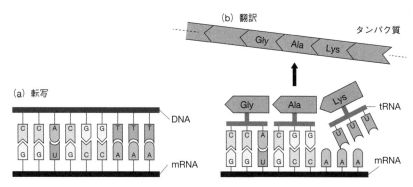

図 15・6　遺伝情報の伝達のしくみ

パク質構成アミノ酸に対して 61 種類のコドンがあるので，遺伝暗号表にあるとおり複数のコドンが同一のアミノ酸を指定している（これを縮重という）．

リボソーム ribosome

　　核内で DNA から転写された mRNA は核外へ出て細胞質へ移動し，**リボソーム**とよばれるタンパク質翻訳装置と結合することで，タンパク質合成の準備を行う．20 種類のアミノ酸のコドンに対応したそれぞれの**転移 RNA**（**tRNA**）が特定のアミノ酸と結合し，リボソーム上で mRNA の三つの塩基配列に基づいて，正確に特定のアミノ酸配列に変換されることにより，タンパク質のポリペプチド鎖を合成する（図 15・6）．

転移 RNA transfer RNA, 略称 **tRNA**

例題 15・1　5′ ACTAGCT 3′ の配列に対して，相補鎖である DNA 配列を示せ．
解答　5′ ACTAGCT 3′
　　　　 3′ TGATCGA 5′
相補鎖は A と T，G と C の組合わせで水素結合を形成している．また，2 本の DNA は互いに逆方行に向いているので，相補鎖は，3′→5′ 方向に左から右へ書くことが慣例になっている．

15・5 アミノ酸の構造

アミノ酸 amino acid

　　アミノ酸は分子内に塩基性のアミノ基 $-NH_2$ と酸性のカルボキシ基 $-COOH$ をもつ分子であり，結晶中や中性付近の溶液中ではそれぞれが $-NH_3^+$ と $-COO^-$ へと変換された**双性イオン**または**両性イオン**とよばれる形で存在する．

双性イオン zwitterion
両性イオン amphoteric ion

　　§15・4 で述べたように，生体分子としては特にタンパク質を構成する 20 種類のアミノ酸がよく知られているが，タンパク質を構成しない数百種類のアミノ酸も天然には知られており，神経伝達物質やホルモンだけでなく，毒などの生物活性物質としての機能が知られている．

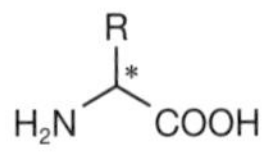

　　タンパク質を構成する 20 種類のアミノ酸（表 15・2）は，いずれもカルボキシ基の α 位にアミノ基（プロリンはイミノ基）が結合した α-アミノ酸であり，側鎖部分を R とするとプロリン以外はすべて右図の形で表すことができる．すなわちグリシンを除くと，これらのアミノ酸の α 炭素に結合した四つの置換基はすべて異なる構造である．このため α 炭素はキラル中心となり，グリシンを除く 19 種類のタンパク質構成アミノ酸にはすべてエナンチオマーが存在する．アミノ酸の立体配置の表記はおもに L 体および D 体で表され，タンパク質を構成するアミノ酸は原則的にすべて L 体である．D-アミノ酸はキラル中心に結合した置換基が，D-グリセルアルデヒドと同様の配置となるものとして規定された．なお，キラル中心をもつ 19 種類のタンパク質構成アミノ酸のうち，システインについては硫黄 (S) 原子が酸素 (O) より優先順位にあるため，*RS* 表示法

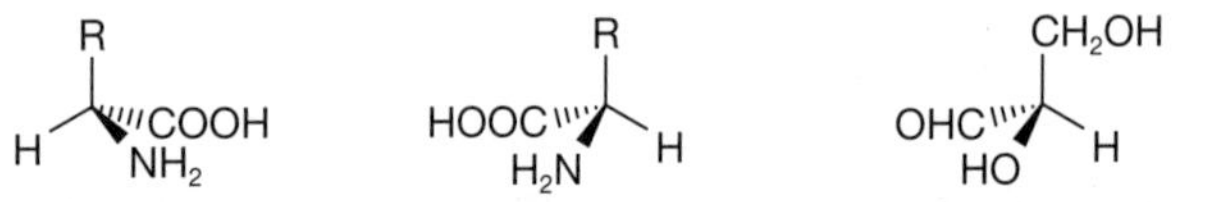

α-アミノ酸の一般式
R: 側鎖
*: キラル中心（グリシンを除く）

S 体（システイン以外）
L-アミノ酸

R 体（システイン以外）
D-アミノ酸

D-グリセルアルデヒド

名　称	略　号[†]		側鎖構造	pK_a α-CO$_2$H	pK_a α-NH$_3^+$	pK_a 側鎖
中性アミノ酸						
アラニン	Ala	A	$-$CH$_3$	2.34	9.69	—
アスパラギン	Asn	N	$-$CH$_2$$-CO-NH_2$	2.02	8.80	—
システイン	Cys	C	$-$CH$_2$$-$SH	1.96	10.28	8.18
グルタミン	Gln	Q	$-$CH$_2$$-CH_2$$-CO-NH_2$	2.17	9.13	—
グリシン	Gly	G	$-$H	2.34	9.60	—
イソロイシン	Ile	I	$-$CH$\begin{smallmatrix}\diagup \text{CH}_2-\text{CH}_3\\ \diagdown \text{CH}_3\end{smallmatrix}$	2.36	9.60	—
ロイシン	Leu	L	$-$CH$_2$$-CH\begin{smallmatrix}\diagup \text{CH}_3\\ \diagdown \text{CH}_3\end{smallmatrix}$	2.36	9.60	—
メチオニン	Met	M	$-$CH$_2$$-CH_2$$-S-CH_3$	2.28	9.21	—
フェニルアラニン	Phe	F	$-$CH$_2$$-$⬡	1.83	9.13	—
プロリン	Pro	P	$^+$H$_2$N⬠COO$^-$	1.99	10.60	—
セリン	Ser	S	$-$CH$_2$OH	2.21	9.15	—
トレオニン	Thr	T	$-$CH(OH)$-$CH$_3$	2.09	9.10	—
トリプトファン	Trp	W	$-$CH$_2$インドール	2.83	9.39	—
チロシン	Tyr	Y	$-$CH$_2$$-$⬡$-$OH	2.20	9.11	10.07
バリン	Val	V	$-$CH$\begin{smallmatrix}\diagup \text{CH}_3\\ \diagdown \text{CH}_3\end{smallmatrix}$	2.32	9.62	—
酸性アミノ酸						
アスパラギン酸	Asp	D	$-$CH$_2$$-COO^-$	1.88	9.60	3.65
グルタミン酸	Glu	E	$-$CH$_2$$-CH_2$$-COO^-$	2.19	9.67	4.25
塩基性アミノ酸						
アルギニン	Arg	R	$-$(CH$_2$)$_3$$-NH-C\overset{+}{=}NH_2$ $\mid$ NH$_2$	2.17	9.04	12.48
ヒスチジン	His	H	$-$CH$_2$イミダゾール	1.82	9.17	6.00
リシン	Lys	K	$-$(CH$_2$)$_4$$-$$\overset{+}{\text{N}}H_3$	2.18	8.95	10.53

表 15・2　タンパク質中の 20 種類のアミノ酸

出典: "マクマリー生化学反応機構 (第2版)", 長野哲雄 監訳, 東京化学同人 (2018).
†　アミノ酸の略号には三文字表記と一文字表記とがある.

(§ 14・2・2 参照) によれば L−アミノ酸が R 体となるが, そのほかについては
いずれも L−アミノ酸が S 体となる.

15・6　アミノ酸の等電点

　アミノ酸は水溶液中において, 以下のような複数のイオン化状態の平衡混合
物であり, pH によってそれぞれのイオン組成が変化する. 中性付近で双性イオ
ン (Z) 中の COO$^-$基は, 酸性側では増加した H$^+$と結合して COOH 基となっ

て平衡が左に移動し（X$^+$），塩基性側では増加した OH$^-$ が NH$_3$$^+$基から H$^+$ を奪って NH$_2$ 基が生じる（Y$^-$）ため，平衡は右に移動する．

ある一定の pH において，分子中の正と負の電荷が釣合って分子全体の電荷がゼロとなる．この時の pH を**等電点（pI）**という．各アミノ酸はそれぞれ固有の等電点をもつため，等電点によって各アミノ酸の特性が示される．

等電点 isoelectric point

アミノ酸の水溶液はある一定の pH において，分子中の正と負の電荷が釣合って分子全体の電荷がゼロとなる．この時の pH を**等電点（pI）**という．各アミノ酸はそれぞれ固有の等電点をもつため，等電点によって各アミノ酸の特性が示される．

グリシンを例にとり，その等電点を求める方法を解説する．まず上式の平衡状態を次の二つの平衡に分けて考える．

$$X^+ \overset{K_1}{\rightleftharpoons} Z + H^+ \qquad K_1 = \frac{[Z][H^+]}{[X^+]}$$

$$Z \overset{K_2}{\rightleftharpoons} Y^- + H^+ \qquad K_2 = \frac{[Y^-][H^+]}{[Z]}$$

ここで，それぞれの平衡の電離定数 K_1（グリシンでは $1 \times 10^{-2.34}$ mol L^{-1}），K_2（グリシンでは $1 \times 10^{-9.60}$ mol L^{-1}）を用いると，

$$K_1 K_2 = \frac{[H^+]^2[Y^-]}{[X^+]} = 1 \times 10^{-2.34} \times 1 \times 10^{-9.60} = 1 \times 10^{-11.94} \text{ mol}^2 \text{ L}^{-2}$$

となる．等電点では，電荷の和がゼロであるため，$[X^+] = [Y^-]$ となることから，

$$[H^+]^2 = 1 \times 10^{-11.94} \text{ mol}^2 \text{ L}^{-2}$$
$$[H^+] = 1 \times 10^{-5.97} \text{ mol L}^{-1}$$
$$pI = pH = 5.97 \quad （グリシンの等電点）$$

つまり，電荷がゼロとなるイオンの両側の平衡についての平衡定数 K_1，K_2 を用いて，$pI = (pK_1 + pK_2)/2$ で表される．

例題 15・2 酸性アミノ酸であるアスパラギン酸，および塩基性アミノ酸であるリシンについて，それぞれ等電点を計算せよ．

解答 アスパラギン酸は側鎖に酸性の官能基である COOH 基が結合しているため，もう 1 段階の電離平衡状態を含む．ここでも電荷の和がゼロとなるイオンの両隣の平衡定数 K_1（アスパラギン酸では $1 \times 10^{-1.88}$ mol L^{-1}），K_2（アスパラギン酸では $1 \times 10^{-3.65}$ mol L^{-1}）を用いて，

$$pI = (1.88 + 3.65)/2 = 2.77 \text{ mol L}^{-1}$$

リシンでも同様に，電荷の和がゼロとなるイオンの両隣の平衡定数 K_2（リシンでは $1 \times 10^{-8.95}$ mol L^{-1}），K_3（リシンでは $1 \times 10^{-10.53}$ mol L^{-1}）を用いて，

$$pI = (8.95 + 10.53)/2 = 9.74 \text{ mol L}^{-1}$$

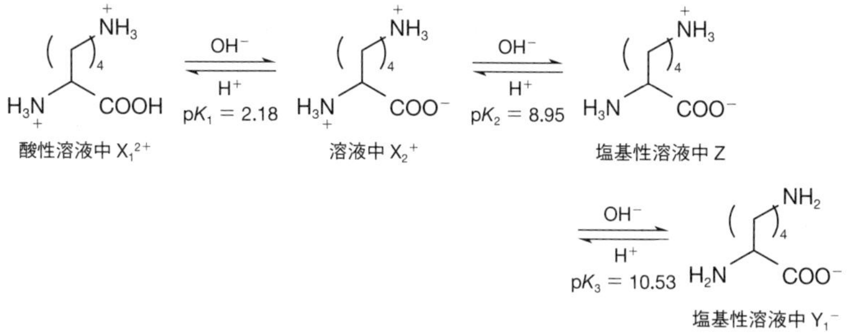

15・7 タンパク質の構造

タンパク質は 20 種類のタンパク質構成アミノ酸が縮合し，**ペプチド結合（アミド結合）**でつながった重合体（**ポリペプチド**）であり，分子量が数千程度のものから数千万以上になるものまで存在する．人体を構成する成分の約 18% がタンパク質であり，生体内では酵素，ホルモン，受容体，免疫，構造形成など，さまざまな機能を担っている．なお，タンパク質には以下に述べるように一次から四次構造が存在することが知られている．

ペプチド結合 peptide bond
アミド結合 amide bond
ポリペプチド polypeptide

15・7・1 一 次 構 造

一次構造とはタンパク質を構成するアミノ酸配列のことであり，タンパク質を構成するアミノ酸の数を n とすると，タンパク質構成アミノ酸が 20 種類であるため，その配列の組合わせは 20^n 通りであり，n の値が増えるとともに膨大な種類となりうる．アミノ酸配列は遊離のアミノ基をもつアミノ酸（N 末端）から順番を付けて，左から右に書き表す（図 15・7）．

一次構造 primary structure

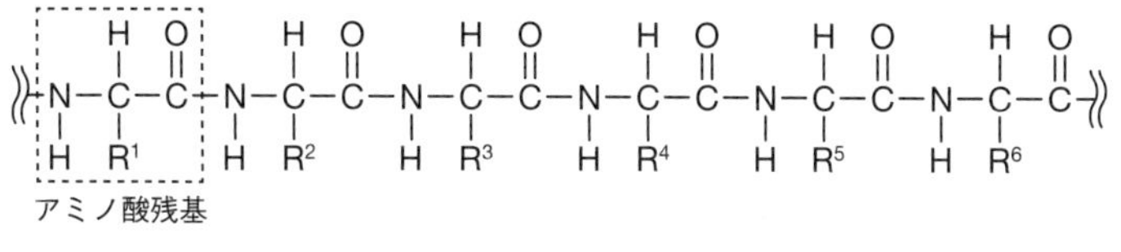

図 15・7 タンパク質の一次構造

15・7・2 二 次 構 造

タンパク質を構成するポリペプチド鎖中のカルボニル基 C＝O の酸素とアミド基－NH の水素の間で水素結合を形成する場合，その近傍の構造が安定に保たれる．このような構造をタンパク質の**二次構造**とよび，α ヘリックス構造や β シート構造などが知られる（図 15・8）．

二次構造 secondary structure

15・7・3 三 次 構 造

実際のタンパク質では二次構造などがさらに折りたたまれ，ポリペプチド鎖

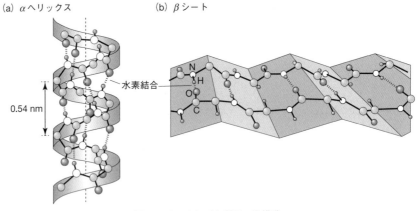

(a) αヘリックス　　　　(b) βシート

水素結合

0.54 nm

N
H
O
C

図 15・8　タンパク質の二次構造

三次構造 tertiary structure

全体が特有の折りたたみ構造をとる．このような折りたたまれた立体構造を**三次構造**とよぶ．たとえば，筋肉中に存在し，酸素保持の役割を担うミオグロビンは（図15・9左），1本のポリペプチドが折りたたまれた立体構造をしている．

15・7・4　四　次　構　造

四次構造 quaternary structure

　折りたたまれた三次構造をとる複数のポリペプチドが集合した構造を**四次構造**という．ミオグロビンは1本のポリペプチドから構成されているが，同じように酸素に結合し，その運搬を担うヘモグロビンでは，2種類のポリペプチド鎖がおのおの2本ずつ会合し（計4本），四次構造を形成している（図15・9右）．

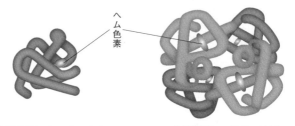

ヘム色素

三次構造(例：ミオグロビン)　　　四次構造(例：ヘモグロビン)

図 15・9　タンパク質の三次構造と四次構造

ジスルフィド結合 disulfide bond

　タンパク質を構成するアミノ酸には側鎖末端に −SH をもつシステインも含まれている．二つのシステインの −SH が立体的に近い位置にあると，酸化的条件下でS原子どうしが**ジスルフィド結合** −S−S− という共有結合を形成し，タンパク質の立体構造を安定化させるため，三次構造や四次構造の形成において重要な働きをする．

変性 denaturation

　また，タンパク質の機能発現には，それぞれのタンパク質が特有の立体構造をとっていることがきわめて重要である．そのため，立体構造の保持にかかわる水素結合やジスルフィド結合，その他の相互作用が乱されると，タンパク質が適正な立体構造を維持できなくなる．その結果，タンパク質は機能性を失って凝固・沈殿する（タンパク質の**変性**という）．タンパク質の変性は熱，酸・塩

基, 酸化剤・還元剤, アルコール, 重金属イオンなどによってひき起こされる.

15・8　酵　　素

　酵素もタンパク質の一種で, 生体内での反応に対して触媒として働く. 生体内では各酵素が作用する基質が厳密に決まっている (基質特異性) ため, 生体内での酵素機能は厳密に制御される (図15・10).

酵素 enzyme

基質 substrate

基質特異性 substrate specificity

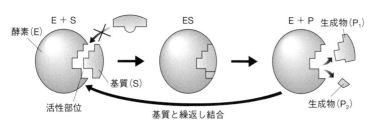

図 15・10　酵素の基質特異性

　酵素は, その機能が活性化される条件が決まっており, それぞれの酵素が働く環境下での最適pHや最適温度で最大限の機能が発揮される. 多くの場合, 体温付近 (ヒトでは37℃付近), pH7〜8付近で活性が高くなるが, ペプシンのように胃の中で働く酵素は強酸性下 (pH2付近) で最もよく機能する (図15・11).

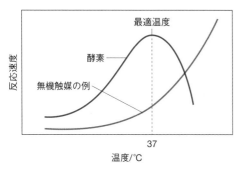
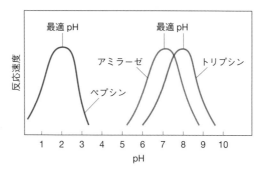

図 15・11　酵素の最適条件

15・9　ヌクレオソーム

　タンパク質には, ポリペプチドだけで構成されている単純タンパク質と, ポリペプチドに加えリン酸, 核酸, 色素, 糖類などを含む複合タンパク質がある. たとえばクロマチンの単位基本構造であるヌクレオソームは核酸とタンパク質から構成される複合体であり, 合計すると2mの長さにもなる染色体中のDNA分子を, 細胞中の直径わずか10μmの核内に折りたたんで収納するために機能している. DNA分子は, 4種類のヒストンタンパク質H2A, H2B, H3, H4それぞれ2分子ずつからなる八量体 (ヒストンコア) のまわりに約2回転巻付いた形をしているヌクレオソーム構造をとり, 数珠玉が連なるような形でコンパク

ヌクレオソーム nucleosome

染色体 chromosome

◆染色体は DNA とヒストンとよばれるタンパク質の複合体である.

ヒストン histone

トに折りたたまれて核内に収納されている（図 15・12）.

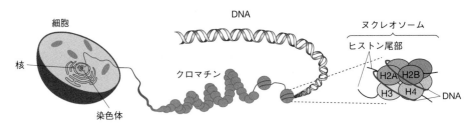

図 15・12 **DNA，ヌクレオソーム，クロマチン，染色体の構造**

ヒストン尾部 histone tail

なお，ヒストンタンパク質の N 末端部分は**ヒストン尾部**とよばれ，リシン，アルギニンなどの塩基性アミノ酸を豊富に含むことが知られている．これらの塩基性アミノ酸の側鎖末端のアミノ基やグアニジノ基はメチル化やアセチル化といった化学修飾を受けることが知られており，セリンやトレオニンのヒドロキシ基へのリン酸化，DNA 分子中のシトシンのメチル化などと同様に，遺伝子の転写スイッチ制御に深くかかわることが知られている．このような**エピジェ**

エピジェネティック epigenetic

ネティックな遺伝子発現調節機構は，細胞の分化やがん化，老化にも深くかかわる基本的な生命現象の調節機構でもあるため，その理解と医療への利用が近年特に大きな注目を集めている.

章 末 問 題

問題 15・1 ヒトの染色体の DNA は約 31 億塩基対ある．二重らせん構造から，らせんが 1 回転する距離（ピッチという）と，その中に含まれる塩基数を考えた場合，DNA の二重らせんの全長は約何メートルになるかを求めよ.

問題 15・2 (A)〜(I) の空欄に適当な語句を入れ，次の文章を完成させよ.
5 員環の単糖が，複素環アミン残基とリン酸に結合したものを (A) とよぶ．RNA の糖の部分を，(B) とよび，(B) の炭素の (C) 位の酸素がなくなっている構造を (D) とよび，DNA の糖の部分に相当する．複素環アミン残基のうちアデニン，グアニン，シトシンは，DNA と RNA に共通に存在するが，(E) は DNA のみ，(F) は RNA のみに存在する．糖と塩基の結合は，(G) 結合である．核酸とは，(A) の高分子で，(A) どうしが，(H) 結合によって結ばれている．ある生物の二重らせんの DNA 分子中のグアニンの含量が 18% のとき，アデニンの含量は (I) % と予想できる.

問題 15・3 アミノ酸配列がアラニン，グリシン，ロイシン，チロシンの順に結合したポリペプチド鎖を，アミノ酸の一文字表記を使って表すと AGLY となる.
(a) SHLVE の配列をもつペンタペプチドの構造式を描け.
(b) S, H, L, V, E のアミノ酸からペンタペプチドは何種類つくれるか答えよ.
(c) S, H, L, V, E の五つのアミノ酸から自由にアミノ酸を選んでペプチドをつくると，何種類できるか答えよ.

問題 15・4 次のペプチドについて等電点が塩基性か酸性かを判定せよ.
　　　AADAA, AARAA, AQKAA, AEKKA, AEHAA

索　引

編　　集

柴　田　高　範　早稲田大学理工学術院 教授. 東京大学理学部 卒, 東京大学大学院
理学系研究科 修了, 博士(理学), 専門: 有機合成化学, 不斉反応
化学

執　筆　者

石　原　浩　二　早稲田大学理工学術院 教授, 埼玉大学理工学部 卒, 名古屋大学大
学院理学研究科 修了, 理学博士, 専門: 無機化学, 分析化学, 溶
液化学 [6, 8, 9 章]

井　村　考　平　早稲田大学理工学術院 教授, 大阪大学理学部 卒, 大阪大学大学院
理学研究科 修了, 博士(理学), 専門: 物理化学, 光物理化学 [2,
10 章]

鹿　又　宣　弘　早稲田大学理工学術院 教授, 早稲田大学理工学部 卒, 早稲田大学
大学院理工学研究科 修了, 工学博士, 専門: 機能有機化学, 複素
環化学 [4, 7 章]

柴　田　高　範　早稲田大学理工学術院 教授, 東京大学理学部 卒, 東京大学大学院
理学系研究科 修了, 博士(理学), 専門: 有機合成化学, 不斉反応
化学 [1, 12 章]

寺　田　泰比古　早稲田大学理工学術院 教授, 早稲田大学理工学部 卒, 自治医科大
学大学院医学研究科 修了, 医学博士, 専門: 分子生物学, 細胞生
物学, 遺伝子工学 [15 章]

中　井　浩　巳　早稲田大学理工学術院 教授, 京都大学工学部 卒, 京都大学大学院
工学研究科 修了, 博士(工学), 専門: 物理化学, 理論化学, 量子
化学 [3 章]

中　尾　洋　一　早稲田大学理工学術院 教授, 東京大学農学部 卒, 東京大学大学院
農学系研究科 修了, 博士(農学), 専門: 天然物化学, ケミカルバ
イオロジー [15 章]

中　田　雅　久　早稲田大学理工学術院 教授, 東京大学薬学部 卒, 東京大学大学院
薬学系研究科修士課程 修了, 薬学博士, 専門: 有機合成化学, 天
然物合成 [13, 14 章]

古　川　行　夫　早稲田大学理工学術院 教授, 東京大学理学部 卒, 東京大学大学院
理学系研究科修士課程 修了, 理学博士, 専門: 物理化学, 構造化
学 [5 章]

山　口　　正　早稲田大学理工学術院 教授, 東北大学理学部 卒, 東北大学大学院
理学研究科 修了, 理学博士, 専門: 錯体化学 [11, 12 章]

(五十音順, [ ] 内は執筆担当章)

第 1 版 第 1 刷 2021 年 1 月 15 日 発行

理工系のための 一般化学

© 2 0 2 1

| 編 著 者 | 柴 田 高 範 |
| 発 行 者 | 住 田 六 連 |

発　行　株式会社東京化学同人
東京都文京区千石 3-36-7 （〒112-0011）
電話 03-3946-5311・FAX 03-3946-5317
URL：http://www.tkd-pbl.com/

印　刷　中央印刷株式会社
製　本　株式会社 松岳社

ISBN978-4-8079-0994-0
Printed in Japan

基礎数学

理工系学部学生のための数学の入門教科書
初歩的な概念からわかりやすく丁寧に記述

Ⅰ. 集合・数列・級数・微積分
山本芳嗣・住田 潮 著
A5判 240 ページ 本体 2400 円

Ⅱ. 多変数関数の微積分
山本芳嗣 著
A5判 176 ページ 本体 2000 円

Ⅲ. 線形代数
E. S. Meckes, M. W. Meckes 著
山本芳嗣 訳
A5判 416 ページ 本体 2800 円

Ⅳ. 最適化理論
山本芳嗣 編著
A5判 360 ページ 本体 3500 円

Ⅷ. 群 論
T. Barnard, H. Neill 著／田上 真 訳
A5判 212 ページ 本体 2200 円

※ 続巻刊行予定

スチュワート
微分積分学 全3巻

James Stewart 著

微積分学のグローバルスタンダードな教科書

Ⅰ. 微積分の基礎
伊藤雄二・秋山 仁 監訳／飯田博和 訳
B5判 カラー 504 ページ 本体 3900 円

Ⅱ. 微積分の応用
伊藤雄二・秋山 仁 訳
B5判 カラー 536 ページ 本体 3900 円

Ⅲ. 多変数関数の微積分
伊藤雄二・秋山 仁 訳
B5判 カラー 456 ページ 本体 3900 円

定価は本体価格+税／2020年12月現在